Python 程序设计基础

（第 2 版）

钟雪灵　李　立　主编

高平安　李梅生　唐名华　副主编

電子工業出版社

Publishing House of Electronics Industry

北京 • BEIJING

内 容 简 介

本书介绍 Python 程序设计的基础知识，集教材、习题、上机实验于一体，内容涵盖全国计算机等级考试二级 Python 语言程序设计的考试大纲，包括 11 章教学内容和 12 个实验。在教学内容中，第 1～6 章介绍 Python 程序设计的基础知识，第 7～9 章介绍 3 个用于数据分析的第三方软件包及其应用，第 10～11 章介绍运用 Python 进行财经数据分析与可视化的几个综合案例。12 个实验与教学内容结合紧密，包括验证性、设计性和综合性实验，方便实验教学的组织与开展。

本书可作为高等院校计算机专业和非计算机专业零编程基础学生的教材，也可作为全国计算机等级考试的教材，还可作为相关人员的自学参考书。

图书在版编目（CIP）数据

Python 程序设计基础/钟雪灵，李立主编. —2 版. —北京：电子工业出版社，2024.6
ISBN 978-7-121-47715-7

Ⅰ. ①P… Ⅱ. ①钟… ②李… Ⅲ. ①软件工具－程序设计 Ⅳ. ①TP311.561

中国国家版本馆 CIP 数据核字（2024）第 077393 号

责任编辑：谭海平
印　　刷：三河市华成印务有限公司
装　　订：三河市华成印务有限公司
出版发行：电子工业出版社
　　　　　北京市海淀区万寿路 173 信箱　　邮编：100036
开　　本：787×1092　1/16　印张：18.75　字数：540 千字
版　　次：2019 年 12 月第 1 版
　　　　　2024 年 6 月第 2 版
印　　次：2025 年 2 月第 3 次印刷
定　　价：65.00 元

凡所购买电子工业出版社图书有缺损问题，请向购买书店调换。若书店售缺，请与本社发行部联系，联系及邮购电话：（010）88254888，88258888。

质量投诉请发邮件至 zlts@phei.com.cn，盗版侵权举报请发邮件至 dbqq@phei.com.cn。

本书咨询联系方式：（010）88254552，tan02@phei.com.cn。

前　言

数字时代已经来临。移动互联网、云计算、大数据、人工智能等先进信息技术层出不穷，不断渗透至社会的各个领域，产生了许多新的应用场景，深刻地改变着人们的社交方式、生活方式和工作方式。一些智者认为构建在现实世界基础之上的数字化虚拟世界已经逐渐形成。如今，人们不仅生活在有形的现实世界中，而且生活在现实与虚拟相互交织、相互融合的数字时代。党的二十大报告明确指出，要加快建设数字中国。建设数字中国是数字时代推进中国式现代化的重要引擎，是构筑国家竞争新优势的有力支撑。

在数字时代，具备一定的计算思维，能够理解计算机的工作原理，能够自然地实现人机交互，已成为年轻一代大学生的基本素养，也是建设数字中国的迫切需要。显然，缺乏这些素养的人将难以理解区块链、大数据、人工智能、物联网等不断涌现的先进技术，更无从谈起它们的应用和创新。因此，令人担忧的是，缺乏这些素养的人将游离于数字时代之外，无法理解时代的变化，更无法适应这种变化，最终面临被时代淘汰的危险。为此，数字时代的高等教育必须加强大学生信息技术能力的培养，新一代大学生无论学习什么专业、未来从事何种职业，都必须掌握一些信息技术，熟练使用一些工具。掌握一门计算机语言是新一代大学生开启信息技术学习大门的钥匙，而掌握数据分析是开启大门后最有价值的探究方向之一。数据分析是指通过信息技术方法和手段从数据中发现知识、预测未来，是数字时代一门通用的基础技术，应用范围广。创业者通过数据分析可以优化产品，营销人员通过数据分析可以改进营销策略，产品经理通过数据分析可以洞察用户的真实需求，金融从业者通过数据分析可以规避投资风险……因此，大学生学好一门计算机语言，继而结合自身专业学习程序化的数据分析方法，是提高信息技术能力最直接、最有效的一条学习路径。

近年来，Python已迅速成为数据分析和机器学习领域的主流计算机语言，有着Excel、SPSS、R等工具无可比拟的优势。Python是一种跨平台、免费、开源、面向对象的解释型高级程序设计语言，遵循简单、明确、优雅的理念，具有易写、易读、易维护、拓展性强等特点。Python提供丰富的标准软件包和第三方软件包，如功能强大的数据分析包Pandas、NumPy、Matplotlib等，在程序中导入软件包后，就可使用软件包提供的所有功能。

广东金融学院是一所具有“央行基因”的财经类院校，为提高学生的信息技术能力，多年前就已开设“Python程序设计基础”课程，编制了丰富的教学讲义和实验素材。为进一步践行我们的人才培养理念，我们组织经验丰富的教师团队针对财经类专业编写了本书，力图为学生进一步学习数据分析打下扎实的语言基础。本书包括11章教学内容和12个实验。在教学内容中，第1～6章介绍Python程序设计的基础知识；第7～9章介绍3个用于数据分析的第三方软件包（NumPy、Pandas、Matplotlib）及其应用；第10～11章介绍运用Python进行财经数据分析与可视化的几个综合案例。12个实验与教学内容结合紧密，包括验证性、设计性和综合性等类型实验，方便实验教学的组织与开展。本书内容涵盖了全国计算机等级考试二级Python语言程序设计的考试大纲，可作为二级考试的教材。此外，我们为本书录制了完整的配套教学视频，以辅助读者学习，详见https://www.bilibili.com/video/BV18E411j7Uv。

本书由钟雪灵、李立、高平安、李梅生和唐名华五位老师共同编写。在教材编写过程中，潘章明、侯昉和陈灵三位老师提供了无私的帮助和支持，在此一并向为本书出版付出辛勤劳动的朋友们表示衷心的感谢！

最后，若读者对本书有任何意见或建议，请发送电子邮件至tzhongxl@gduf.edu.cn，以便在图书再版时完善。对此，我们表示由衷的感谢！

钟雪灵

2024年2月于广州

目　录

第1章　初识Python

Python是一门跨平台、免费、开源、面向对象的解释型高级程序设计语言。它简单易学、用途广泛，是目前最受欢迎的高级程序设计语言之一。本章介绍的内容如下：Python语言的发展历史和特点；Python安装软件包的下载与安装；使用pip工具管理Python软件包；使用Anaconda软件管理Python软件包；IPython开发工具；Spyder开发环境和Jupyter NoteBook开发环境。

1.1　Python语言概述

Python语言是由荷兰人Guido van Rossum于1989年设计并实现的高级程序设计语言。自1991年公开发布Python 0.9以来，分别于1994年、2000年和2008年发布了Python 1.0、Python 2.0和Python 3.0。相对于此前的版本，Python 3.0的改变较大，Python 3.0不完全兼容之前的版本，在Python 2.0环境下正常运行的程序未必能在Python 3.0环境下运行。Python 3.x是目前得到广泛应用且有强大技术支持的版本系列，截至2023年10月，最新的版本是Python 3.12。

自第一版公开发行以来，Python开发者和用户社区都在不断壮大，Python已成为非常流行的热门程序开发语言。Python多次获得TIOBE的年度编程语言大奖，并在 2022 年上升到编程语言排行榜第一名的位置。

Python支持命令式编程和部分函数式编程，也完全支持面向对象程序设计，并拥有大量的功能扩展库。它可以把多种不同语言编写的程序融合到一起实现无缝拼接，从而更好地发挥不同语言和工具的优势，更好地满足不同应用领域的需求。Python已被广泛应用于诸如数据分析、组件集成、网络服务、图像处理、数值计算和科学计算等众多领域。

1.2　Python的开发优势

Python是目前最流行且发展最迅速的计算机语言之一，它的简洁性使得软件的代码得到大幅缩减，开发任务得到显著简化。高效的高级数据结构、优美的语法和动态类型，以及语言的解释型特性，使得Python成为快速应用开发的理想语言。Python语言有许多重要特性，而且有些特性富有创造性。

（1）简单易学。相对于其他语言，Python语言摈弃了复杂结构、简化了语法、减少了关键字，使得Python程序结构更简单、语法更清晰，可阅读性更强，也使得初学者更容易掌握Python编程方法。

（2）免费开源。开源（开放源代码）意味着任何人都可以得到软件的源代码，而且可以修改并替换源代码。Python是遵守FLOSS（Free/Libre and Open Source Software，自由/开源软件）规范的语言，用户可以免费获取Python的源代码进行研究，甚至对它进行二次开发。正因为Python是开源软件，所以不断有许多优秀程序员加入Python的开发行列，将自己的源代码添加到Python中，从而使Python的功能日臻丰富和完善。

（3）跨平台性和可移植性。由于开源且无须任何修改，Python程序可在很多平台上运行。这些平台包括Windows、Mac OS、iOS及各种Linux/Unix系统。例如，在Windows系统上编写的Python程序，可以方便地移植到iOS或Android系统上运行。

（4）解释型语言。计算机只能理解二进制形式的机器语言，而不能直接理解Python这类高级语言。因此，编译型语言（如C语言）的源程序需要编译成机器语言才能在计算机中执行。但Python语言是解释型语言，其源程序不需要编译成二进制代码，而只需要Python解释器把源程序转换成字节码，然后把字节码翻译成计算机使用的机器语言就可以运行。这就使得使用Python更加简单，也使得Python程序更加易于移植。

（5）面向对象。Python既支持面向过程的编程，又支持面向对象的编程。“面向过程”的语言程序是由过程或可重用代码的函数构建的。“面向对象”的语言程序由数据和功能组合而成的对象构建。

（6）可扩展性。由于Python中可以嵌入C/C++代码，因此若需要一段关键代码运行得更快或希望某些算法不公开，则该部分程序可以采用C或C++语言编写，再嵌入Python程序。

（7）丰富的库。Python具有庞大的标准库。这些库可以帮助处理包括正则表达式、文档生成、单元测试、线程、数据库、网页浏览器、CGI、FTP、电子邮件、XML、XML-RPC、HTML、WAV文件、密码系统、GUI（图形用户界面）及其他与系统有关的操作。除标准库外，Python还拥有许多辅助工具库，如wxPython、Twisted和Python图像库等。

1.3 安装Python

Python是跨平台的，可在多个平台上运行。可以在Python的官网下载安装程序，目前的最新版为Python 3.12，下载链接为https://www.python.org/downloads/release/python-3120/，网站上提供了多种类型的安装软件包，如图1.1所示。下面以Windows系统为例介绍Python的安装。

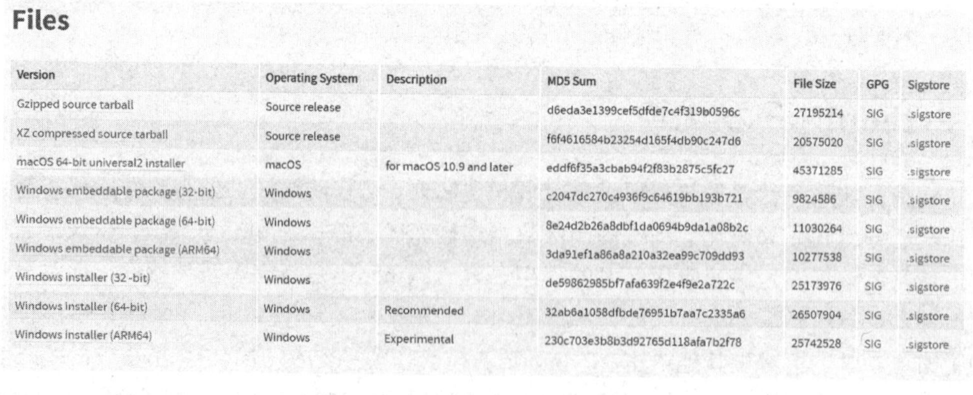

Files

Version	Operating System	Description	MD5 Sum	File Size	GPG	Sigstore
Gzipped source tarball	Source release		d6eda3e1399cef5dfde7c4f319b0596c	27195214	SIG	.sigstore
XZ compressed source tarball	Source release		f6f4616584b23254d165f4db90c247d6	20575020	SIG	.sigstore
macOS 64-bit universal2 installer	macOS	for macOS 10.9 and later	eddf6f35a3cbab94f2f83b2875c5fc27	45371285	SIG	.sigstore
Windows embeddable package (32-bit)	Windows		c2047dc270c4936f9c64619bb193b721	9824586	SIG	.sigstore
Windows embeddable package (64-bit)	Windows		8e24d2b26a8dbf1da0694b9da1a08b2c	11030264	SIG	.sigstore
Windows embeddable package (ARM64)	Windows		3da91ef1a86a8a210a32ea99c709dd93	10277538	SIG	.sigstore
Windows installer (32 -bit)	Windows		de59862985bf7afa639f2e4f9e2a722c	25173976	SIG	.sigstore
Windows installer (64-bit)	Windows	Recommended	32ab6a1058dfbde76951b7aa7c2335a6	26507904	SIG	.sigstore
Windows installer (ARM64)	Windows	Experimental	230c703e3b8b3d92765d118afa7b2f78	25742528	SIG	.sigstore

图1.1 Python安装程序下载页面

使用鼠标双击下载的Python安装软件包，进入Python安装向导，出现如图1.2所示的Python安装方式选择界面。

在图1.2所示的界面中建议选中Add python.exe to PATH选项，便于以后在命令行中使用python和pip工具。单击图中的Install Now链接执行安装操作，在屏幕上出现Python安装进度界面。Python安装完成后，系统会显示如图1.3所示的Python安装成功界面。

在如图1.3所示的界面中单击Close按钮结束安装过程。

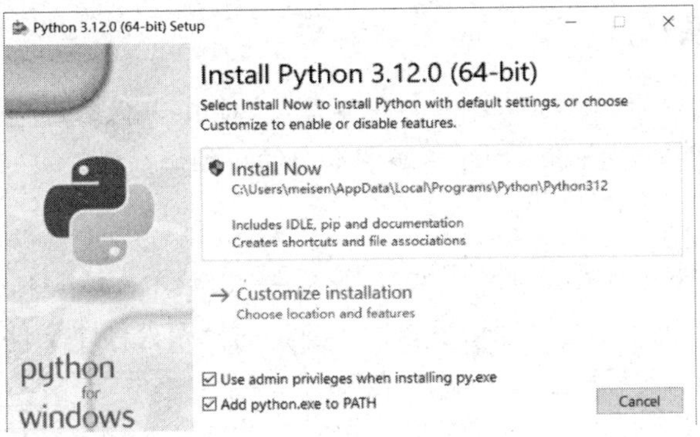

图1.2　Python安装方式选择界面

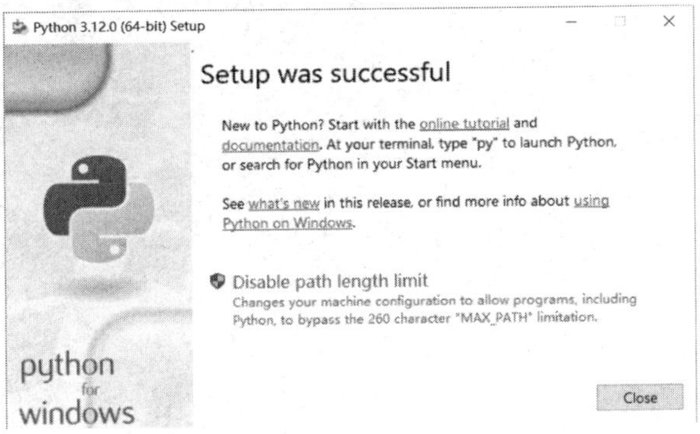

图1.3　Python安装成功界面

1.4　IDLE开发环境

1.4.1　Python IDLE集成开发环境

Python IDLE（Integrated Development and Learning Environment）是一个集成开发环境，它提供Python程序代码的编辑、解释、调试、运行等诸多功能的一体化服务。

启动Python集成开发环境IDLE的操作步骤如下：选择Windows的“开始”菜单→Python程序组→IDLE 菜单项，打开如图1.4所示的Python集成开发环境窗口。该窗口也是Python的命令（shell）窗口，用户可在该窗口中编写并运行Python程序。

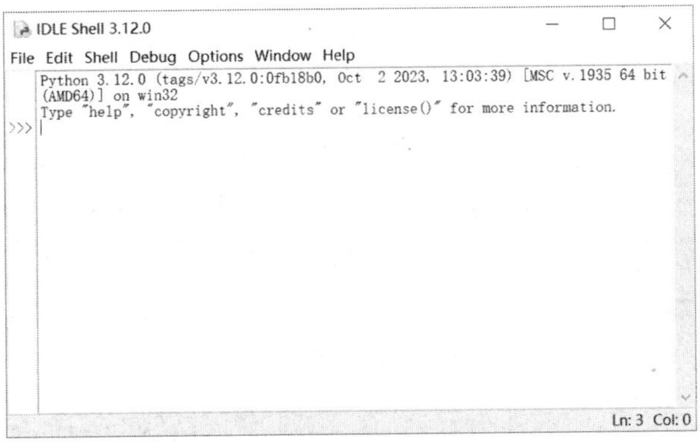

图1.4　Python集成开发环境窗口

1.4.2 Python程序编辑器

IDLE自带程序编辑器窗口，可以在程序编辑器中对Python源程序进行编辑，实现源程序的输入、修改等操作。下面介绍Python程序编辑器窗口的相关操作。

1．新建程序文件

在如图1.4所示的Python集成开发环境窗口中，选择File菜单→New File命令或者按组合键Ctrl＋N，打开如图1.5所示的Python程序编辑器窗口，窗口的标题为程序文件名，初始文件名untitled表示该文件还未命名保存。

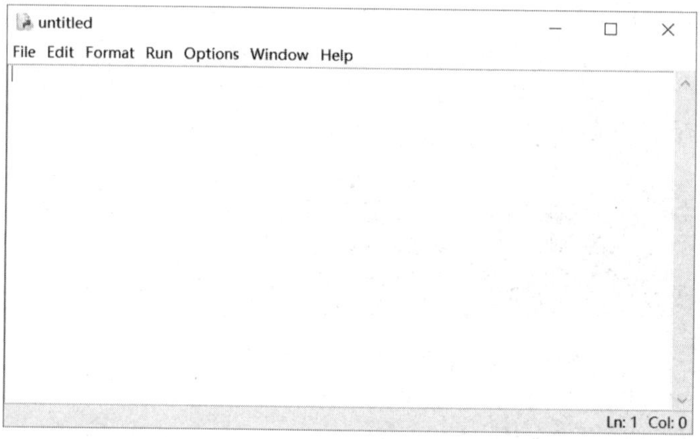

图1.5　Python程序编辑器窗口

2．保存程序文件

在如图1.5所示的窗口中输入程序代码，选择File菜单→Save File命令或者按组合键Ctrl＋S，将程序代码保存为Python源文件。如果程序代码是第一次保存，那么系统会弹出保存文件的对话框，在对话框中输入要保存的文件名（文件的扩展名为.py），然后单击对话框中的“保存”按钮完成保存操作。

3．打开程序文件

在图1.4所示的Python集成开发环境窗口或图1.5所示的Python程序编辑器窗口中选择File菜单→Open File命令，或者按组合键Ctrl＋O，就会弹出“打开文件”对话框。用户在对话框中选择需要打开的.py文件，然后单击对话框中的“打开”按钮，就会在窗口中打开程序文件。

也可右键单击.py源程序的文件名，在弹出的快捷菜单中选择Edit with IDLE命令，将该文件在Python程序编辑器窗口中打开。

4．语法高亮

Python IDLE支持语法高亮，编辑器能够以彩色标识程序代码中的Python关键字、用户定义的函数名和字符串等内容，以便提示程序员。例如，在Python IDLE中注释显示为红色，函数显示为紫色，字符串显示为绿色。

5．自动完成

自动完成是指输入命令单词的开头部分后，IDLE会根据Python语法或上下文自动完成单词后面部分的填写。执行自动完成的操作步骤如下：在程序编辑器中选择Edit菜单→Show

Completions命令，或者按组合键Ctrl + Space。自动完成将查找编辑器内已经写过的代码，进行自动补全。例如，若前面的语句中已经输入print，则可在后续语句中输入pr后按组合键Alt + /，完成print的自动输入。在IDLE shell中按组合键Alt + P可调出上一条历史命令，按组合键Alt + N可调出下一条历史命令。

也可以首先只输入Python保留字或函数名的开头部分，然后在IDLE或程序编辑器中按Tab键，打开如图1.6所示的提示框，在提示框列表中选择print，完成print的自动输入。

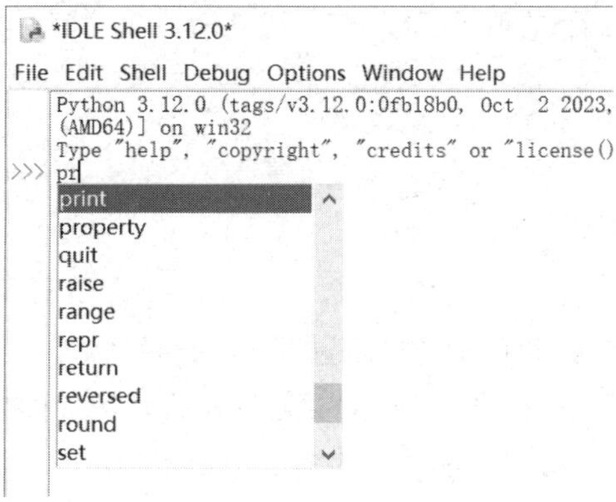

(a)IDLE命令窗口

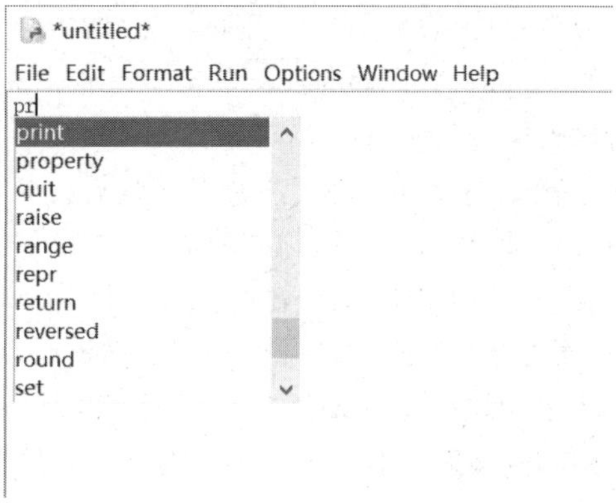

(b)Python程序编辑器窗口

图1.6　Python的自动完成

1.4.3　Python程序书写规范

Python程序的解释系统要求程序的书写格式符合规范。Python源程序的书写规范主要体现在语句的格式、语句块与缩进、注释等方面。

1．语句

程序语句是程序要求计算机完成某个具体运算的指令。原则上要求Python程序的每一行只写一条语句。如果非要在一行内写多条语句，那么必须用分号“;”隔开不同的语句。如果一条语句过长，那么可以使用字符“\”将其分割为多行。

【例】多条语句写在同一行：

```
a=10; b=20; c=30
```

上一行程序代码中包含a=10、b=20和c=30三条不同的语句，所以必须使用分号将它们隔开。

【例】一条语句占多行：

```
content='在Python源程序中，若一行内写多条语句，\
则语句间用分号（;）隔开。\
若一条语句过长，则可使用反斜杠符号实现多行书写。'
```

由于这个赋值语句比较长，因此将它分割成3行，前面两行的末尾都使用续行字符“\”来表示语句被分割成多行。

2．语句块与缩进

语句块是指由多条语句构成的复合语句，它是程序中完成相对复杂功能且逻辑独立的语句组合体。Python程序中的语句块必须使用缩进方式表示，这种缩进要体现不同语句块之间的层级关系。

【例】Python的语句块与缩进：

```
a=20
b=10
if  a>b:        # 语法要求，此处需有冒号
    c=a         # 三条语句都要缩进，且缩进要一致
    a=b
    b=c
print(a,b)
```

上面的程序使用了if语句判断a与b的大小。如果a的值大于b的值，就交换a和b的值，实现交换操作的三条语句（分别是c=a、a=b和b=c）构成一个语句块，因此这个语句块以缩进的形式体现其与if语句的从属关系。

关于代码的缩进，需要注意以下几点：

- 语句块相对上级语句应缩进。
- 不要混用空格和Tab键实现缩进。
- 缩进是分级别的，同一级别的缩进必须对齐，否则会导致语法错误。

由于语句块中可以嵌套语句块，因此程序中可以存在多级缩进，并通过每行代码前面的空格数来识别缩进级别。不同的空格数表示不同的级别，同一级别语句的缩进必须相同。例如，在上面的代码中，c=a、a=b和b=c三条语句的级别相同，因此缩进深度一致。在标准Python风格中，每个缩进级别是4个空格（在IDLE中按Tab键会自动将1个制表符转为4个空格）。

3．注释

注释用于描述程序或语句的功能，其目的是增强程序的可读性。Python允许在源程序中添加注释，在执行程序时会忽略程序中的所有注释。Python的注释分为单行注释和多行注释两种。单行注释从字符“#”开始，到该行结束为止。多行注释使用3个引号（单引号或双引号）作为注释的开始和结束标记。

【例】Python的注释：

```
# -*- coding: utf-8 -*-
"""
Created on Mon May 13 15:09:15 2019

@author:
"""
print('Hello,Python!')      # 输出文字 Hello,Python!
```

在上面的程序中，第一行使用的单行注释独占一行，第二行以3个英文双引号（"）作为多行注释的开始，第六行的3个双引号表示这个多行注释的结束，最后一行在print语句后面使用“#”给出了一个单行注释。

1.4.4 Python程序的运行

1．Python程序的运行原理

用Python语言编写的程序称为Python源程序（也称源代码）。计算机运行 Python 源程序时需要使用Python解释器对源程序进行解释。从计算机的角度看，Python程序的运行过程包含两个步骤：首先由解释器将源代码解释为字节码（也称中间码），然后由虚拟机执行字节码。Python程序运行的基本流程如图1.7所示。

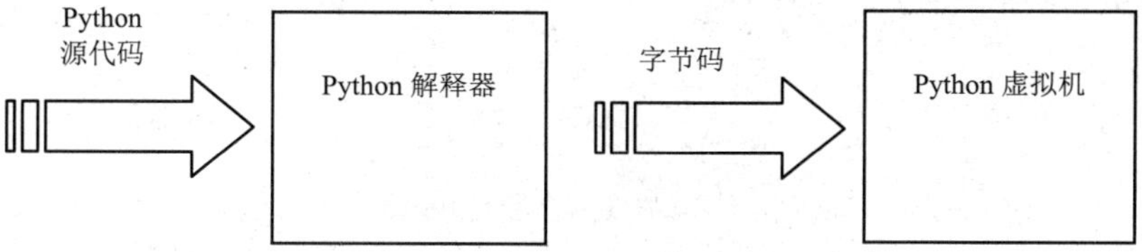

图1.7　Python 程序运行的基本流程

Python源程序（扩展名为.py）经过Python解释器翻译成字节码，然后由Python虚拟机（Python Virtual Machine，PVM）逐条将字节码翻译成机器指令执行。

2．Python程序的运行方式

运行Python程序的方式有交互方式和文件方式两种。交互方式也称命令（shell）方式，是指Python解释器即时响应并执行用户输入的程序代码。文件方式（编程方式）是指用户将Python源代码以程序文件方式保存，然后由Python解释器批量执行文件中的程序代码。交互方式适合运行或调试少量代码，如果需要实现相对复杂的功能，就应以文件方式运行Python程序。

1）Python程序的交互运行方式

在如图1.8所示的IDLE命令提示符“>>>”后面输入单行Python代码，输入后按Enter键就会直接交互执行。例如，在提示符“>>>”后面输入代码“`print('Hello,Python!')`”后按Enter键，Python解释器就会立即执行输入的代码，并将执行结果“`Hello,Python!`”显示在下一行。

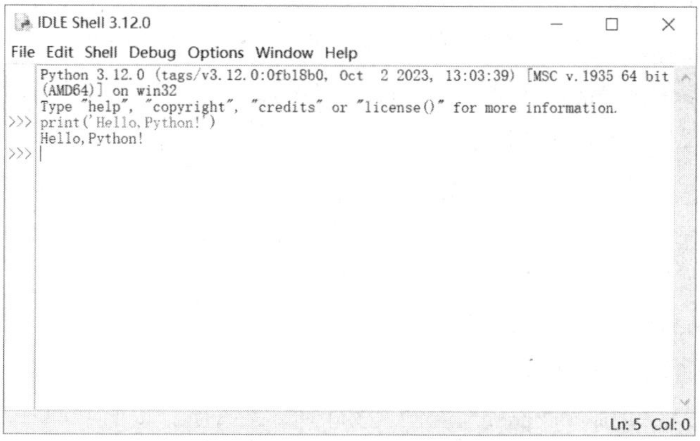

图1.8　Python 程序的交互运行方式

在Python交互方式中，每行代码均以Enter键结束。若有输出，则显示该代码的运算结果。图1.8所示代码中的`print()`是一个用于输出数据的函数，第2章会详细介绍`print()`函数。

若在命令提示符“>>>”后面输入`exit()`或`quit()`函数，则计算机执行命令后会退出Python运行环境。

2）Python程序的文件运行方式

打开如图1.5所示的程序编辑器窗口，输入程序代码。编辑完程序代码后，选择菜单栏中的File菜单→Save命令保存代码，例如将其存储为FirstPython.py。然后，选择菜单栏中的Run菜单→Run Module命令（或按F5键），执行当前编辑器中的程序代码，程序代码的运行结果将在IDLE中显示（见图1.9）。如果运行代码时出错，那么会用红色文字显示错误信息以提示用户。

用户可以使用其他编辑器（如记事本）编辑Python程序的代码，但必须以.py为扩展名保存程序文件。在菜单栏中选择File菜单→Open命令可以打开已有的程序文件，然后编辑或运行该文件中的代码。

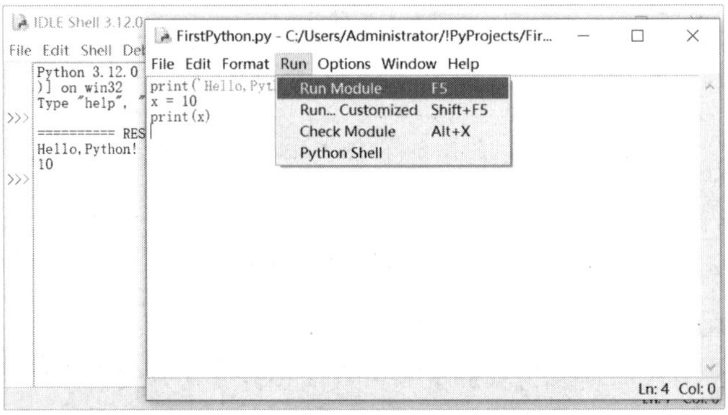

图1.9 Python程序的文件运行方式

1.5 Anaconda开发环境

1.5.1 Python软件包管理工具

Python的强大之处体现在它的应用领域十分广泛。Python得到广泛应用的关键原因是它拥有数量庞大且功能完善的标准库和第三方库。为各个领域开发的软件包存放在网络软件仓库中，用户需要时通过网络下载合适的软件包，安装到计算机中即可使用，极大地提高了软件开发者的编程效率。

PyPI（Python Package Index）是Python官方的第三方库，用户可以从PyPI下载软件包。Python用来下载、安装和管理软件包的管理工具是pip。

在Windows操作系统中进入命令提示符窗口，在命令行中输入“pip --version”命令可显示pip的版本。注意命令中version的前面是两个“-”字符。若命令行上执行pip时报错，则可能是安装时未选中Add path选项，参考前面图1.2的说明。

pip提供对Python软件包进行查找、下载、安装和卸载的功能。

1）查看已安装的Python软件包

在命令提示符窗口中输入“pip list”命令可查看Python安装了哪些软件包，结果如图1.10所示。

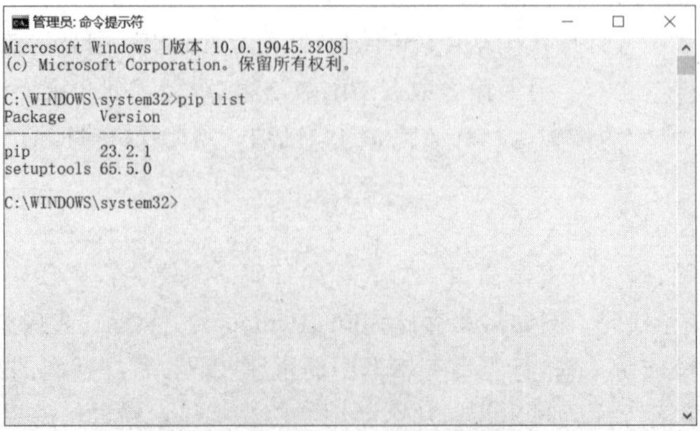

图1.10 查看已安装的Python软件包

2）查看可升级的Python软件包

输入“pip list --outdated”命令可以检查已安装的Python软件包中哪些包是可升级的（其中outdated前面有两个“-”字符）。

3）安装Python软件包

输入“pip install 软件包名”命令可以安装指定的Python软件包，pip会自动在网络上搜索并安装适合本机Python版本的软件包。例如，

```
c:\> pip  install   numpy         # 安装numpy科学计算库
c:\> pip  install   pillow        # 安装pillow图片处理库
```

4）更新Python软件包

输入“pip install --upgrade 软件包名”命令可以更新已安装的Python软件包（upgrade前面有两个“-”字符）。

5）卸载Python软件包

输入“pip uninstall 软件包名”命令可以卸载已安装的Python软件包。

6）查看软件包的详细信息

输入“pip show 软件包名”命令可以查看已安装的Python软件包详细信息。例如，

```
c:\> pip  show  numpy   # 查看已安装的numpy库的相关信息
```

1.5.2　Anaconda软件包

Python自带的集成开发环境（IDLE）可以编辑和运行Python程序，但其功能相对简单。虽然通过pip可以安装、管理和维护Python软件包，但由于Python的标准库和第三方库数量庞大，管理和维护这些软件包是一件比较麻烦的事情。Anaconda是一个易于实现Python软件包和虚拟环境管理与维护的Python开发平台。Anaconda中包含了完整的Python环境，预装了300多种Python软件包，其与1.3节介绍的Python标准开发包是独立的。同一计算机中可以安装多个Python开发环境，彼此互不影响。下面介绍Anaconda软件包的下载与安装。

可按https://www.anaconda.com/download/或https://repo.anaconda.com/archive/链接下载Anaconda安装程序。官网提供了适合Windows、Mac OS和Linux等多种操作系统的安装软件包。下面介绍在Windows环境下安装Anaconda的基本过程。

双击下载的Anaconda安装程序启动安装向导，在如图1.11所示的Anaconda安装欢迎界面中单击Next按钮，进入Anaconda权限许可界面，如图1.12所示。

在图1.12所示的界面中单击I Agree按钮，进入如图1.13所示的Anaconda安装类型选择界面，可以选择Anaconda软件仅限本用户使用（Just Me选项）。选择安装类型后，单击界面上的Next按钮进入Anaconda安装位置设定界面，如图1.14所示。

Anaconda默认的安装位置是C:\ProgramData\Anaconda3，用户可根据自己的需要修改安装位置。注意：用户名为中文的用户应修改默认的路径，确保安装路径中不含中文。如路径中含中文，可能导致Jupyter Notebook使用时报错。

单击Next按钮开始安装Anaconda，按照安装向导提示一直单击各界面上的Next按钮，在后续的界面中建议选中Add Anaconda3 to myPath选项，便于以后在命令行使用Python和Jupyter Notebook。此后可一路向下安装，直到出现如图1.15所示的Anaconda安装结束界面，单击界面上的Finish按钮结束安装过程。

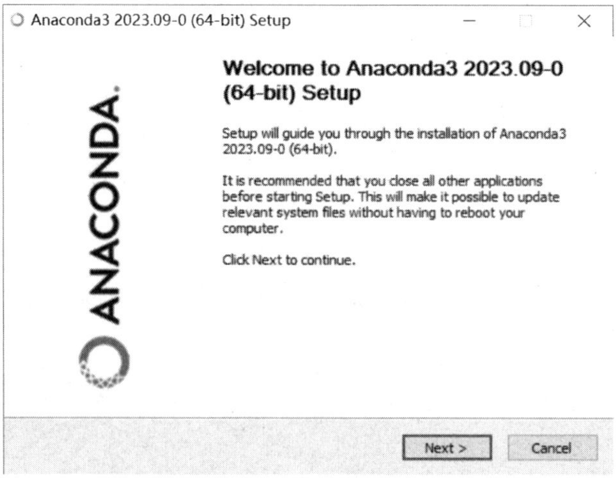

图1.11　Anaconda安装欢迎界面

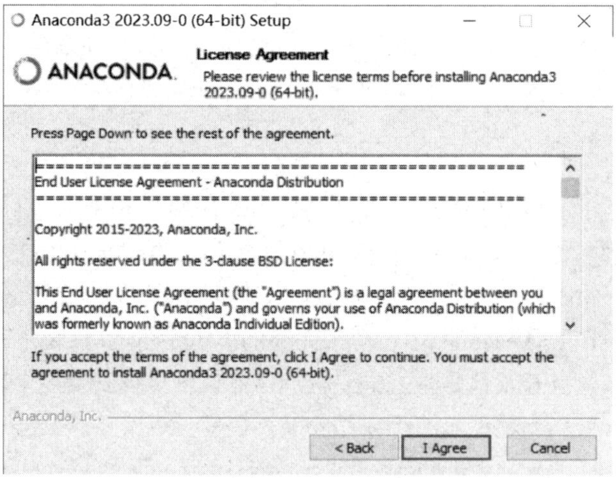

图1.12　Anaconda权限许可界面

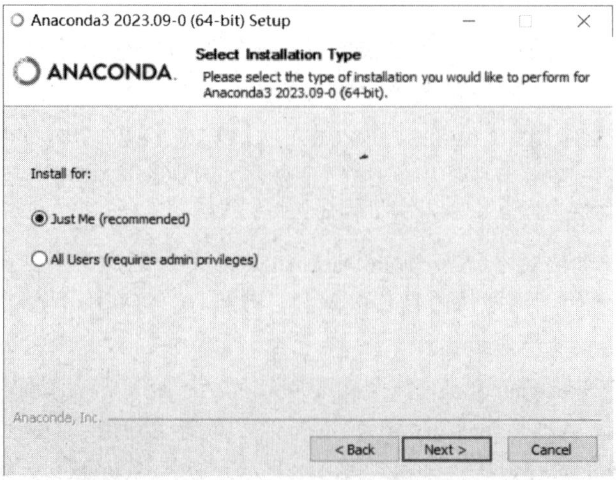

图1.13　Anaconda安装类型选择界面

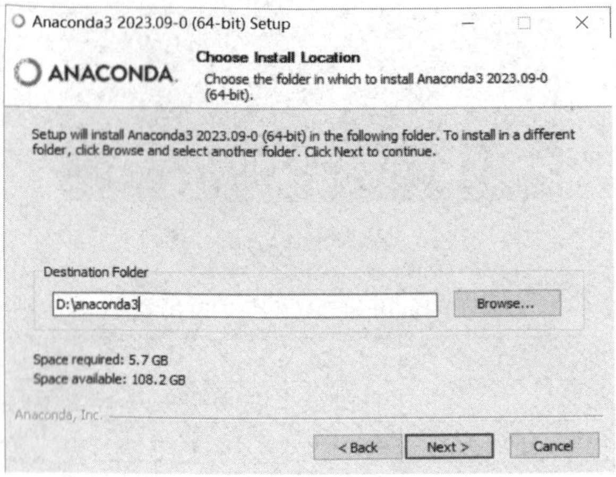

图1.14　Anaconda安装位置设定界面

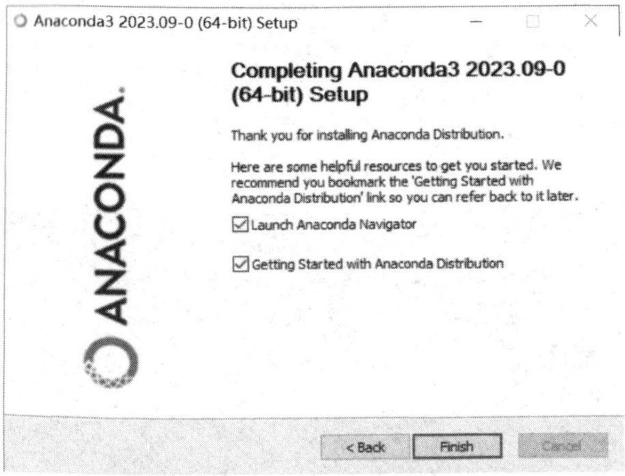

图1.15　Anaconda安装结束界面

Anaconda平台中包含了常用的Anaconda Prompt窗口、IPython开发工具、Spyder集成开发环境和Jupyter Notebook开发环境。下面介绍相关软件的使用。

1.5.3　Anaconda Prompt窗口

Anaconda Prompt窗口是Anaconda的命令提示符窗口，它类似于Windows系统的命令提示符窗口，在此窗口中可以输入各种Anaconda的配置命令，以完成类似Python软件包管理和虚拟环境管理的操作。

1．Anaconda Prompt窗口的启动

启动Anaconda Prompt窗口的步骤如下：选择Windows的“开始”菜单→Anaconda3程序组→Anaconda Prompt命令，打开如图1.16所示的Anaconda Prompt窗口。

2．Anaconda软件包管理

conda是Anaconda提供的软件包管理工具，作用和pip类似。在Anaconda Prompt窗口中可使用pip或conda工具对Python软件包进行安装、更新和删除等操作。conda管理软件包的常用命令如所示

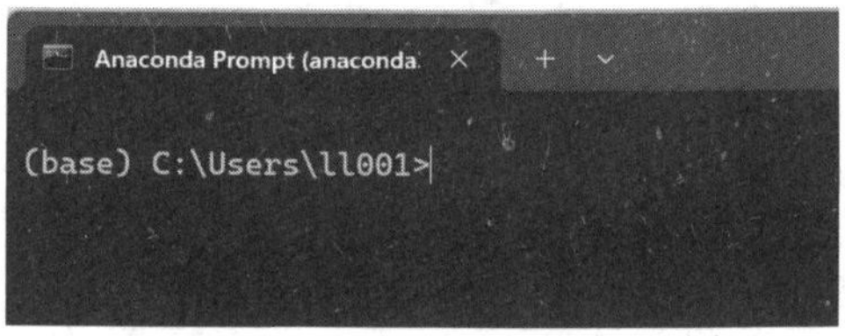

图1.16 Anaconda Prompt 窗口

表1.1 conda管理软件包的常用命令

命　令	描　述
`conda list`	显示当前环境下的所有Python软件包
`conda install packagename`	在当前环境安装名为packagename的软件包
`conda search packagename`	搜索名为packagename的软件包
`conda update packagename`	更新当前环境中名为packagename的软件包
`conda remove packagename`	删除当前环境中名为packagename的软件包

例如，在Anaconda Prompt窗口输入“`conda list`”命令可以查看当前环境下已安装的Python软件包，系统显示结果如图1.17所示。

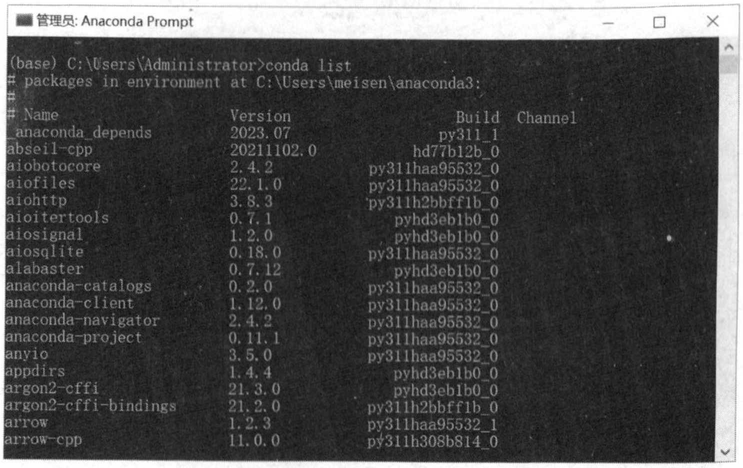

图1.17 查看已安装的Python软件包

3. Anaconda环境管理

用户可以在Anaconda中建立多个虚拟环境，每个虚拟环境具有独立的Python运行环境。因此，利用虚拟环境可以隔离不同项目所需的不同版本的软件包，从而避免不同版本之间的冲突。例如，由于Python 3.0不兼容Python 2.0，因此可以分别建立Python 2.0和Python 3.0两个虚拟环境，以运行不同版本的Python程序。

在Anaconda Prompt窗口中可以使用conda工具实现虚拟环境的管理，包括查看虚拟环境、创建虚拟环境、删除虚拟环境和切换虚拟环境等操作。

1）创建虚拟环境

创建新虚拟环境的命令格式如下：

```
conda create -n env_name python=version package_names
```

-n：参数，指定后续的虚拟环境名。

env_name：虚拟环境名。

python=version：为虚拟环境指定Python版本。

package_names：可选项，在创建新虚拟环境时要安装的软件包。

【例】创建一个Python 3.7虚拟环境，其虚拟环境命名为python37：

```
conda create -n python37 python=3.7
```

2）查看虚拟环境

查看Python的虚拟环境的命令格式如下：

```
conda env list
```

输入命令“conda env list”查看Python的虚拟环境的结果如图1.18所示，其中base是安装Anaconda时默认安装的Python环境，符号“*”指当前使用的Python环境。

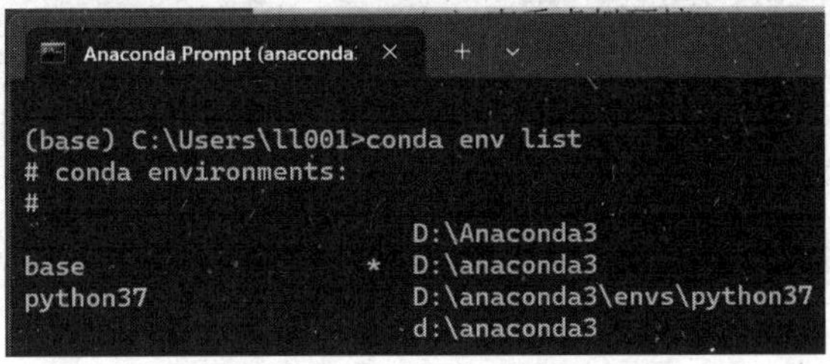

图1.18　查看Python虚拟环境

3）切换虚拟环境

改变当前运行的虚拟环境的命令格式如下：

```
conda activate env_name
```

env_name：虚拟环境名。

【例】从当前环境base切换到刚创建的python37环境：

```
conda activate python37
```

执行这个命令时即刻切换到虚拟环境python37，在Anaconda Prompt窗口的命令行前面会出现python37而非base提示符。

4）退出虚拟环境

退出当前虚拟环境的命令如下，退出后默认进入base环境：

```
conda deactivate
```

5）删除虚拟环境

删除指定虚拟环境的命令格式如下：

```
conda env remove -n env_name
```

env_name：虚拟环境名。

1.5.4　IPython开发工具

IPython是一个增强的交互式Python shell，已成为现代科学计算中最重要的Python工具。它支持变量自动补全和自动缩进，集成了Python调试器、%run机制、创建多个环境及调用系统shell等诸多实用功能，是进行科学计算和交互可视化的一个最佳Python平台。

1．IPython交互式命令窗口的启动

在IPython中，可以用交互方式运行所有输入的Python源代码。IPython交互式命令窗口的启动有下面几种方法。

方法1　启动Anaconda Prompt窗口，在窗口中输入“ipython”命令，进入IPython交互式命令窗口，如图1.19所示。

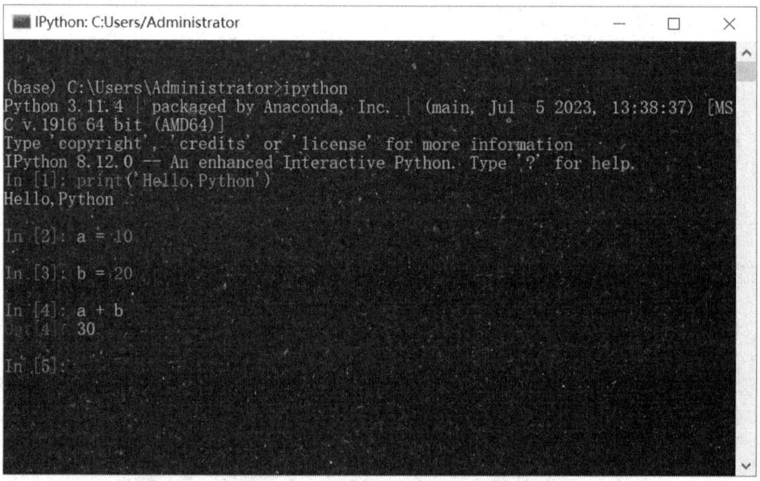

图1.19　IPython交互式命令窗口

方法2　选择Windows的“开始”菜单→Anaconda3程序组→Spyder命令，打开如图1.20所示的Spyder集成开发环境窗口。Spyder集成开发环境集成了IPython开发工具，在窗口的“控制台窗格区”中提供了IPython交互命令窗格，用户可以在此窗格中编辑并执行Python程序。关于Spyder集成开发环境的使用将在下一节中介绍。

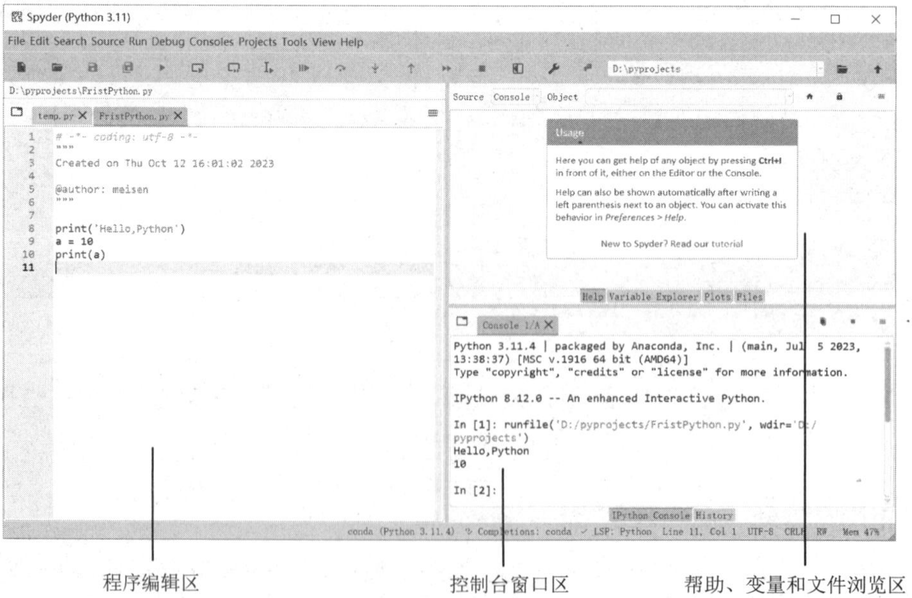

图1.20　Spyder集成开发环境

Python IDLE以“>>>”作为输入提示符，IPython窗口采用“In[序号]:”提示符表示程序代码的输入位置，使用“Out[序号]:”提示符表示执行结果的输出。

要特别说明的是，本书后面的程序主要以IPython作为调试与执行工具。如果没有明确声明，那么后面的章节中会用“In:”和“Out:”分别描述IPython窗口中的源代码输入和结果输出，即省略了“[序号]”。IPython的“In:”后可一次连续执行多条语句，而IDLE的“>>>”提示符后一次只能输入执行一条语句。

2．IPython的简单使用

1）Tab键自动补全

如果在IPython命令窗口中输入代码时按下Tab键，那么系统会自动列出与当前输入字符串匹配的内容（对象或函数）。例如，如果用户在输入“pr”后按下Tab键，那么系统会自动列出以“pr”开头的对象或函数（见图1.21），此时使用键盘上的方向键选择列表中的选项后便自动完成输入。

图1.21　Tab键自动补全

2）历史记录功能

为了更好地利用以前的输入，IPython会记录每次输入的命令。使用上下箭头键可调出历史命令。在IPython中使用history（或hist）命令可以查看历史输入内容，具体格式如表1.2所示。

表1.2　history命令格式

格　式	描　述
history	输出命令的历史记录
history -n序号	输出指定序号的命令记录
history -g 字符串	搜索内容

【例】使用history命令查询历史输入：

```
In [1]: a=20
In [2]: b=10
In [3]: a+b
Out[3]: 30
In [4]: a-b
Out[4]: 10
In [5]: history                    # 显示所有历史输入
a = 20
b = 10
a + b
a - b
history
In [6]: history -n 2               # 查询序号为2的输入
   2: b = 10
```

3）自省

在IPython中可以使用符号“?”查看系统已有的命令、变量或函数的信息，这种功能称为自省。在命令、变量或函数的前面或后面输入“?”即可使用自省功能。

【例】使用“?”获取变量的信息：

```
In: a=10
In: a?
Type:        int
String form: 10
Docstring:
int([x]) -> integer
int(x, base=10) -> integer
Convert a number or string to an integer, or return 0 if no arguments
```

在函数的前面或后面使用符号“??”可以查看函数的源代码。此外，使用如下命令也可显示变量a的相关信息，其中dir()和help()都是Python内建的帮助函数：

```
In: dir(a)
In: help(a)
```

4）直接调用操作系统的命令

在IPython中可以使用“!操作系统命令”的形式直接调用操作系统的命令。

```
# !表示调用Windows系统的dir命令显示当前目录中的文件列表，此处不是Python的dir
In: !dir
# 创建目录mywork，md是创建目录的命令
In: !md  mywork
# !pip直接在IPython中安装软件包，不用先进入操作系统命令行界面，方便用户操作
In: !pip  install  jieba
```

5）magic命令

IPython有一类称为magic命令的魔术命令。IPython将任何首字母为“%”的行视为magic命令。magic命令可以为常见的任务提供便利，也可以控制IPython系统的行为，从而为IPython增加许多系统功能。常用的magic命令如表1.3所示。

表1.3　常用的magic命令

命　令	描　述
%quickref	显示IPython的快速参考
%magic	显示所有magic命令的详细文档
%history	打开命令的输入（可选输出）历史
%reset	删除当前命名空间中的全部变量和名称
%run 源程序文件	执行Python源程序
%prun statement	通过cProfile执行statement，并打印分析器的输出结果
%time statement	报告statement的执行时间
%timeit statement	多次执行statement以测试其平均执行时间，适合测试执行时间很短的代码
%who, %who_ls, %whos	显示命名空间中定义的变量

【例】magic命令的使用。

（1）使用%history查看历史输入：

```
In [1]: a=20
In [2]: b=10
In [3]: a+b
Out[3]: 30
```

```
In [4]: %history          # 查看历史输入
a=20
b=10
a+b
```

（2）使用%run运行Python程序文件：

```
In [1]: %run  d:\pythonspace\FirstPython.py
Hello,Python!
10
```

（3）使用%timeit测试运行时间：

```
In: %timeit  list(range(100))    # 测试 list(range(100))的运行时间
914 ns ± 6.09 ns per loop (mean ± std. dev. of 7 runs,1000000 loops each)
```

1.5.5　Spyder集成开发环境

Spyder是一个用于科学计算的Python集成开发环境。它结合了集成开发工具的高级编辑、分析、调试功能，以及数据探索、交互式执行、深度检查和数据可视化功能，为用户带来了很大的便利。

1.5.4节中介绍了启动Spyder的方法。一般情况下，Spyder集成开发环境窗口主要包含程序编辑区、控制台窗口区、帮助、变量和文件浏览区等（见图1.20）。Spyder的程序编辑区提供以文件形式实现源程序的输入、修改的操作，控制台窗口区中的IPython交互式命令窗口可以交互式执行Python源代码，帮助、变量和文件浏览区提供查看帮助文档、显示内存变量和磁盘文件列表等内容的视图。在Spyder中既可以采用交互方式编程，又可以使用文件方式编程。

下面介绍在Spyder中实现文件方式编程的方法。

1．新建程序文件

启动Spyder集成开发环境后，在程序编辑区默认打开的程序文件为temp.py。如果要新建一个程序文件，那么有如下几种方法：

方法1　选择菜单栏中的File→New file命令。

方法2　单击工具栏中的“新建文件”按钮。

方法3　按组合键Ctrl + N。

此时将在程序编辑区创建一个临时命名为untitled0.py的程序文件，第一次新建的临时文件名untitled后面的数字为0，以后依次为1, 2,⋯。

2．打开程序文件

可以在Spyder窗口打开并编辑已保存的Python程序文件。打开程序文件的操作步骤如下。

步骤1：选择菜单栏中的File→Open命令，或单击工具栏中的“打开文件”按钮，或按组合键Ctrl + O，弹出“打开文件”对话框。

步骤2：在对话框中选择需要打开的程序文件后，单击“打开”按钮。

此时在程序编辑区中显示该程序文件的源代码（见图1.20）。Spyder的程序编辑区可以同时打开多个程序文件。

3．编辑程序文件

在Spyder中新建程序文件或打开已有的Python程序时，程序文件的代码都将在程序编辑区显示。在程序编辑区可以按照1.4.3节介绍的程序书写规范对源程序进行编辑。

4．运行程序文件

要运行程序，可以选择菜单栏中的Run→Run命令，或单击工具栏中的“执行文件”按钮▶，或按快捷键F5。程序执行结果将在控制台窗口区中显示。若程序有错误，则控制台窗口区中会显示错误信息。

需要注意的是，临时命名的程序文件在运行前必须先保存才能执行，运行已命名的程序文件将会自动保存源程序。

1.6 Jupyter Notebook介绍

Jupyter Notebook是一款基于网页的交互式计算应用程序，Python内核运行于服务器上，而客户端运行于浏览器上。在网页的单元格中，可直接编写和运行代码，代码的运行结果显示在单元格下方。Jupyter Notebook是一款交互良好、易于可视化、使用灵活的应用程序，其最突出的优点是将代码、输出结果和笔记（图片、数学公式、图形等）存储在同一个文件中，便于查阅和重现程序结果。

1.6.1 安装与启动Jupyter Notebook

安装Jupyter Notebook的前提是已安装Python。可以使用pip工具安装Jupyter Notebook，安装命令为

```
pip install jupyter
```

Anaconda中包含了Jupyter Notebook，下面介绍Jupyter Notebook的启动操作。

选择Windows的“开始”菜单→所有程序→Anaconda3（64-bit）→Jupyter Notebook命令，即可启动Jupyter Notebook。启动后，将出现Jupyter Notebook服务器终端，如图1.22所示。终端中显示一系列服务器信息，同时浏览器自动启动Jupyter Notebook的Web主页，如图1.23所示。需要提醒的是，使用期间不能关闭Jupyter Notebook服务器终端。

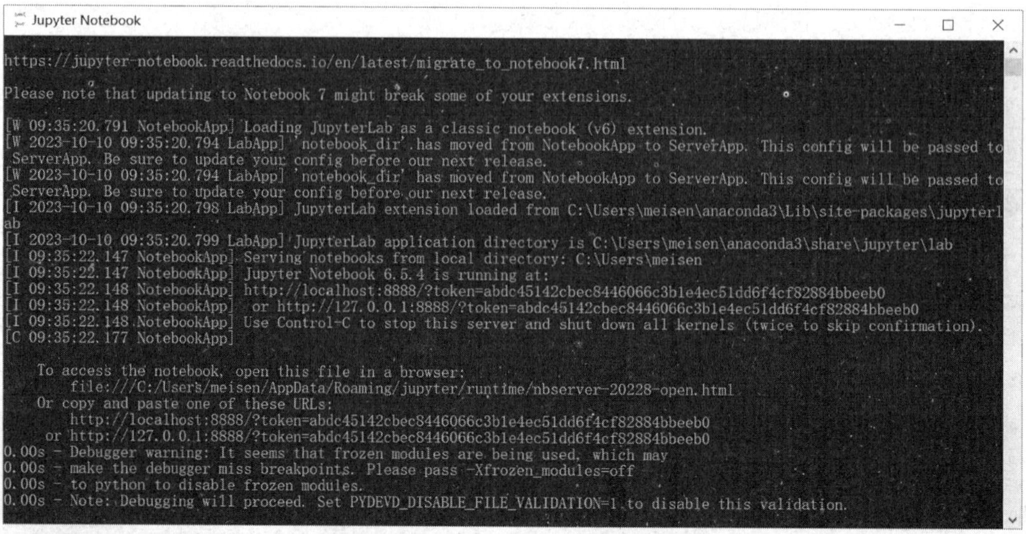

图1.22　Jupyter Notebook服务器终端

Jupyter Notebook的Web主页包含File、Running和Clusters三个基本选项，对应文件、运行、集群三个页面。文件页面提供用于管理和创建文件与文件夹的相关操作。如图1.23所示，文件页面右上方有上传（Upload）、新建（New）和刷新等按钮，下面的文件列表中显示当前工作目录中的文件信息。如果是从“开始”菜单项启动Jupyter的，则其工作目录默认为Windows的个人用户目录。例如，若用户名为admin，则对应的个人目录为C:\users\admin，图1.23中显示的就是该目录。用户可先将.ipynb文件复制到该文件夹中，或者通过上传加载到该文件夹中。

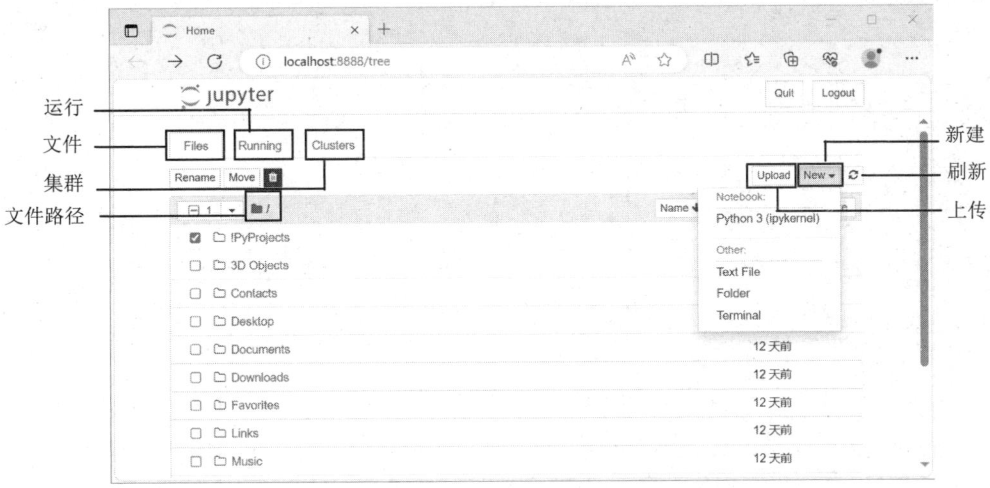

图1.23　Jupyter Notebook的Web主页

另一种启动方式是首先进入Anaconda Prompt窗口，切换到要操作文件所在的目录，然后在命令行输入“jupyter notebook”。例如，下面的命令启动Jupyter Notebook后，将D:\mywork作为工作目录：

```
(base) C:\Users\admin>d:
(base) D:\>cd mywork
(base) D:\mywork>jupyter notebook
```

1.6.2　程序的编辑与运行

在Jupyter Notebook中，Python程序的编辑和运行可在Notebook页面中进行，Notebook页面如图1.24所示。

Notebook页面主要包含标题栏、菜单栏、工具栏和工作区等部分。标题栏中包含Jupyter Notebook的徽标和NoteBook文件名。菜单栏中主要有File、Edit、View、Insert、Cell、Kernel、Widgets、Help等菜单项。工具栏中主要提供文件管理、单元格操作、程序执行等操作按钮。工作区位于工具栏下方，由多个单元格（Cell）组成。

单元格主要分为两大类：代码格和Markdown标记格。代码格中存放可运行的Python代码，Markdown标记格中存放标记文本，这些文本可以设置格式，如标题、上标、颜色等。格式设置方法详见于配套资料中的“Jupyter配置.ipynb”文档。

1. 打开Notebook页面

打开Notebook页面的方法有如下两种。

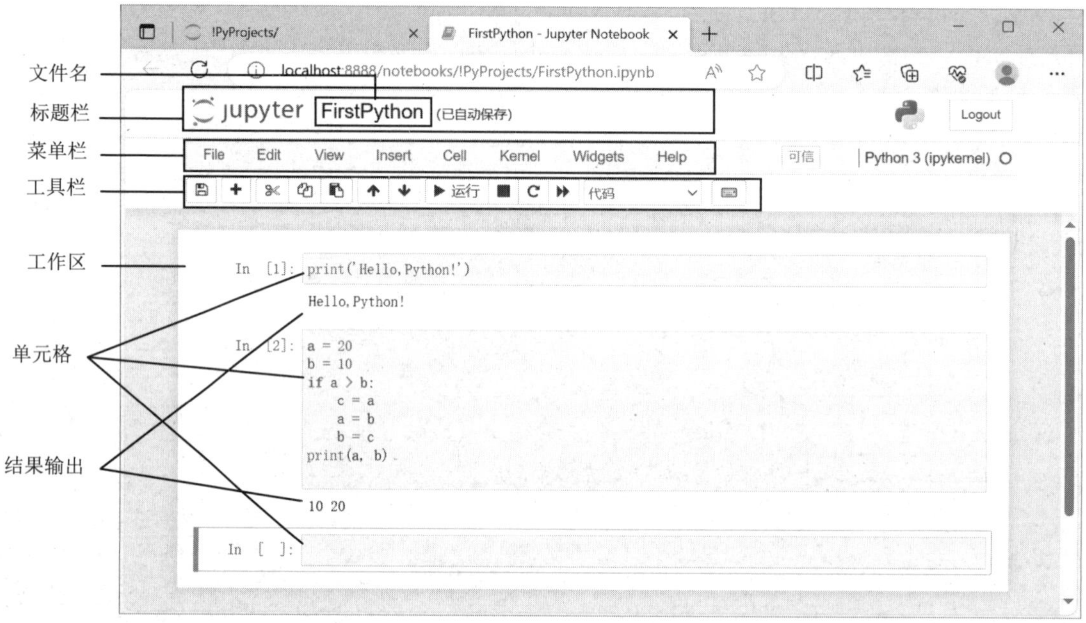

图1.24　Notebook页面

方法1　新建Notebook页面。在文件页面中，单击页面右上方的新建（New）按钮，在弹出的下拉列表中选择Python 3 (ipykernel)命令，将新建一个笔记本文件（Notebook文件），默认文件名为Untitled.ipynb。

方法2　打开已有的.ipynb文件。单击文件页面中的某个.ipynb文件，将自动打开该文件并呈现在浏览器中。

2．重命名Notebook文件

在图1.24中单击上方的Notebook文件名，将弹出“重命名”对话框，方便用户修改文件名。

3．编辑和执行Python程序代码

在Notebook页面的单元格中，可以输入程序代码或标记文本。操作时的工作模式分为命令模式和编辑模式。例如，单击单元格左侧的边栏，进入命令模式。按A键，在当前单元格前面插入新单元格；按B键，在当前单元格后面插入新单元格；连按两次D键，删除当前单元格。按Y键转为代码格，按M键转为标记格。按C键复制单元格，按V键粘贴单元格。更多快捷键可参见Help菜单下的Keyboard Shortcuts。若在单元格上双击，则进入编辑模式，这时可修改其内容。

单击工具栏上的“运行”按钮，将执行单元格，并在单元格下方显示结果。按组合键Shift + Enter也可执行单元格，执行后光标移到下一个单元格中，按组合键Ctrl + Enter执行单元格，且保持光标位置不变。

选择View菜单中的Toggle Line Numbers命令，可在单元格中标注行号。

在Jupyter Notebook中可以设置各种格式，还可以安装目录插件，图1.25所示为本书第4章配套的.ipynb代码截图。图形左侧是目录栏，具体设置方法参见配套资料中的“Jupyter配置.ipynb”文档。

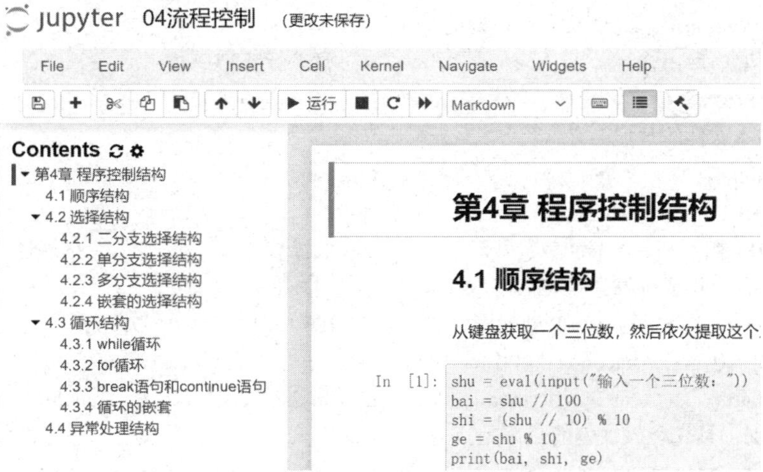

图1.25　第4章配套的.ipynb代码截图

1.7　本章小结

1. Python是一种跨平台、简单易学、开源、免费、可移植、易扩展的解释型高级编程语言，广泛用于数据分析、组件集成、网络服务、图像处理、数值计算和科学计算等众多领域。
2. Python安装软件包可在Python的官网上下载，网站上提供多种类型的安装软件包。Python自带一个集成开发环境（IDLE）。在IDLE中可完成程序的编辑、调试和运行等操作。
3. Python源代码以.py为扩展名的文件保存。程序运行时，Python源程序首先由Python解释器翻译成字节码，然后由Python虚拟机逐条将字节码翻译成机器指令执行。
4. 运行Python程序的方式有两种，分别为交互方式和文件方式。交互方式是指Python解释器即时响应并执行用户输入的程序代码；文件方式是指首先将Python源代码以程序文件方式保存，然后由解释器批量执行文件中的代码。文件方式是常用的编程方式。
5. Anaconda是一个易于对Python软件包和虚拟环境进行管理的平台，其中包含300多种科学计算、数据处理和数据分析Python软件包。Anaconda平台还包含常用的Anaconda Prompt、IPython、Spyder和Jupyter Notebook等开发环境。
6. 可以使用pip工具或conda工具实现对公共资源库PyPI中相关资源包的下载、安装和管理操作。
7. Jupyter Notebook是一个基于网页的交互式计算环境，Python的内核在服务器上运行，客户端则运行于浏览器上。Jupyter Notebook可以将代码、运行结果和标记文本存储在同一个文件中，是目前Python代码的一种常见保存格式。

习题

一、单项选择题

1. 下列应用领域中不适合使用 Python开发的是（　　）。
   A．科学计算　　B．网络服务　　C．图像处理　　D．数据库编程
2. Python语言属于（　　）语言。
   A．机器语言　　B．汇编语言　　C.高级语言　　D．以上都不是

3．下面关于Python语言的说法中，正确的是（　　　）。

A．属于编译型语言　　B．属于解释型语言

C．属于自然语言　　D．以上都不正确

4．Python脚本文件的扩展名是（　　　）。

A．.python　　B．.pn　　C．.py　　D．.pt

5．下列不属于Python特性的是（　　　）。

A．面向对象　　B．免费开源　　C．低级语言　　D．可扩展性

6．Python内置的集成开发环境是（　　　）。

A．PyCharm　　B．Pydev　　C．IDLE　　D．pip

7．下列哪项不包含在Anaconda软件中？（　　　）。

A．PyCharm　　B．IPython　　C．Spyder　　D．Jupyter Notebook

8．使用conda工具安装软件包的命令是（　　　）。

A．`conda install packagename`　　B．`conda remove packagename`

C．`conda search packagename`　　D．`conda update packagename`

9．在IPython开发工具中按下（　　　）键，实现自动补全。

A．Esc　　B．Tab　　C．F1　　D．Backspce

10．在IPython开发工具中，使用（　　　）命令运行Python程序文件。

A．`%magic`　　B．`%history`　　C．`%run`　　D．`%time`

11．Notebook文件的扩展名为（　　　）。

A．.py　　B．.ipynb　　C．.pt　　D．.python

12．下列关于Jupyter Notebook的叙述中，不正确的是（　　　）。

A．Jupyter Notebook是一个交互式的应用程序

B．Notebook的客户端运行在浏览器中

C．在Notebook中，单元格不支持多条语句输入

D．在Notebook中，单元格中程序的执行结果就在单元格下方显示

二、简答题

1．简述Python的特性。

2．程序的编译方式和解释方式的区别是什么？

3．Python的应用领域主要有哪些？

4．简述Python程序的运行原理。

5．运行Python程序的方式有哪些？

6．简述使用pip工具和conda工具管理软件包的命令。

第2章　Python语言基础

本章介绍Python语言的基本语法、标识符的命名规则，重点介绍Python的数据类型、变量、运算符与表达式、输入与输出，以及常见的内置函数和模块等内容。

2.1　基本数据类型

数据是客观事物的符号表示，在计算机科学中是指所有能输入计算机并被计算机程序处理的符号的总称。为了满足实际应用的需要，Python将数据划分成多种类型，包括数值、字符串、列表、元组、字典等。本节主要介绍数值和字符串等Python的基本数据类型，其中数值包含整型（int）、浮点型（float）、复数型（complex）和布尔型（bool）等。由于程序对不同类型数据的运算方法和存储表示存在明显差别，因此在程序设计过程中务必要为待处理的数据确定合适的数据类型和有效的处理方法。

2.1.1　数值型

整数类型简称整型（int），它是Python中常用的一种数据类型。整数有正整数、零和负整数，其含义与数学中的含义相同。Python用int数据类型表示整型。

Python语言用浮点型（float）表示数学中的实数（也称浮点数），它是既有整数部分又有小数部分的数。浮点数用float表示。

复数是由实数部分和虚数部分构成的数。Python将复数型（complex）数值表示为x + yj，其中x是实数部分（实部），y是虚数部分（虚部），j为虚数单位。

```
In: x = 10          # 整型
    y = 3.14        # 浮点型
    z = 1 + 2j      # 复数型
    type(x), type(y), type(z)    # 用type()函数测试三个变量的数据类型
Out: (int, float, complex)       # 分别为整型、浮点型、复数型
```

2.1.2　逻辑型

布尔型（bool）也称逻辑型，是用来表示逻辑值的数据类型。逻辑值在程序中用于条件真假逻辑判断，它只有“真”和“假”两个取值，其中“真”用True表示，“假”用False表示。

Python中的逻辑型也可视为整型的子类，True和False对应的整型值分别为1和0。因此，Python的逻辑型数据支持普通整型数据的所有计算，例如“False + 1”是合法的计算。

另外，Python中的0或空集（空列表、空元组和空字典等）对应的逻辑值都是False。

```
In: x = 10
    x > 5
Out: True
In: y = False
    type(y)
Out: bool      # y为 bool型
```

```
In: y + 1      # y为False，可视为0
Out: 1
```

2.1.3 字符串

Python采用字符串表示和存储文本（如中英文字符）。字符串是最常用的数据类型之一，Python中的字符串是用成对的英文单引号（'）、双引号（"）或三引号（'''或者"""）界定的一串字符，其中单引号和双引号都可用来界定单行文本，而三引号通常用来界定多行文本。

【例】下面都是内容为"Python程序设计"的字符串。

```
In:  'Python程序设计'        # 单引号作为定界符
Out: 'Python程序设计'

In:  "Python程序设计"        # 双引号作为定界符
Out: 'Python程序设计'
```

1．转义字符

转义字符是一些有特殊含义且难以用一般方式表达的字符，如回车符、换行符等。为了表达这些特殊字符，引入了一些特殊的定义。需要在字符串中表达特殊字符时，Python用反斜杠（\）开头，后面紧跟一个字符来表示某个特定的转义字符，如表2.1所示。

表2.1　Python的转义字符

转 义 字 符	描　　述
\\(在行尾时)	续行符
\\\\	反斜杠符号
\\'	单引号
\\"	双引号
\\a	响铃
\\b	退格(Backspace)
\\e	转义
\\000	空
\\n	换行符
\\v	纵向制表符
\\t	横向制表符
\\r	回车符
\\f	换页
\\0yy	八进制数，yy代表八进制数，例如\\012表示十进制数10
\\xyy	十六进制数，yy代表十六进制数，例如\\x1a表示十进制数26
\\other	其他字符以普通格式输出

2．多行字符串

Python可以使用三引号作为多行字符串的定界符。

【例】包含了3行的字符串。

```
In: '''Python
        程序
        设计'''
Out: 'Python\n程序\n设计'
```

也可在用单引号和双引号作为定界符的字符串中，在行尾用续行符（\）实现多行字符串。

【例】使用续行符（\）实现多行字符串。

```
In: 'Python\
     程序\
     设计'
Out: 'Python程序设计'
```

需要注意的是，使用三引号实现多行字符串时得到的字符串中包含了换行符（\n），而使用续行符时在字符串中不包含换行符（\n）。

3．字符串格式化

字符串格式化是将数据按照某种格式要求（如长度、类型等）转换为字符串。在Python中，字符串格式化主要有%格式、format格式和f-string格式。

```
In: x=3.457;  y=10
In:'x=%.2f  y=%d' % (x, y)              # %格式，旧格式，不推荐使用
Out: 'x=3.46  y=10'
In:'x={:.2f} y={}'.format(x,y)          # format格式
Out: 'x=3.46 y=10'
In:f'x={x:.2f} y={y}'                   # f-string格式，推荐使用
Out: 'x=3.46 y=10'
```

（1）%格式

%格式出现在较早版本的Python中。使用%格式化字符串时，以一个字符串作为模板。模板是由普通字符串和包含%的格式符组成的，这些%格式符为真实值预留位置，并规定真实值应该呈现的格式。模板中%格式符的格式如下：

```
% [flag] [width] [.precision] type
```

flag：对齐方式，可省略，对齐方式如表2.2所示。

表2.2　对齐方式

符　号	说　明
-	左对齐
+	右对齐并在正数前面显示加号（+）
0	右对齐并在显示的数字前面填充0
空格	右对齐

width：指定字符串的输出宽度，可省略。

precision：指定数值型数据保留的小数位数，可省略。

type：指定的格式符，不可省略，具体的格式符如表2.3所示。

表2.3　格式符含义

符　号	说　明
%c	格式化字符及其ASCII码
%s	字符串
%d	整数
%o	无符号八进制数
%x	无符号十六进制数（小写）
%X	无符号十六进制数（大写）
%f	小数，可指定小数点后的精度
%e	用科学记数法格式表示
%g	根据值的大小决定使用%f或%e

【例】使用%格式化字符串。

```
In: '%5d'  %  2          # 默认右对齐
Out: '    2'             # 前面补空格，共占5位字符宽度
In: '%-5d'  %  2         # 左对齐
Out: '2    '             # 后面补空格
In: '%05d'  %  2         # 右对齐且前面补0
Out: '00002'

In: '%-10d %d'  % (12, 34.56)    # 此行有两个数据，需要将两个数据放在()中
Out: '12         34'             # 第0个数据左对齐（10位宽），第1个数据%d取整

In: '%f' % 3.14                  # %f浮点数格式
Out: '3.140000'

In: '%6.2f' % 3.1415927          # 指定宽度为6，小数部分2位
Out: '  3.14'
```

（2）format格式

format格式是Python 2.6以后各版本中提供的字符串格式化方法，它比%格式化的能力更强、更灵活。

```
In: r = 4.5
In: 'r={} , area={:.2f}'.format(r, 3.14*r*r)    # {}占位符
Out: 'r=4.5 , area=63.59'
```

format的语法格式如下：

```
<格式字符串>.format(<参数>)
```

<格式字符串>：普通字符串和{替换格式符}组成的字符串。

<参数>：匹配替换的内容。

format的作用是将信息进行格式化输出。格式字符串包含普通字符串和替换字段字符串，替换字段是用大括号{}界定的内容。输出时format()函数的参数值会替换格式字符串中与之匹配的字段。参数与替换字段的匹配关系有下面几种情况。

- 序号匹配

format()函数中的参数序号默认从0开始。如果替换字段名以数字序号的形式给出，那么它将与format()函数对应序号上的参数进行匹配。如果格式字符串的{}中没有指定序号，那么将按照格式字符串中{}出现的先后次序与实际参数进行匹配。

【例】通过序号匹配字符串。

```
# {}中指定了序号
In: '{0}和{1}都是流行的程序设计语言'.format('Python', 'Java')
Out: 'Python和Java都是流行的程序设计语言'
In: 'Hello {0} and {1}! {0}和{1}都是流行的程序设计语言'.format('Python', 'Java')
Out: 'Hello Python and Java! Python和Java都是流行的程序设计语言'
# {}中没有指定序号
In: '{}和{}都是流行的程序设计语言'.format('Python','Java')
Out: 'Python和Java都是流行的程序设计语言'
```

- 使用键值对匹配

如果format()函数中的参数以键值对形式给出（如下例所示），且替换字段名也用“键”表示，那么它将匹配format()函数中的对应参数名称（键），并用匹配的同名参数的“值”置换替

换字段而实现格式化输出。

【例】使用键值对匹配。

```
In: '书名:{name}，单价：{price}'.format(name='Python程序设计', price=50.0)
Out: '书名:Python程序设计，单价：50.0'
```

- 使用索引匹配

如果format()函数中的参数是列表或元组，那么可以使用索引进行匹配。关于列表和元组的内容将在第3章中介绍。

【例】使用索引匹配字符串。

```
In: book = ['Python程序设计', 50.0]
In: address = ['广东', '广州']
# 字段名"0[0]"中的第一个0表示匹配format()函数中参数的序号，第二个0为参数的索引
In: '书名:{0[0]}，单价：{0[1]}。地点：{1[0]}省 {1[1]}市'.format(book, address)
Out: '书名:Python程序设计，单价：50.0。地点：广东省 广州市'
```

在格式字符串的替换字段中，还可以设置格式说明标记，标记的语法格式如下：

```
[[fill] align] [sign] [width] [,] [.precision] [type]
```

fill：设置填充的字符，可省略，默认为空格。

align：设置对齐方式，^、<、>分别对应居中、左对齐、右对齐，可省略，默认右对齐。

sign：设置数值型数据前的符号，+表示在正数前加正号，-表示在正数前不变，空格表示在正数前加空格，可省略。

width：设置格式化后的字符串所占的宽度，可省略。

逗号（,）：为数字添加千分位分隔符，可省略。

precision：设置数值型数据保留的小数位数，可省略。

type：设置格式化类型符，格式化类型符如表2.4所示，可省略。

表2.4 format()的格式化类型符

符　号	说　明
b	格式化二进制数
c	格式化字符及其ASCII码
s	字符串
d	整数
o	无符号八进制数
x	无符号十六进制数（小写）
X	无符号十六进制数（大写）
f	小数，可指定小数点后的精度
e	用科学记数法格式化
g	根据值的大小决定使用f或e
%	浮点数按百分比格式输出

【例】使用format格式标记格式化字符串。

```
# 长度为10，使用二进制数值，居中对齐
In: '{0:^10b}'.format(12)
Out: '   1100   '
# 分别用百分比和科学记数法方式显示，保留2位小数
In: '{0:.2%}和{1:.2e}'.format(0.1234, 123456)
```

```
Out: '12.34%和1.23e+05'
# 长度为10，保留2位小数，使用千分位分隔符，右对齐，长度不够用"#"填充
In: '{:#>10,.2f}'.format(1234.5678)
Out: '##1,234.57'
```

（3）f-string格式

自Python 3.6开始就支持使用f-string格式化字符串。f-string格式是一种便捷的字符串格式化方法，它的语法简单、清晰、高效。f-string格式只需在字符串前加上f前缀，字符串中可包含替换字段（以{}标注的内容）。替换字段的格式为

```
f"{替换字符串: 格式说明标记}"
```

替换字符串：替换并填入字符串的内容，可以是变量、表达式或函数等。

格式说明标记：替换字符串格式化说明，可以省略。

f-string中的格式说明标记仍然采用format格式标记语法。

【例】使用f-string格式格式化字符串。

```
# 替换字符串变量
In:name='Python程序设计'
   price=50.0
   f'书名:{name}，单价：{price}'
Out: '书名:Python程序设计，单价：50.0'
In: f'两本书价格 {price*2}'      # f格式串支持{}内的运算
Out: '两本书价格 100.0'

# 将数值12格式化为长度为10的二进制数值，并且内容居中对齐
In: f'{12:^10b}'
Out: '   1100   '
# 分别用百分比和科学记数法格式化数据，并保留2位小数
In: f'{0.1234:.2%}和{123456:.2e}'
Out: '12.34%和1.23e+05'
```

2.2 变量

2.2.1 关键字和标识符

关键字和标识符是计算机程序语言中的基本语法元素，是编写程序的基础。下面介绍关键字和标识符。

1. 关键字

关键字（也称保留字）是程序语言中被赋予特定含义和特定作用的单词。Python定义的关键字如表2.5所示。

表2.5 Python定义的关键字

and	as	assert	async	await	break
class	continue	def	del	elif	else
except	False	finally	for	from	global
if	import	in	is	lambda	None
nonlocal	not	or	pass	raise	return
True	try	while	with	yield	

在Python中，要注意True、False和None三个关键字的首字母是大写的。可以使用help()函数查看Python中的所有关键字。

```
In: help('keywords')
Here is a list of the Python keywords.  Enter any keyword to get more help.
False                   class                   from                  or
...  ...  ...
break               for                 not
```

2．标识符

标识符是用来标识程序中的变量、函数、类、模块及其他对象的字符串。虽然程序设计者可以自主设定程序中的标识符，但需要遵循如下规定：

（1）标识符可以包含字母、数字及下画线（_），但必须以一个非数字字符开始。

（2）标识符区分大小写，长度没有限制。

（3）保留关键字不能用作标识符。

下面是合法的标识符：

```
student，_num，a1，姓名
```

下面则是非法标识符：

```
2count，a-b，for，my name，high@
```

此外，标识符最好能在一定程度上反映它所标识的变量、函数、对象等的实际意义，尽量符合见名知义的原则，增强程序的可读性。

2.2.2　变量

一个程序中通常都会有被处理的对象，而这些对象在被处理之前要以特定的类型存放在内存中，需要时再取出来处理。为了理解和使用方便，要为存放数据的内存位置设定一个名字。用标识符命名的存储单元称为变量，变量用来存储数据，通过标识符可以获取变量的值，也可以对变量赋值。

使用赋值语句可以将指定数据存放到指定的变量中。赋值语句的作用就是将一系列数据值存放到一系列变量中。Python中的赋值运算符是“=”，其语句格式如下：

```
变量名 = 表达式值
```

变量名：被赋值的目标对象。

表达式值：由变量和运算符构成的运算式，计算结果赋给左边的变量。

赋值语句将“=”右边的值传递给“=”左边的目标对象（变量），这个过程称为变量赋值。

【例】变量赋值。

```
In: age = 18
```

此时，Python首先在内存中找到一个位置存放数值18，将此位置的类型设为整型，并以age这个名称命名。这时，我们可以认为age是存储了数值18的变量。Python中的变量不需要像编译型语言（如C语言）中的变量那样先声明再使用，Python中的变量可以直接赋值，在赋值的同时即声明了变量，并依据所赋的值自动确定数据类型。

变量的值在程序运行中是可以改变的。

【例】改变变量的值。

```
In: age = 18
    print(age)
```

```
18

In: age = 20                    # 变量值发生改变
    print(age)
20
```

Python中的变量允许在程序运行过程中动态地改变数据类型，而编译型语言的变量通常不允许做这种修改。

【例】改变变量的数据类型。

```
In: age = 18
    print(age)
18

In: age = '18岁'                # 改变了变量的数据类型，由整型变为字符串类型
    print(age)
18岁
```

需要注意的是，变量名在被引用之前必须先赋值。

【例】变量在使用前需要先赋值。

```
In: num1 = 10
    num1
Out:10
In: num2 = num1                 # 用变量num1给变量num2赋值
    num2
Out:10
In: num1 = 20                   # 改变变量num1的值
    num2
Out:10
```

上面的代码在使用变量num1给变量num2赋值之前，num1必须先被赋值。此外，虽然第三个赋值语句改变变量num1的值为20，但并没有影响变量num2的值，因为这里的变量num1和变量num2分别对应不同的内存区域。

如果需要给多个变量赋值，那么可以采用如下方式。

方式1：

```
In: a = 10
    b = 20
    c = 30
```

方式2：

```
In: a, b, c = 10, 20, 30
```

在方式1中，每个变量的赋值单独占一行。在方式2中，三个变量使用一个赋值运算符（=）赋值，此时等号左边的变量用逗号分隔，右边的值也用逗号分隔（这实际上是元组类型，将在第3章中介绍）。

2.3 运算符与表达式

2.3.1 运算符

运算符是Python用于表示数据对象执行某种运算的符号。运算符按其功能可以划分为算术运

算符、关系运算符、逻辑运算符、赋值运算符、位运算符、成员运算符、身份运算符等。按照操作数的数量，运算符还可分为一元运算符（如~）和二元运算符（如+、*）等。这里按照运算符的功能将Python的基本运算符划分为如下几类：

- 算术运算符：-（求负数）、+、-、*、/、//、%、**
- 关系运算符：==、!=、>、>=、<、<=
- 逻辑运算符：not、and、or
- 赋值运算符：=、+=、-=、*=、/=、%=、**=、//=
- 位运算符：&、|、^、~、<<、>>
- 成员运算符：in、not in
- 身份运算符：is、is not

1．算术运算符

算术运算符是执行算术运算的符号，它们是最基本、最常见的运算符。算术运算符如表2.6所示。

表2.6　算术运算符

运　算　符	功　　能	示　　例
-	求负数运算	-a
+	加运算	a + b
-	减运算	a - b
*	乘运算	a * b
/	除运算	a / b
//	整除运算	a // b
%	求余（取模）运算	a % b
**	幂（指数）运算	a ** b

【例】算术运算符的应用。

```
In: x = 13; y = 4

In: -x
Out: -13

In: x + y
Out: 17

In: x * y
Out: 52

In: x / y
Out: 3.25

In: x // y                      # 整除运算
Out: 3

In: x % y                       # 求余运算
```

```
Out: 1

In: x ** y                    # 幂（指数）运算
Out: 28561
```

2．关系运算符

关系运算符是用于比较两个数据大小的运算符，运算结果为逻辑值True或False。关系运算符都是二元运算符，如表2.7所示。

表2.7　关系运算符

运 算 符	功　能	示　例
==	等于	a == b
!=	不等于	a != b
>	大于	a > b
>=	大于或等于	a >= b
<	小于	a < b
<=	小于或等于	a <= b

【例】关系运算符的应用。

```
In: x = 2; y = 3

In: x == y
Out: False

In: x != y
Out: True

In: x > y
Out: False

In: x <= y
Out: True
```

3．逻辑运算符

逻辑运算符指操作数和运算结果都是逻辑值的运算符，逻辑运算符如表2.8所示。

表2.8　逻辑运算符

运 算 符	功　能	示　例
not	逻辑非	not x
and	逻辑与（x和y必须都为真，结果才为真）	x and y
or	逻辑或（x或y有一个为真，结果就为真）	x or y

【例】逻辑运算符的应用。

```
In: x = True
In: y = False

In: not x
```

```
Out: False

In: not y
Out: True

In: x and y
Out: False

In: x or y
Out: True
```

4. 赋值运算符

赋值运算符是将一系列值存放到一系列变量中的运算符，“=”是Python中的基本赋值运算符，其格式为

```
变量名 = 表达式值
```

在基本赋值运算符“=”前面加上其他运算符，就构成了扩展赋值运算符。例如，“a += 5”等效于“a = a + 5”。扩展赋值运算符先进行运算，再将运算结果赋给“=”左边的变量。Python中的扩展赋值运算符如表2.9所示。

表2.9　扩展赋值运算符

运　算　符	功　　能	示　　例
+=	加法赋值运算符	b += a 等效于 b = b + a
-=	减法赋值运算符	b -= a 等效于 b = b - a
*=	乘法赋值运算符	b *= a 等效于 b = b * a
/=	除法赋值运算符	b /= a 等效于 b = b / a
//=	整除赋值运算符	b //= a 等效于 b = b // a
%=	求余赋值运算符	b %= a 等效于 b = b % a
**=	幂赋值运算符	b **= a 等效于 b = b ** a

【例】赋值运算符的应用。

（1）+=运算符

```
In: a = 10
  b = 20
  b += a
  b
Out: 30
```

（2）*=运算符

```
In: a = 10
  b = 20
  b *= a
  b
Out: 200
```

5. 位运算符

位运算符是对操作数以二进制为单位进行运算的运算符。Python中的位运算符如表2.10所示。

表2.10　位运算符

运　算　符	功　　能	示　　例
~	按位取反运算符	~ a
&	按位与运算符	a & b
|	按位或运算符	a | b
^	按位异或运算符	a ^ b
>>	右移位运算符	a >> b
<<	左移位运算符	a << b

一般情况下，Python中的位运算使用较少，因此这里不举例介绍位运算符的使用。

6．成员运算符

Python中的成员运算符用于测试某个对象是否为某个容器对象中的数据成员，这里的容器对象（第3章介绍）是指字符串、列表、元组或集合。Python中的成员运算符如表2.11所示。

表2.11　成员运算符

运　算　符	功　　能	示　　例
in	包含于	a in b
not in	不包含	a not in b

【例】成员运算符的应用。

（1）in运算符

```
In: s = 'Python'

In: 'P' in s
Out: True

In: 'p' in s
Out: False
```

（2）not in运算符

```
In: s = 'Python'
In: 'p' not in s
Out: True
```

7．身份运算符

身份运算符是判定两个变量所指的存储区域是否相同的运算符。Python中的身份运算符如表2.12所示。

表2.12　身份运算符

运　算　符	功　　能	示　　例
is	等同	a is b
is not	不等同	a is not b

【例】身份运算符的应用。

（1）is运算符

```
In: a = [1, 2]        # a是列表(见第3章)
In: b = a             # a, b指向同一个内存区域
```

```
In: a is b          # a, b身份等同
Out: True
In: c = a.copy()    # 通过a.copy()，a和c指向不同的内存区域
In: a is c
Out: False          # a, c身份不等同
```

（2）is not运算符

```
In: a is not c
Out: True
```

2.3.2　表达式

表达式是将各种数据（包括值、变量和函数）通过运算符按一定规则连接起来的式子。表达式执行指定的运算并返回结果，如“a + b”和“x > y”等都是表达式。表达式的计算结果通常用于对变量赋值或作为程序控制的条件。

表达式的计算需要按照运算符的优先顺序从高到低依次进行。运算符的优先级决定了表达式中各运算符执行的先后顺序；大体上说，算术运算符的优先级高于关系运算符的优先级，关系运算符的优先级高于逻辑运算符的优先级，逻辑运算符的优先级高于赋值运算符的优先级。Python运算符优先级从高到低的顺序如表2.13所示。

表2.13　运算符的优先级（从高到低）

运　算　符	描　　述
**	指数（最高优先级）运算符
~ , -	按位取反运算符，求负数运算符
*, /, %, //	乘、除、取模和整除运算符
+, -	加法、减法运算符
>>, <<	右移、左移运算符
&	按位与运算符
^, |	按位异或、或运算符
<=, <, >, >=	比较运算符
==, !=	等于、不等于运算符
=, +=, %=, -=, *=, /=, //=, **=	赋值运算符
is, is not	身份运算符
in, not in	成员运算符
not	逻辑非运算符
and	逻辑与运算符
or	逻辑或运算符
lambda	lambda表达式

表达式可以使用括号“()”显式地改变括号内外运算符的优先顺序，使得括号内的运算优先于括号外的运算。此外，适当地使用括号也可使表达式的结构更清晰。

【例】

```
not a > b and c + d or e == f
```

可以使用括号显式地写成

```
(not (a > b) and (c + d))  or  (e == f)
```

这样就更清楚地表明了各运算的顺序，程序的可读性更强。

2.3.3 数据类型转换

Python规定表达式中各项数据的类型必须一致或兼容。如果数据类型不一致，就要对数据进行类型转换才能计算表达式的值。类型转换可分为自动转换和显式转换两种情况。

1．自动转换

如果表达式中出现的数据类型不一致，那么Python会检查这些数据是否可以转换为该表达式需要的类型。如果可以，那么将原数据类型转换为表达式所需要的类型；如果不可以，那么报告类型错误。这种数据类型转换称为自动转换。例如，表达式“1.2 + 3”中的两个操作数类型不同，Python会将整型数3转换为浮点数3.0，然后执行表达式“1.2 + 3.0”的运算。

在数值型数据类型中，Python自动转换的规则如下：

- 整型数据可以自动在数据后面加上“.0”转换为浮点型数据。
- 非复数型数据可以自动在数据后面加上“0j”转换为复数型数据。

2．显式转换

Python可以将整型数据自动转换为浮点型数据，但不可以将浮点型数据自动转换为整型数据。如果需要将浮点型数据转换为整型数据，那么要使用Python提供的内置函数进行转换，这种转换称为显式转换。表2.14中给出了Python中的常用类型转换函数。

表2.14 Python中的常用类型转换函数

函数格式	描述
int(x [,base])	将字符串或其他数值类型的数据转换为整型，base默认是十进制
float(x)	将字符串或其他数值类型的数据转换为浮点数
complex(real,imag)	转换为复数，real可以是字符串或数值，imag只能为数字类型（默认为0）
str(x)	将数值转换为字符串
repr(x)	返回一个对象的字符串格式
eval(str)	将str转换为表达式并返回表达式的运算结果
tuple(seq)	将seq转换为元组，seq可为列表、集合或字典等
list(seq)	将seq转换为列表，seq可为元组、集合或字典等
set(seq)	将一个可迭代对象seq转换为集合
chr(x)	返回整数x对应的unicode字符
ord(ch)	返回字符ch对应的ASCII码或unicode码
hex(x)	将整数x转换为十六进制字符串
oct(x)	将整数x转换为八进制字符串

【例】数据类型转换的例子。

（1）各类转换函数

```
In: int(12.6)      # 将数值转为整型，截掉小数部分，只保留整数部分
Out: 12
In: ord('A')       # 将字符'A'转换为ASCII码
Out: 65
In: chr(65)        # 将ASCII码65转换为字符
Out: 'A'
```

（2）转换为复数

```
In: a = 1; b = 2.3
    complex(a, b)
Out: (1+2.3j)
```

（3）字符串转换为数值

```
In: y = eval('1.2+3.5')      # eval函数可视为去掉字符串两侧的定界符，计算内部的表达式
    y
Out: 4.7
In: float('3.5')             # 字符串转换为浮点数
Out:3.5
In: int('3')                 # 字符串转换为整数
Out:3
In: int('3.5')               # 将报错，字符串'3.5'不能转换为整数
ValueError: invalid literal for int() with base 10: '3.5'
```

2.4　输入与输出

2.4.1　输入函数input()

如果程序运行过程中要从键盘获取数据，就要使用Python的内置函数input()。值得注意的是，不论用户输入的是什么数据，函数input()一律将接收到的数据视为字符串。函数input()的语法格式如下：

```
变量 = input(<prompt>)
```

<prompt>：字符串，用于提示用户输入的文本内容。

Python执行input()函数时，会将<prompt>中的文本内容输出显示，作用是提示用户需要输入数据。用户输入数据并按Enter键后，input()函数会以字符串的形式获取用户输入的任何数据。

【例】从键盘输入数据。

```
In: num = input('请输入一个数值：')
请输入一个数值：10
In: num
Out: '10'
In: num + 20        # 将报错，字符串不能和整数直接相加
TypeError: can only concatenate str (not "int") to str

In: int(num) + 20  # 将字符串转为整数再执行算术运算，也可写为 eval(num)+20
Out: 30
```

系统执行input()函数时会显示input()函数的提示内容（请输入一个数值:），然后光标停留在提示内容后面等待用户输入数据。用户输入数据10并按Enter键后，input()函数读取的数据是字符串'10'而不是整数10。赋值运算符将字符串'10'赋值给变量num。注意字符串不能直接和数值做算术运算。

2.4.2　输出函数print()

通常情况下，需要输出程序运行后的结果。Python的内置函数print()可以输出其参数指定

的内容。print()函数的语法格式如下：

```
print(<expr>[,<expr>,…]  [,sep=<string>] [,end=<string>])
```

<expr>：输出内容的表达式，可省略。

sep：多个输出数据之间的分隔符，可省略，默认值是单个空格' '。

end：末尾输出内容，可省略，默认值是换行符'\n'。

print()函数依次输出各个<expr>表达式的结果。print()函数支持一个或多个表达式运算结果的输出，表达式之间用逗号“,”分隔。如果有多个表达式的值要输出，那么可以通过设置sep参数设定输出内容之间的分隔符。通常情况下一个print()函数输出一行内容，也就是说，print()函数在输出内容后自动换行。通过设置end参数可以设定print()函数输出后不换行。

【例】输出显示。

（1）输出多个数据

```
In: a, b, c = 10, 20, 30
    print(a, b, c)
10 20 30                              # 输出的数据之间默认分隔一个空格
```

（2）输出多个数据，以指定的字符连接

```
In: a, b, c = 10, 20, 30
    print(a, b, c, sep='**')          # sep参数指定数据间的分隔符
10**20**30
```

（3）输出多行数据，每个print()函数占一行

```
In: a, b, c = 10, 20, 30
    print(a); print(b); print(c)      # print()函数默认换行，因此分三行输出
10
20
30
```

（4）多个print()函数输出，每个print()函数输出后都不换行

```
In: a, b, c = 10, 20, 30
    print(a, end=''); print(b, end=''); print(c, end='') # 设置end参数为空，不换行
102030
```

2.5 内置函数

计算机程序中的函数是用于实现某一特定功能的程序语句集合。一个函数通常实现较为单一的功能，且具有相对的独立性。Python提供了各种功能的内置函数供用户使用，这些内置函数随Python启动而自动加载。2.3.3节介绍了有关类型转换的Python内置函数，本节介绍Python内置的数学运算函数、字符串处理函数和其他函数。

```
# 显示所有的预定义错误类型和内置函数名，第1个内置函数是abs
In: dir(__builtins__)
```

2.5.1 数学运算函数

Python内置的常用数学运算函数如表2.15所示。

表2.15 常用数学运算函数

函 数 名	功 能
abs(x)	返回x的绝对值
divmod(x,y)	返回一个(x//y, x%y)的元组，即x除以y的整除商和余数
max(seq)	返回seq序列中的最大值
min(seq)	返回seq序列中的最小值
pow(x,y)	返回x的y次方
round(x, precision)	返回浮点数x的四舍五入值
sum(seq)	返回seq序列元素的和

【例】数学运算函数的应用。

```
In: abs(-1.2)                  # 绝对值
Out: 1.2

In: divmod(16, 5)              # 返回整除的商和余数
Out: (3, 1)

In: max(2, -1, 8, 3)           # 最大值
Out: 8

In: min(2, -1, 8, 3)           # 最小值
Out: -1

In: pow(2, 3)                  # 幂函数
Out: 8

In: round(3.14159)             # 默认四舍五入取整
Out: 3
In: round(3.14159, 3)          # 四舍五入，小数点后保留3位
Out: 3.142
In: sum([1, 2, 3, 4, 5])       # 求和
Out: 15
```

2.5.2 字符串处理函数

针对字符串的字母大小写转换、字符的查找与替换、统计、对齐及拆分合并等操作，Python提供了如表2.16至表2.21所示的处理函数。字符串函数执行后并不改变字符串本身，而是返回新字符串。要改变字符串对象s，可通过类似“s=s.upper()”的命令对s重新赋值。

表2.16 字符串对象s常用的转换函数

函 数 名	功 能
s.capitalize()	字符串首字母大写，其余字母小写
s.lower()	字符串中所有字母都小写
s.upper()	字符串中所有字母都大写
s.swapcase()	字符串中所有字母大小写互换
s.title()	字符串中每个单词的首字母大写，其余字母小写

【例】字符串转换函数的应用。

```
In: s='pYthon'
In: s.capitalize()
Out: 'Python'
In: 'PyTHon'.lower()
Out: 'python'
In: 'python'.upper()
Out: 'PYTHON'
In: 'Python'.swapcase()
Out: 'pYTHON'
In: 'hello python'.title()
Out: 'Hello Python'
```

表2.17　字符串对象s的搜索替换函数

函 数 名	功　能
s.find(substr, [start,[end]])	返回字符串中第一次出现substr的位置，若不包含则返回-1
s.index(substr, [start,[end]])	与find()相同，但字符串中无substr时将报运行时错误
s.replace(old, new,[count])	返回将字符串中old串替换为new串后的新字符串，count为替换次数
s.rfind(substr, [start,[end]])	返回从右侧开始查询字符串中第一次出现substr的位置，若无substr则返回-1
s.rindex(substr, [start,[end]])	与rfind()相同，但字符串中无substr时将报运行时错误

【例】字符串搜索替换函数的应用。

```
In: 'Hello,Python!'.find('o')
Out: 4
In: 'Hello,Python!'.find('o', 6)  # 从第6个位置开始查找
Out: 10
In: 'Hello,Python!'.index('th')
Out: 8
In: 'Hello,Python!'.replace('Python', 'Java')
Out: 'Hello,Java!'
In: 'Hello,Python!'.rfind('o')   # 从右边开始查找
Out: 10
```

表2.18　字符串对象s常用的统计函数

函 数 名	功　能
s.count(substr,[start,end])	在[start, end)范围内查询substr在字符串中出现的次数，若不出现则返回0
len(s)	返回字符串对象s的长度(注意:不是s.len的语法)

【例】字符串统计函数的应用。

```
In: 'Hello,Python!'.count('o')         # 统计'o'出现的次数
Out: 2
In: 'Hello,Python!'.count('o', 0, 8)  # 在[0,8)位置统计'o'出现的次数
Out: 1
In: 'abab'.count('o')                  # 统计'o'出现的次数，不出现则返回0
Out: 0
In: len('Hello,Python!')               # 字符串长度
Out: 13
```

表2.19　字符串对象s的判断函数

函　数　名	功　　能
s.startswith(substr)	判断字符串是否以substr开头，若是则返回True，否则返回False
s.endswith(substr)	判断字符串是否以substr结尾，若是则返回True，否则返回False
s.isalpha()	判断字符串是否只由字母组成，若是则返回True，否则返回False
s.isalnum()	判断字符串是否全由字母或数字组成，若是则返回True，否则返回False
s.isdigit()	判断字符串是否只由阿拉伯数字0～9组成，若是则返回True，否则返回False
s.isnumeric()	判断是否只含0～9或罗马数字或中文数字，若是则返回True，否则返回False
s.islower()	判断字符串中的字母是否全为小写，若是则返回True，否则返回False
s.isupper()	判断字符串中的字母是否全为大写，若是则返回True，否则返回False
s.isspace()	判断是否只含空白符(空格' '、制表符\t，分页符\f、换行符\n等)，若是则返回True

【例】字符串判断函数的应用。

```
In: 'Hello,Python'.startswith('Python')
Out: False
In: 'cat.jpg'.endswith('.jpg')
Out: True
In: 'Python3'.isalnum()
Out: True

In: '123'.isdigit()
Out: True
In: '123ⅥⅩ一二'.isnumeric()  # ⅥⅩ罗马数字,'一二'中文数字均支持
Out: True
In: 'hello,python!'.islower()
Out: True
In: 'Hello,Python!'.isupper()
Out: False
In: ' \t\f\n'.isspace() # 空格' '、制表符\t、分页符\f、换行符\n均是空白符
Out: True
```

表2.20　字符串对象s的拆分合并函数

函　数　名	功　　能
s.join(seq)	将seq中的所有元素以字符串s连接，返回连接得到的字符串
s.split(sep,[num])	以sep为分隔符（默认空格），拆分字符串（num为拆分次数），返回拆分得到的列表

【例】字符串拆分合并函数的应用。

```
In: lst = ['Hello', 'Python', 'Java']
    ','.join(lst)
Out: 'Hello,Python,Java'
In: 'Hello,Python'.split(',')    # 以逗号为分隔符
Out: ['Hello', 'Python']

# 默认以空格为分隔符拆分字符串，返回列表
In: lst = 'Python is a programing language'.split()
```

```
In: lst
Out:['Python', 'is', 'a', 'programing', 'language']
In: '-'.join(lst)
Out: 'Python-is-a-programing-language'
```

表2.21　字符串对象s的对齐函数

函 数 名	功　能
s.center(width [,fillchar])	返回长度为width的字符串，原串居中对齐，不足部分填充fillchar（默认空格）
s.ljust(width [,fillchar])	返回长度为width的字符串，原串左对齐，不足部分填充fillchar
s.rjust(width [,fillchar])	返回长度为width的字符串，原串右对齐，不足部分填充fillchar
s.zfill(width)	返回长度为width的字符串，原串右对齐，不足部分填充0

【例】字符串对齐函数的应用。

```
In: 'Python'.center(10, '*')
Out: '**Python**'
In: 'Python'.ljust(10)
Out: 'Python    '      # 默认填充空格

In: 'Python'.rjust(10, '*')
Out: '****Python'
In: '2'.zfill(3)
Out: '002'
```

2.5.3　其他函数

Python还提供了help()、dir()、type()和id()等内置函数，这些函数可用于查询对象或方法的相关信息，它们的具体功能如表2.22所示。

表2.22　其他函数

函 数 名	功　能
dir([object])	不带object时，返回当前范围内的变量、方法和定义的对象列表；带object时，返回object的属性、方法列表
help([object])	返回指定object（模块、类型、对象、方法、属性）的帮助信息
id(object)	返回object对象的唯一标识符（内存地址）
type(object)	返回object对象的数据类型

【例】dir()、help()、type()和id()函数的应用。

（1）dir()函数

```
In: dir([1,2,3])  # [1,2,3]是列表，显示列表对象的方法
Out:
'append',
 'clear',
 'copy',
```

（2）help()函数

```
In: help(input)
Help on built-in function input in module builtins:
```

```
input(prompt=None, /)
    Read a string from standard input. The trailing newline is stripped.
    The prompt string, if given, is printed to standard output without a
    trailing newline before reading input.
```

（3）type()函数

```
In: x = 123
    type(x)                # 返回x变量的数据类型
Out: int
In: type(3.14), type(True), type([1,2,3])
Out: (float, bool, list)
```

（4）id()函数

```
In:  x = 123
    id(x)                  # 返回x变量的唯一标识符，类似内存地址
Out: 1364906032
In:  x = 'abc'             # 赋新值
    id(x)                  # 可见x变量的内存地址已变化
Out: 1454907035            # 说明前后两个x变量只是变量名相同，但内存指向不同
```

2.6 常用模块

Python将有组织的程序代码片段称为模块（Module）。模块中包含了Python 对象的定义和语句，并以Python 文件（扩展名为.py）保存在外存中。用户可以使用Python标准库中的模块，也可以使用第三方模块。

Python标准库（也称内置库或内置模块）是Python的重要组成部分，它会随Python解释器一起安装到系统中。Python标准库中提供了很多模块，下面介绍其中一些常用的模块。

2.6.1 模块导入

编程时如果要用到Python内置模块，就要使用import语句将该模块导入。Python导入模块的方式有以下几种。

（1）常规导入

常规导入就是将整个模块直接导入，被导入模块的所有变量、对象和函数在编程时都可以使用。这种导入的语法格式如下：

```
import 模块名
```

模块名：需要导入的模块名称。

【例】导入math数学模块。

```
In: import math                       # 导入整个math模块
    math.pi                           # 调用math模块中的pi常量
Out: 3.141592653589793
In: math.sin(math.pi / 2)             # 调用math模块中的pi常量和sin()函数
Out: 1.0
```

上面的代码中使用“import math”语句导入整个math数学模块，因此后面的代码可以使用该模块的所有变量、对象和函数。

需要注意的是，采用这种方式导入模块后，必须采用“模块名.变量名/对象名/函数名”的方式使用模块中的变量、对象或函数，如上面代码中的math.pi和math.sin()。

（2）使用别名

在导入模块时可以给模块取简短的别名，使用模块时用别名代替模块名，其语法格式如下：

```
import 模块名 as 别名
```

模块名：需要导入的模块名称。

别名：给模块取的别名。

【例】使用别名导入模块。

```
In: import math as m                         # 导入math模块并取别名m
    m.pi                                     # 调用m模块中的pi常量
Out: 3.141592653589793
In: m.sin(m.pi / 2)                          # 调用m模块中的pi常量和sin()函数
Out: 1.0
```

上面的代码中使用“import math as m”语句导入math模块并给它取一个别名m，因此使用math模块中的常量pi和sin()函数时就可以用m.pi和m.sin()的方式。

（3）部分导入

如果不导入整个模块而只导入模块的某些变量、函数或子模块，那么可采用部分导入的方式导入指定的内容，其语法格式如下：

```
from 模块名 import 变量名/函数名/子模块 as 别名
```

模块名：需要导入的模块名称。

变量名/函数名/子模块：指定导入的变量名、函数名或子模块，有多个时用逗号（,）隔开。

别名：给导入的变量名或函数名取别名，可省略。

【例】部分导入的应用。

```
In: from math import pi, sin                 # 只导入math模块的常量pi和sin()函数
    pi                                       # 调用时直接写常量名pi
Out: 3.141592653589793
In: sin(pi / 2)                              # 调用时直接写常量名pi和sin()函数名
Out: 1.0
```

上面的代码中使用“from math import pi, sin”语句只导入math模块中的pi常量和sin()函数。于是调用它们时不再需要在常量pi和sin()函数前面加上模块名，而只需直接给出常量pi和sin()函数名。此外，如果给导入的变量名或函数名取了别名，那么调用它们时就可以使用它们的别名。

【例】对导入的变量名、对象名或函数名取别名。

```
In: from math import pi as pai, sin as fsin    # 分别给常量pi和sin()函数取别名
    pai                                        # 调用时用常量pi的别名
Out: 3.141592653589793
In: fsin(pai / 2)                              # 调用时用常量pi和sin()函数名的别名
Out: 1.0
```

（4）全部导入

如果要导入模块的所有变量、对象或函数，那么采用全部导入方法，其语法格式如下：

```
from 模块名 import *
```

模块名：需要导入的模块名称。

*：模块内的所有成员。

【例】全部导入。

```
In: from math import *                       # 将math模块的所有成员都导入
```

```
    pi                                    # 调用时直接写常量名pi
Out: 3.141592653589793
In: sin(pi / 2)                           # 调用时直接写常量名pi和sin()函数名
Out: 1.0
```

上面的代码使用“from math import *”语句导入math模块的所有变量、对象或函数，后面的代码可以直接使用math模块的所有成员。例如，使用模块中的pi常量和sin()函数时，不需要在它们前面再添加“math.”。如果采用这种方式导入多个模块，那么可能无法区分调用的函数究竟是哪个模块中的，所以Python不建议使用这种导入方式，一般多采用第一种或第二种导入方式。

2.6.2 math模块

math模块提供了几个数学常量和若干函数。要使用math模块，首先要用import语句导入模块，语句如下：

```
import  math
```

表2.23给出了math模块中的常用常量和函数，其他常量与函数可以使用dir(math)命令或Python帮助文档查阅。

表2.23　math模块中的常用常量和函数

函　数　名	功　　能
math.e	自然常数e
math.pi	圆周率pi
math.acos(x)	返回x的反三角余弦值
math.asin(x)	返回x的反三角正弦值
math.atan(x)	返回x的反三角正切值
math.ceil(x)	返回>=x的最小整数
math.floor(x)	返回<=x的最大整数
math.trunc(x)	返回x的整数部分
math.copysign(x, y)	若y<0，则返回-1乘以x的绝对值，否则返回x的绝对值
math.degrees(x)	弧度转换为角度
math.radians(x)	角度转换为弧度
math.exp(x)	返回e的x次方
math.fabs(x)	返回x的绝对值
math.factorial(x)	返回x的阶乘
math.fmod(x, y)	返回x%y（取余）
math.isinf(x)	若x为无穷大则返回True，否则返回False
math.isnan(x)	若x不是数字则返回True，否则返回False
math.log(x[, base])	返回x的以base为底的对数，base默认为e
math.log10(x)	返回x的以10为底的对数
math.modf(x)	返回x的小数和整数
math.pow(x, y)	返回x的y次方
math.sin(x)	返回x（弧度）的三角正弦值
math.cos(x)	返回x（弧度）的三角余弦值
math.tan(x)	返回x（弧度）的三角正切值
math.sqrt(x)	返回x的平方根

【例】math模块的常量和函数的应用。

```
In: import math
    math.e
Out: 2.718281828459045
In: math.pi
Out: 3.141592653589793
In: math.floor(3.14)                    # 返回<=3.14的最大整数
Out: 3
In: math.modf(3.14)                     # 分别返回小数和整数部分
Out: (0.14000000000000012, 3.0)
In: math.radians(45)                    # 角度转换为弧度
Out: 0.7853981633974483
In: math.fabs(-1.23)                    # 绝对值
Out: 1.23
In: math.fmod(8, 3)                     # 求余数
Out: 2.0
In: math.exp(2)                         # e的2次方
Out: 7.38905609893065
In: math.pow(2, 3)                      # 求幂（指数）
Out: 8.0
In: math.factorial(5)                   # 阶乘函数
Out: 120
In: math.sin(math.pi / 2)               # 正弦函数
Out: 1.0
```

2.6.3 random模块

Python的random模块是用于生成随机数的模块，该模块提供了生成不同类型随机数的函数。random模块生成的随机数是伪随机数，随机数受随机种子的控制。如果每次事先设置相同的随机种子，则可以保证生成一系列固定顺序和取值的随机数，这样可确保用随机数做实验时，实验结果可重现。

表2.24中给出了random模块中常用的随机数函数。

表2.24 random模块中常用的随机数函数

函 数 名	功 能
choice(seq)	返回一个从seq中随机选取的元素
randrange([start,] stop [,step])	返回一个在[start, stop)范围内以step为步长的整数序列中的随机整数
random()	返回一个在[0, 1)内的随机浮点数
seed(n)	设置随机数种子为n，无返回值
shuffle(seq)	将序列seq中的元素顺序打乱，无返回值
randint(min, max)	返回一个[min, max]范围内的随机整数(可包含max)
uniform(min, max)	返回一个[min, max)范围内的随机浮点数
sample(seq, num)	返回从seq中随机选取num个元素的子序列

【例】常用随机数函数的应用。

```
In: import random
    random.random()
```

```
Out: 0.9551421885236997
In: random.uniform(1, 10)                 # 获得[1,10)内的随机浮点数
Out: 9.09577665686459
In: random.randint(1, 10)                 # 获得[1,10]内的随机整数，可包含10
Out: 3
In: random.randrange(3)                   # 获得[0,3)内的一个随机整数，不包含3
Out: 2
In: random.choice((1, 2, 3, 4, 5))        # 在(1,2,3,4,5)中随机选择一个数
Out: 4
In: random.sample((1, 2, 3, 4, 5), 2)     # 在(1,2,3,4,5)中随机选择两个数
Out: [4, 2]

In: random.seed(7)                # 设随机种子为7，种子可为任意数值或字符串
In: random.randint(1,10)          # 产生随机整数6
In: random.randint(1,10)          # 产生随机整数3
In: random.seed(7)                # 重设种子为7
In: random.randint(1,10)          # 又先产生6
In: random.randint(1,10)          # 再产生3
```

2.6.4　datetime和time模块

Python的datetime模块和time模块提供了一些处理日期和时间的函数。time模块提供了各种关于时间操作的函数。datetime模块基于time模块进行了封装，提供了更多实用的对象和函数。

1. time模块

time 模块主要包含各种提供日期、时间功能的类和函数。该模块既提供把日期、时间类型转化为字符串的功能，又提供将字符串转换为日期、时间类型的功能。

time模块中表示时间的对象主要有两种。

（1）时间戳

时间戳表示从1970年1月1日 00:00:00开始到现在按秒计算的总秒数，是一个浮点数。这种时间表示方式广泛应用在Unix系统和类Unix系统中。

```
In:import time
   timestamp = time.time()
Out: 1699415967.4320068          # 时间戳，后面的小数是不足1秒的微秒部分
```

（2）时间元组

Python在time模块内提供了一个time.struct_time类，该类代表一个时间对象，主要包含9个属性：tm_year、tm_mon、tm_mday、tm_hour、tm_min、tm_sec、tm_wday、tm_yday、tm_isdst，分别表示年、月、日、时、分、秒、周、一年内的第几天和夏令时标志。

```
In:import time
   tmtup = time.localtime()          # 当前时间元组
Out: time.struct_time(tm_year=2023, tm_mon=11, tm_mday=8, tm_hour=12,
tm_min=14, tm_sec=29, tm_wday=2, tm_yday=312, tm_isdst=0)

In: time.mktime(tmtup)               # mktime将时间元组转为时间戳
Out: 1699416869.0
```

```
In: time.localtime(timestamp)         # 将前面的时间戳变量timestamp转为时间元组
Out:time.struct_time(tm_year=2023, tm_mon=11, tm_mday=8, tm_hour=11,
tm_min=59, tm_sec=27, tm_wday=2, tm_yday=312, tm_isdst=0)
```

（3）格式化时间

格式化时间是指将时间变量转为字符串，比如“Sat May 4 15:11:24 2023”。格式化的结果增强了时间字符串的可读性。时间字符串支持的格式符号如表2.25所示。

表2.25　时间字符串支持的格式符号（区分大小写）

格　式	含　义
%a	本地简化星期名称
%A	本地完整星期名称
%b	本地简化月份名称
%B	本地完整月份名称
%c	本地相应的日期和时间表示
%d	一个月中的第几天（01～31）
%H	一天中的第几个小时（24小时制，00～23）
%I	一天中的第几个小时（12小时制，01～12）
%j	一年中的第几天（001～366）
%m	月份（01～12）
%M	分钟数（00～59）
%p	本地am或pm的相应符号
%S	秒（00～61）
%w	一个星期中的第几天（1～7，7是星期天）
%x	本地相应日期
%X	本地相应时间
%y	去掉世纪的年份（00～99）
%Y	完整的年份
%Z	时区的名字（若不存在则为空字符）

时间字符串示例如下：

```
In: t = time.localtime()                        # 取得当前日期和时间
    time.strftime('%Y-%m-%d %H:%M:%S', t)       # strftime将时间变量t转换为字符串
Out: '2023-11-08 12:18:32'
In: time.strftime('%x  %X  %B  %A', t)
Out: '11/08/23  12:18:32  November  Wednesday'

In: time.strptime('2023-05-01', '%Y-%m-%d')     # strptime将字符串转换为时间变量
Out: time.struct_time(tm_year=2023, tm_mon=5, tm_mday=1, tm_hour=0,
    tm_min=0, tm_sec=0, tm_wday=0, tm_yday=121, tm_isdst=-1)
In: help(time.strftime)                         # 显示strftime帮助信息
```

2．datatime模块

datatime模块重新封装了time模块，它以类的方式提供了多种日期和时间的表达方式，提供

的类主要有datetime.date、datetime.time、datetime.datetime、datetime.timedelta和datetime.tzinfo。要使用datetime模块，首先要导入该模块，语句如下：

```
import datetime
```

下面主要介绍datetime.datetime类的使用。

（1）datetime.datetime类

【例】创建datetime.datetime对象。

```
In: import datetime
    d = datetime.datetime(2023, 5, 1)
In:from datetime import datetime          # 或从datetime库直接导入datetime类
    datetime(2023, 5, 1)                  # 创建一个指定年、月、日的对象
Out: datetime.datetime(2023, 5, 1, 0, 0)
In: datetime(2023, 5, 1, 14, 32, 45)      # 创建一个指定年、月、日、时、分、秒的对象
Out: datetime.datetime(2023, 5, 1, 14, 32, 45)
```

（2）datetime.datetime类的方法和属性

为便于使用datetime.datetime类，Python提供了多个属性和函数，如表2.26所示。

表2.26　datetime类的常用函数与属性

方法名/属性名	描　述
datetime.max	最大时间
datetime.min	最小时间
datetime.today()	返回当前本地时间
datetime.now([tz])	返回当前本地时间，若指定时区tz，则返回tz时区当地时间
datetime.utcnow()	返回当前UTC时间(世界标准时间)
datetime.combine(date,time)	把指定的date和time对象整合为datetime对象
datetime.strptime(date_string,format)	将字符串转换为datetime对象
datetime.strftime(dt, format)	将datetime对象dt转为字符串

【例】datetime.datetime类的常用函数与属性的应用。

```
In: from datetime import datetime
In: datetime.today()                                    # 获得当前本地时间
Out: datetime.datetime(2023, 11, 8, 12, 24, 31, 770145)
In: datetime.utcnow()                                   # 获得当前UTC时间
Out: datetime.datetime(2023, 11, 8, 4, 24, 52, 28797)

In: dt = datetime.strptime('2023-3-5', '%Y-%m-%d') # 字符串转换为日期对象
In: dt
Out: datetime.datetime(2023, 3, 5, 0, 0)
In: datetime.strftime(dt, '%m-%d')                      # 日期转换为字符串
Out: '03-05'
```

（3）datetime.datetime类的对象的常用方法与属性

除datetime.datetime类提供类方法和属性外，datetime.datetime类的对象也提供一系列属性和方法，其常用的方法与属性如表2.27所示（dt为datetime.datetime类的对象）。

表2.27　datetime.datetime类的对象的常用方法与属性

方法名/属性名	描　述
dt.year	年
dt.month	月
dt.day	日
dt.hour	时
dt.minute	分
dt.second	秒
dt.microsecond	微秒
dt.date()	获取dt的date对象
dt.time()	获取dt的time对象
dt.replace()	指定参数替代（年，月，日，时，分，秒，微秒，时区），返回生成的新对象
dt.timestamp()	返回dt对应的时间戳
dt.weekday()	返回日期是星期几[0, 6]，0表示星期一，6表示星期日
dt.isoformat()	返回格式如'YYYY-MM-DDTHH:MM:SS'的字符串
dt.strftime(format)	返回指定格式的时间字符串，格式符见表2.25

【例】datetime.datetime类的对象的常用方法与属性的应用。

```
from datetime import datetime
In: dt = datetime(2023, 5, 1, 14, 32, 45)
    dt.year                           # 获得年份
Out: 2023
In: dt.month                          # 获得月份
Out: 5
In: dt.day                            # 获得日
Out: 1
In: dt.date()                         # 获得日期
Out: datetime.date(2023, 5, 1)
In: dt.time()
Out: datetime.time(14, 32, 45)        # 获得时间
In: dt.timestamp()                    # 获得时间戳
Out: 1682922765.0                     # 从1970年1月1日 00:00:00开始到现在的总秒数
In: dt.weekday()                      # 星期几
Out: 0                                # 星期一
In: dt.isoformat()                    # 按iso格式输出日期和时间
Out: '2023-05-01T14:32:45'
In: dt.strftime("%a")                 # 输出本地简化星期名称
Out: 'Mon'
In: dt.strftime("%A")                 # 输出本地完整星期名称
Out: 'Monday'
```

2.7　本章小结

1. Python提供了丰富的数据类型，包括数值、字符串、列表、元组、字典等。数值类型包含整型（int）、浮点型（float）、复数型（complex）和布尔型（bool）等，字符串（str）是

最常用的数据类型之一。

2. 标识符是用来表示变量、函数、类、模块及其他对象的名字。标识符由字母、数字或下画线组成。但要注意，标识符中不能有空格，不能以数字开头，也不能是Python的关键字。此外，Python标识符区分大小写。
3. 数据类型的转换有两种形式：自动转换和显式转换。
4. Python有三种字符串格式化方法：%、format和f-string。
5. Python提供了多种类型的运算符。对表达式进行运算时，需要按照运算符的优先顺序从高到低进行，可以使用括号“()”显式地标明运算顺序。
6. 在Python中，读取键盘输入使用input()函数，输出使用print()函数。
7. 内置函数是可自动加载并直接使用的函数，Python提供很多实现各种功能的内置函数。
8. Python标准库是Python自带的开发包，是Python的组成部分，它随Python解释器一起安装到系统中。Python标准库中提供了很多模块。

习题

一、单项选择题

1. 下面（　　）不是正确的变量名。

   A. num#1　　B. _count　　C. student1　　D. score

2. Python用字符（　　）表示转义字符。

   A. *　　B. #　　C. \　　D. %

3. 下列选项中，不是Python关键字的是（　　）。

   A. elif　　B. class　　C. static　　D. pass

4. 下列运算符中，整除运算符是（　　）。

   A. *　　B. **　　C. /　　D. //

5. 下列运算符中，幂运算符是（　　）。

   A. *　　B. **　　C. /　　D. //

6. 下列运算符中，不等于运算符是（　　）。

   A. !=　　B. =!　　C. <>　　D. ><

7. 下列运算符中，逻辑与运算符是（　　）。

   A. not　　B. and　　C. or　　D. xor

8. 下列运算符中，按位与运算符是（　　）。

   A. *　　B. &　　C. ^　　D. |

9. 下列运算符中，优先级最高的是（　　）。

   A. *　　B. &　　C. >=　　D. not

10. 下面（　　）不是字符串的正确表述。

    A. 'python'　　B. '''python'''　　C. 'py"th"on'　　D. [python]

11. 代码“'%6.2f' % (3.14159)”的运算结果是（　　）。

    A. '3.14159'　　B. '3.14'　　C. ' 3.14'　　D. '3.14 '

12. 代码“'单价:{1}，数量:{0}'.format(10, 20)”的运算结果是（　　）。

    A. '单价:10，数量:20'　　B. '单价:10，数量:10'

    C. '单价:20，数量:10'　　D. '单价:20，数量:20'

13. 代码“'{:#<8}'.format(3.14)”的运算结果是（　　）。

    A. '3.14'　　B. '3.14####'　　C. '####3.14'　　D. '##3.14##'

14. 代码“`print('a'.rjust(5, '*'))`”的输出结果是（　　　）。
   A. `****a`　　B. `a****`　　C. `**a**`　　D. `aaaaa`
15. 代码“`max('hello, Python')`”的运算结果是（　　　）。
   A. `'h'`　　B. `'n'`　　C. `'y'`　　D. `','`
16. 下列（　　　）函数不属于字符串对齐函数。
   A. `center()`　　B. `rjust()`　　C. `zfill()`　　D. `fill()`
17. 下列（　　　）不属于datetime模块提供的类。
   A. `date`　　B. `time`　　C. `calendar`　　D. `tzinfo`
18. 下列（　　　）函数返回x的整数部分。
   A. `math.ceil(x)`　　B. `math.fabs(x)`
   C. `math.modf(x)`　　D. `math.trunc(x)`

二、计算题

1. 写出下列式子的Python表达式。
   （1）$2a^2b^5$　　（2）$2a(b+5)^3$　　（3）$\sqrt{b^2-4ac}$　　（4）$\cos(\sin x+1)$
2. 计算下列表达式的结果。
   （1）`3 + 2**4 - 2`
   （2）`7 | 9 & ~2`
   （3）`8 + 3 * 6 // 2`
   （4）`1 + 2**3 + 4 % 5 + (6 // 7) + 8 >= 9`
   （5）`not 1 < 2 > 5 + 4`
   （6）`x > y and y > z or not x` 假定(x=7;y=5;z=3)
   （7）`6 * 13 / 2 + 8 - 345 % 10`
   （8）`7 * (13 // (4 - 2) - 352) % 10`
   （9）`a > b and c <= d or 2 * a > c`　假定（a=2; b=3; c=4; d=5）
   （10）`3 > a * b or a == c and b != c or c > d`　假定（a=2; b=3; c=4; d=5）

三、简答题

1. 简述Python标识符的命名规则。
2. 数值类型包含哪些类型？
3. 字符串有哪些表示形式？
4. Python字符串格式化有哪三种方式？
5. 简述Python运算符的类型。
6. 列出内置函数中常用的数学运算函数。
7. datetime模块提供了哪些类？

第3章 Python容器数据类型

除整型、浮点型和布尔型等基本数据类型外，Python还提供列表、元组、字典和集合等容器数据类型，容器数据可以容纳批量数据。这些容器数据类型又可分为序列类型、映射类型和集合类型。序列类型包括字符串、列表和元组等，它们的元素都是有序排列的，可以通过索引访问它们的元素。字典属于映射类型。映射类型的元素由键（key）和值（value）组成，简称“键值对”。在一个映射型的变量中，键是唯一的。集合类型变量中的元素是没有顺序的，且不允许出现重复的元素，类似数学中的集合。

3.1 列表

列表（list）是Python中最常用的序列类型。它由一系列元素（又称数据项）组成，所有元素都被包含在一对方括号“[]”中。列表中的元素可以是任何类型的数据，并且不需要所有元素具有相同的类型。列表具有如下特性：

（1）列表中的元素类型可以相同，也可以不同。

（2）每个列表元素都有索引和值两个属性，索引用于标识元素在列表中的位置，值指的是元素本身的值。

序列类型的元素索引分为正索引和负索引（见图3.1）。正索引的索引值从0开始，在列表中从左向右依次递增1，因此最后一个元素的索引为元素个数减1。负索引的索引值从-1开始，在列表中从右向左依次递减1。一般情况下列表的索引是正索引。

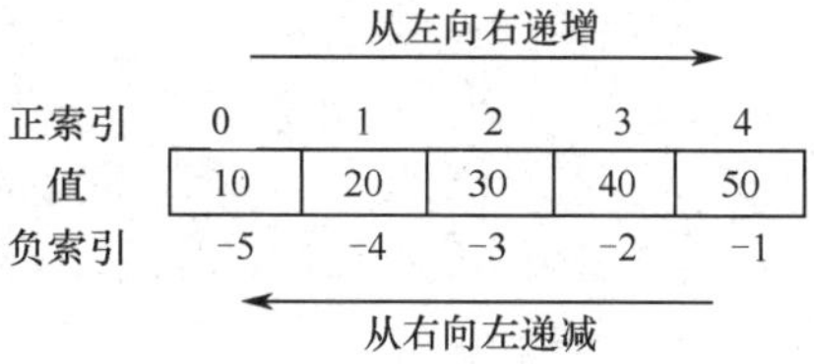

图 3.1　元素的正索引和负索引

3.1.1 创建列表和存取列表元素

可以使用方括号“[]”创建一个列表对象，也可以使用函数list()创建一个列表对象。创建列表的代码格式是

```
[元素1, 元素2,... ]
```

或

```
list(元素1, 元素2, ...)
```

【例】列表的创建。

```
In: lst = [ ]                       # 创建空列表
    lst
Out: []

In: list()                          # 创建空列表
Out: []

In: [12, 3.0, 'python']             # 列表元素的数据类型可以不相同
Out: [12, 3.0, 'python']
```

```
In: list('python')              # 字符串中的每个字符成为列表中的一个元素
Out: ['p', 'y', 't', 'h', 'o', 'n']
```

3.1.2 列表基本操作

1. 访问列表元素

可以使用索引访问列表中的元素，其格式如下：

```
列表对象[index]
```

index：元素索引。

【例】访问列表中的元素。

（1）获取lst列表中索引为1的元素

```
In: lst = [1, 2, 3]
    lst[1]
Out: 2
```

（2）修改lst列表中索引为1的元素的值

```
In: lst = [1, 2, 3]
    lst[1] = 5                  # 将索引为1的元素的值修改为5
    lst
Out: [1, 5, 3]
```

2. 列表合并

可以使用运算符"+"将两个列表合并在一起。

【例】合并两个列表。

```
In: [1, 2] + [3, 'abc']
Out: [1, 2, 3, 'abc']
```

3. 重复

可以使用运算符"*"创建具有重复元素的列表。

【例】创建元素"1, 2"重复3次的列表。

```
In: [1, 2] * 3
Out: [1, 2, 1, 2, 1, 2]
```

4. 迭代

迭代操作可用于遍历列表中的元素。

【例】迭代输出列表lst中的元素。

```
In: lst = [1, 2, 3, 4, 5]
    for x in lst:
        print(x)
1
2
3
4
5
```

5. 成员判断

使用"in"操作符判断对象是否属于列表。

【例】判断对象是否属于列表。

```
In: 2 in [1, 2, 3]
Out: True
In: 5 in [1, 2, 3]
Out: False
```

3.1.3　列表常用函数

Python提供了一系列处理列表对象的函数，可以对列表进行元素添加、删除、排序和反转等操作。表3.1列出了列表对象lst的常用函数。

表3.1　列表对象lst的常用函数

函　数　名	说　　明
lst.append(x)	在尾部添加新元素x
lst.index(x)	返回x在列表中的索引位置，如不含x将返回运行时错误
lst.count(x)	统计指定元素值x出现的次数，如不含x将返回0
del lst[index]	删除列表对象中索引为index的元素
lst.extend(lst2)	将lst2的元素添加到lst的尾部
lst.insert(index, x)	将x插入到列表中的index位置
len(lst)	求列表长度（注意，不是lst.len的语法）
lst.pop()	默认删除尾部元素，并返回删除对象
lst.remove(x)	删除元素x
lst.reverse()	将列表元素前后颠倒
lst.sort()	默认从小到大排序

【例】列表常用函数的应用。

（1）在lst列表末尾添加元素

```
In: lst = [1, 2, 3]
    lst.append(5)        # 末尾插入
    lst
Out: [1, 2, 3, 5]
In: lst.index(1)         # 数据1在列表的第0个位置
Out:0
In: lst.index(4)         # 报错，列表中不包含数据4
ValueError: 4 is not in list
```

（2）统计lst列表中元素值2出现的次数

```
In: lst = [1, 2, 2, 2, 3]
    lst.count(2)         # 2出现了3次
Out: 3
In: lst.count(4)         # 列表中不含数据4，返回0次
Out: 0
```

（3）删除lst列表索引为1的元素

```
In: lst = [1, 2, 3]
    del lst[1]
    lst
Out: [1, 3]
```

（4）将列表x中的元素添加到lst列表中

```
In: lst = [1, 2, 3]
    x = [4, 5]
    lst.extend(x)
    lst
Out: [1, 2, 3, 4, 5]
# 注：lst.extend()和lst.append(x)的效果不同，对比如下
In: lst = [1, 2, 3]
    lst.append(x)
    lst
Out: [1,2,3,[4,5]]  # x作为一个整体append添加到lst的末尾
```

（5）在lst列表索引为1的位置插入值为5的元素

```
In: lst = [1, 2, 3]
    lst.insert(1, 5)
    lst
Out: [1, 5, 2, 3]
```

（6）获取lst列表的长度（列表元素的个数）

```
In: lst = [1, 2, 3]
    len(lst)
Out: 3
```

（7）删除lst列表指定索引位置的元素，并返回该删除元素；若没有指定索引，则删除列表末尾的元素

```
In: lst = [1, 2, 3]
    lst.pop(1)
Out: 2
In: lst
Out: [1, 3]
```

（8）删除lst列表中值为2的元素，如果有多个，那么只删除第一个

```
In: lst = [1, 2, 2, 3]
    lst.remove(2)
    lst
Out: [1, 2, 3]
```

（9）将lst列表中的元素反转

```
In: lst = [1, 2, 5, 4]
    lst.reverse()
    lst
Out: [4, 5, 2, 1]
```

（10）对lst列表中的元素排序，若是数值型数据则按从小到大的顺序排序，若是字符串则按字典顺序排序。sort()函数的参数reverse=True时为逆序排序，默认为reverse=False升序排序

```
In: lst = [1, 4, 3, 5, 2]
    lst.sort()                     # 默认升序
    lst
Out: [1, 2, 3, 4, 5]
In: lst = [1, 4, 3, 5, 2]
    lst.sort(reverse=True)         # 参数reverse=True表示逆序排序
    lst
Out: [5, 4, 3, 2, 1]
```

注意不能写为lst=lst.sort()，因为lst.sort()执行后未返回新列表（返回值为None），若

将None值赋给lst，则lst原来的数据就会丢失。

lst.sort()方法直接改变原列表的顺序，如果排序时希望原列表不变，返回一个新的有序列表，那么可以借助sorted()函数。

```
In: lst2 = sorted(lst)                  # 执行后lst不变，得到新的有序列表lst2
```

3.1.4 切片

列表的切片操作可以获得列表的多个元素。切片操作的基本格式如下：

```
列表对象[start : end : step]
```

start：索引开始位置，可以省略，默认为0。

end：索引结束位置（不包括end），可以省略，默认为列表长度。

step：步长，表示截取数据的步长，正数表示从左向右截取，负数表示从右向左截取，步长可以省略但不能为0，默认为1。

【例】列表切片应用。

```
In: lst = [1, 2, 3, 4, 5]
    lst[1:4]              # 截取列表lst中从索引1到索引3的元素
Out: [2, 3, 4]
In: lst[1:]               # 截取列表lst中从索引1到末尾的元素
Out: [2, 3, 4, 5]
In: lst[:4]               # 截取列表lst中从0开始到索引3的元素
Out: [1, 2, 3, 4]
In: lst[1:4:2]            # 截取列表lst中从索引1到索引3、步长为2的元素
Out: [2, 4]
In: lst[-4:-1]            # 截取列表lst中从索引-4到索引-2的元素
Out: [2, 3, 4]
In: lst[3:0:-1]           # 步长为负，从右向左截取列表lst中从索引3到索引1的元素
Out: [4, 3, 2]
In: lst[-2:-5:-1]         # 步长为负，从右向左截取列表lst中从索引-2到索引-4的元素
Out: [4, 3, 2]

In: lst = [1, 2, 3, 4, 5]
    lst[1:4] = ['a','b','c']          # 通过切片改变元素的值
    lst
Out: [1, 'a', 'b', 'c', 5]

In: lst = [1, 2, 3, 4, 5]
    lst[1:4] = []                     # 通过切片删除元素
    lst
Out: [1, 5]

In: lst = [1, 2, 3, 4, 5]
    lst[:] = []                       # 通过切片删除所有元素
    lst
Out: []
```

3.1.5 列表生成方式

1. 产生一个数值递增列表

使用range()函数可以产生一个数值递增且可迭代操作的对象，基本格式如下：

```
range(start, end, step)
```

start：起始元素值，可以省略，默认为0。

end：结束元素值（不包括end），不能省略。

step：步长，必须为整数，正数表示数值递增，负数表示数值递减，可以省略，默认为1。

注意range(100)并未在内存中立即产生100个数，只是产生了一个可迭代对象，具体数据将在后续迭代过程中逐一产生，这样有利于节省内存。将range()函数产生的迭代对象作为列表创建函数list()的参数，可以产生一个数值递增的列表。

【例】产生一个数值递增列表。

```
In: it = range(1, 5)          # 产生一个数值从1到4的迭代对象it
    lst = list(it)            # 以迭代对象为参数创建列表
    lst
Out: [1, 2, 3, 4]
In: list(range(2, 10, 2))    # 步长为2
Out: [2, 4, 6, 8]
```

2. 产生多维列表

多维列表可视为列表中嵌套的列表。例如，二维列表可视为每个元素都是一维列表的列表，三维列表可视为每个元素都是二维列表的列表。

【例】创建一个二维列表。

```
In: lst = [[1, 2, 3, 4], [5, 6, 7, 8], [9, 10, 11, 12]]
```

此时，二维列表lst的内容如下所示，每行是一个一维列表：

1	2	3	4
5	6	7	8
9	10	11	12

多维列表的维数是从0开始的。例如，二维列表有第0维和第1维，分别对应于行和列。访问多维列表中的元素时，使用的命令格式如下：

```
列表对象[row][col]...
```

其中第一个“[]”为列表的第0维，第二个“[]”为第1维，以此类推。

【例】多维列表的访问。

```
In: lst = [[1, 2, 3, 4], [5, 6, 7, 8], [9, 10, 11, 12]]
    lst[1][2]                # 获取第0维索引为1、第1维索引为2的数据
Out: 7
In: lst[1]                   # 获取第0维索引为1的数据，是一个一维列表
Out: [5, 6, 7, 8]
```

3. 列表生成式

Python的列表还可以用其特有的列表生成式语法产生。列表生成式的一般格式如下：

```
新列表对象=[ 表达式  for  变量  in  可迭代对象 <if 条件> ]
```

它表示从可迭代对象中取得变量值，将变量值代入表达式计算得到新值，由这些新值构成新的列表。<if 条件>是可选的，如果设有筛选条件，那么满足条件的变量值才能加入新列表。

```
In: lst = list(range(5))
    lst
Out: [0, 1, 2, 3, 4]
# 列表生成式，将lst列表中的每个元素平方，得到列表lst2
In: lst2 = [x**2 for x in lst]
```

```
In: lst2
Out: [0, 1, 4, 9, 16]
# 抽取在lst2中但不在lst中的元素得到列表lst3
In: lst3 = [ x for x in lst2 if x not in lst ]
In: lst3
Out: [9, 16]
In: [ x for x in range(20) if x%3==0 ]  # [0, 20]内3的倍数
Out:[0, 3, 6, 9, 12, 15, 18]
```

3.2　元组

元组（tuple）是用一对圆括号“()”定义的序列。元组中的元素值自元组创建后就不能修改。元组中的元素数据类型可以相同，也可以不同。

3.2.1　创建元组和存取元组元素

1．创建元组

可以使用圆括号“()”定义创建一个元组对象，也可以使用函数tuple()创建一个元组对象。元组创建的格式如下：

```
(元素1, 元素2, ...)                # ()可省略
```

或

```
tuple(可迭代对象)                  # 可迭代对象：字符串、列表、元组、字典、集合等
```

【例】创建三个元素的元组。

```
In: tpl = (1, 2, 3)                # 使用“()”创建元组，省略“()”亦可
    tpl
Out: (1, 2, 3)
In: tpl = (1, )                    #  创建只含一个元素的元组，逗号不能漏了
In: tpl2 = tuple([1, 2, 3])        # 使用tuple()函数创建元组，参数为列表对象
    tpl2
Out: (1, 2, 3)

In: it = range(1, 5)               # 产生可迭代对象
    tpl = tuple(it)                # 使用tuple()函数创建元组，参数为可迭代对象
    tpl
Out: (1, 2, 3, 4)
```

2．索引和切片

元组的索引和切片操作与列表的索引和切片操作非常相似。

【例】元组的索引操作和切片操作。

（1）访问元组tpl中索引为1的元素

```
In: tpl = (1, 2, 3)
    tpl[1]
Out: 2
```

（2）截取元组tpl中从索引位置1到索引位置3的元素

```
In: tpl = (1, 2, 3, 4, 5)
```

```
    tpl[1:4]
Out: (2, 3, 4)
```

3．其他操作

在Python中，元组的其他操作，如求元组的长度、合并、重复、迭代、成员判断等，也与列表的对应操作类似。

【例】元组的操作。

（1）元组求长度

```
In: tpl = (1, 2, 3)
    len(tpl)
Out: 3
```

（2）合并两个元组

```
In: (1, 2, 3) + (4, 5)
Out: (1, 2, 3, 4, 5)
```

需要注意的是，由于元组中的元素是不能增删的，因此合并元组不是在已有的元组中添加元素，而是产生一个新元组，新元组与已有元组在内存中是独立的。

（3）重复，创建元素“1, 2”重复3次的元组

```
In: (1, 2) * 3
Out: (1, 2, 1, 2, 1, 2)
```

（4）迭代元组中的所有元素

```
In: tpl = (1, 2, 3)
    for x in tpl:
       print(x)
1
2
3
```

（5）判断对象是否为元组中的元素

```
In: 2 in (1, 2, 3)
Out: True
In: 5 in (1, 2, 3)
Out: False
```

（6）统计tpl元组中元素值2出现的次数

```
In: tpl = (1, 2, 2, 2, 3)
    tpl.count(2)
Out: 3
```

3.2.2 元组和列表的差异

元组一旦创建，其中的元素就不可修改。元组也不能增加或删除元素。因为元组结构简单，所以元组占用的内存比列表占用的内存少，如果待处理的数据多用于查询，无须修改，那么可以考虑用元组存储。另外，由于元组是不可修改的，在函数调用或返回函数值时可考虑传递元组，以避免参数被误修改。

```
In: tpl = (1, 2, 3)
    tpl[0] = 100              # 报错，元组中的元素不可修改
```

```
TypeError: 'tuple' object does not support item assignment
In: tpl.append(4)           # 报错，元组不支持append()方法
AttributeError: 'tuple' object has no attribute 'append'
```

虽然不可以直接修改元组中的元素，但如果需要改变元组中的元素，那么可以先将元组转换为列表，然后对列表进行修改，再将修改好的列表转换为新的元组。列表和元组相互转换的函数是tuple(lst)和list(tpl)。

【例】将tpl元组中索引位置1的值由2改为5。

```
In: tpl = (1, 2, 3)
    lst = list(tpl)              # 将元组转换为列表
    lst[1] = 5
    tpl = tuple(lst)             # 将列表转换为元组
    tpl
Out: (1, 5, 3)
```

3.2.3　序列操作函数

针对列表和元组等序列类型，Python提供了一些实用的序列操作函数，如表3.2所示。

表3.2　常用的序列操作函数

函　数　名	功　　能
all(seq)	判断序列对象的每个元素是否都为逻辑真值，返回True或False
any(seq)	判断序列对象是否含有逻辑真值的元素，返回True或False
range(start,stop[, step])	返回从start（默认值为0）开始，到stop结束（不包括stop）的可迭代对象，step为步长（默认值为1）
reversed(seq)	反转序列，返回可迭代对象
sorted(iter)	对可迭代对象iter进行排序，返回一个有序列表
zip(iter1[, iter2,…])	将多个迭代对象相同位置的元素聚合成元组，返回一个以元组为元素的可迭代对象
enumerate(iter)	返回由(序号,值)构成的元组对

【例】常用的序列操作函数。

```
In: score = [90, 61, 70]
In: lst = [x>60 for x in score]
    lst
Out: [True, True, True]
In: all(lst)                     # 判断lst是否所有元素都为True
Out: True
In: all([0, 1, 2, 'Python'])     # 0对应的布尔值为False
Out: False
In: any([0, 1, 2, 'Python'])    # 判断是否有元素为真
Out: True
In: lst = [3, 2, 5, 4]
    sorted(lst)                  # 排序
Out: [2, 3, 4, 5]
In: r = reversed(lst)            # 反转，生成可迭代对象
    list(r)                      # 由可迭代对象创建列表
Out: [4, 5, 2, 3]
```

```
In: z = zip(['a','b','c'], [1, 2, 3])  # 产生一个以两个列表元素聚合成元组的新迭代对象
    list(z)                            # 由可迭代对象创建列表
Out: [('a', 1), ('b', 2), ('c', 3)]
In: for i,v in enumerate(['x','y','z']):  # 返回 (序号,值) 元组对
        print(i,v)                        # i是序号,v是数据
Out: 0 x
     1 y
     2 z
```

3.3 字典

字典（dict）可视为由键值对构成的数据容器。搜索字典中的元素时，首先查找键，然后根据找到的键获取对应的值。这是一种高效、快速的查找方法。字典中的键必须是唯一的，且必须是不可变数据类型（参见3.5节），值允许为任何类型且可以重复。

3.3.1 创建字典和存取键值对

1．创建字典

可以使用标记“{}”创建一个字典对象，也可以使用函数dict()创建一个字典对象。字典中的每个元素都包含键和值两部分内容，创建字典时，键和值用冒号“:”隔开，字典的元素之间用逗号“,”分开。创建字典的格式如下：

```
{键1:值1, 键2:值2, …}
```

或

```
dict(键1=值1, 键2=值2, …)
```

【例】创建字典。

```
In: di = {}          # 空字典
    di
Out: {}
In: dict()           # 空字典
Out: {}
In: di = {'学号': '001', '姓名': 'zhangsan', '年龄': 19}
    di
Out: {'学号': '001', '姓名': 'zhangsan', '年龄': 19}
In: di = dict(学号='001', 姓名='zhangsan', 年龄=19)    # 用dict()创建
    di
Out: {'学号': '001', '姓名': 'zhangsan', '年龄': 19}

In: di = {(1,2):"A", 3:"A", "xy":[1,2,3]} # 正确，键必须是不可变类型
In: di2 = {[1,2]:"A", {3}:"A"}            # 错误，键不能是可变类型(如列表或集合)
```

2．字典的访问

字典中元素的访问是指通过键获取相应的值。访问字典元素的格式如下：

```
字典对象[key]            # key：字典中元素的键
```

【例】访问字典中的元素。

```
In: dct = {'学号': '001', '姓名': 'zhangsan', '年龄': 19}
    dct['姓名']          # 通过键取值
```

```
Out: 'zhangsan'
In: dct['001']          # 报错，字典中没有名为'001'的键
KeyError: '001'
```

3．添加和修改字典元素

添加和修改字典元素的格式如下：

```
字典对象[key] = value
```

key：元素的键。

value：元素的值。

如果字典中不存在key键，那么在字典中添加一个元素key：value，如果字典中存在key键，那么将字典中key键对应的值修改为value值。

【例】添加、修改字典元素。

```
In: dct = {'学号': '001', '姓名': 'zhangsan', '年龄': 19}
    dct['性别'] = '男'              # 在字典中添加键为"性别"、值为"男"的数据
    dct
Out: {'学号': '001', '姓名': 'zhangsan', '年龄': 19, '性别': '男'}

In: dct['年龄'] = 20                # 修改字典中"年龄"的值为20
    dct
Out: {'学号': '001', '姓名': 'zhangsan', '年龄': 20, '性别': '男'}
```

3.3.2　字典的常用方法

Python提供了许多专门处理字典对象的函数，表3.3列出了其中比较常用的函数。

表3.3　字典对象dct的常用函数

函 数 名	说　明
dct.clear()	清除字典中的所有元素
dct.copy()	复制整个字典
del dct[key]	删除字典中键为key的元素
dct.get(key, default)	返回键key对应的值，如果字典中不存在key键，那么返回default
dct.items()	返回所有键值对
dct.keys()	返回所有键
dct.values()	返回所有值
dct.update(dct2)	使用dct2字典数据更新当前字典
dct.pop(key, default)	返回键key对应的值，并删除该元素，若字典中不存在key键，则返回default

【例】字典常用函数的应用。

（1）清除字典对象中的所有元素

```
In: dct = {'学号': '001', '姓名': 'zhangsan', '年龄': 19}
    dct.clear()
    dct
Out: {}
```

（2）复制字典对象dct

```
In: dct = {'学号': '001', '姓名': 'zhangsan', '年龄': 19}
    d = dct.copy()
```

```
    d
Out: {'学号': '001', '姓名': 'zhangsan', '年龄': 19}
```

（3）删除字典对象中的元素

```
In: dct = {'学号': '001', '姓名': 'zhangsan', '年龄': 19}
    del dct['年龄']
    dct
Out: {'学号': '001', '姓名': 'zhangsan'}
```

（4）获得字典对象中键对应的值

```
In: dct = {'学号': '001', '姓名': 'zhangsan', '年龄': 19}
    dct.get('年龄')                    # 获取字典中键为"年龄"的值
Out: 19
In: dct.get('性别', '男')              # 字典中无"性别"键，默认返回"男"
Out: '男'
```

（5）获得字典对象中键对应的值，并删除该元素

```
In: dct = {'学号': '001', '姓名': 'zhangsan', '年龄': 19}
    dct.pop('年龄')                    # 返回字典中键为"年龄"的值，并删除该元素
Out: 19
In: dct
Out: {'学号': '001', '姓名': 'zhangsan'}
```

（6）获得字典对象中的所有键

```
In: dct = {'学号': '001', '姓名': 'zhangsan', '年龄': 19}
    dct.keys()                         # 获取字典中的所有键
Out: dict_keys(['学号', '姓名', '年龄'])
```

（7）获得字典对象中的所有值

```
In: dct = {'学号': '001', '姓名': 'zhangsan', '年龄': 19}
    dct.values()                       # 获取字典中的所有值
dict_values(['001', 'zhangsan', 19])
```

（8）获得字典对象中的所有键值对

```
In: dct = {'学号': '001', '姓名': 'zhangsan', '年龄': 19}
    dct.items()                        # 获取字典中的所有键值对
Out: dict_items([('学号', '001'), ('姓名', 'zhangsan'), ('年龄', 19)])
```

（9）更新字典dct中的元素

```
In: dct = {'学号': '001', '姓名': 'zhangsan', '年龄': 19}
    d = {'学号': '002', '年龄': 20}
    dct.update(d)                      # 根据字典d中的数据修改字典dct
    dct
Out: {'学号': '002', '姓名': 'zhangsan', '年龄': 20}
```

3.4 集合

集合（set）是由0个或多个元素构成的无序组合，集合中的元素不允许重复。集合是可变的，即可以添加或删除集合中的元素。集合不支持索引操作。

3.4.1 创建集合

可以使用标记“{}”创建一个集合对象，也可以使用函数set()创建一个集合对象。集合中的

元素用逗号“,”分隔。与字典中的每个元素都包含键和值两部分内容不同，集合中的每个元素只有值，没有键。创建集合的格式如下：

```
{元素1, 元素2, ...}
```

或

```
set(可迭代对象)
```

【例】创建集合。

```
In: set()                          # 创建空集合
Out: set()

In: {'C++', 'Java', 'Python'}      # 创建3个元素的集合
Out: {'Java', 'C++', 'Python'}     # 集合是无序的，此处的显示顺序和创建顺序可能不一致

In: set(['C++', 'Java', 'Python'])   # 以列表为参数，创建3个元素的集合
Out: {'Java', 'C++', 'Python'}
In: set([1, 1, 3, 3, 5, 5, 5])       # 集合不允许重复元素，所以可利用集合快速去重
Out:{1, 3, 5}
```

创建空集合只能使用set()函数而不能使用“{}”，因为“{}”创建的是空字典而不是空集合。

3.4.2 遍历集合

由于集合中的元素没有索引的属性，同时也没有字典中“键值对”的对应关系，因此无法直接获取集合中的指定元素，只能通过迭代来遍历集合中的所有元素。

【例】遍历集合s。

```
In: s = {'C++','Java','Python'}
    for x in s:
       print(x)          # 输出的顺序可能和创建时的顺序不一致
Out:
Python
Java
C++
```

3.4.3 集合操作函数

Python提供了一系列对集合对象进行各种操作的函数。表3.4列出了常见的集合操作函数。

表3.4 集合对象s的操作函数

函 数 名	说 明
s.add(x)	若集合中不存在元素x，则添加
s.clear()	清除所有元素
s.copy()	复制整个集合
len(s)	返回集合s的元素个数
s.pop()	随机返回集合中的一个元素，并删除该元素
s.remove(x)	删除元素x，若集合中不存在x则报错
s.discard(x)	删除元素x，即使x不存在也不报错
s.update(s2)	将另一个集合s2的元素添加到s中

【例】集合操作的常用函数的应用。

（1）向集合中添加元素

```
In: s = {'C++', 'Java', 'Python'}
    s.add('PHP')
    s
Out: {'PHP', 'Java', 'C++', 'Python'}
```

（2）删除集合中的元素

```
In: s = {'C++', 'Java', 'Python'}
    s.remove('Java')              # 使用remove()函数删除元素
    s
Out: {'C++', 'Python'}
In: s.remove('Java')              # 再次删除，集合中已无Java元素将报错
KeyError: 'Java'
In: s.discard('Java')             # 使用discard()删除，无Java元素也不报错
```

（3）清除集合中的所有元素

```
In: s = {'C++', 'Java', 'Python'}
    s.clear()                     # 使用clear()函数清除元素后的集合为空集合
    s
Out:set()
```

（4）复制整个集合

```
In: s = {'C++', 'Java', 'Python'}
    x = s.copy()
    x
Out: {'Java', 'C++', 'Python'}
```

（5）将集合t中的元素添加进来

```
In: s = {'C++', 'Java', 'Python'}
    t = {'PHP', 'C++'}
    s.update(t)                       # 根据集合t的数据更新集合s的元素
    s
Out: {'PHP', 'C++', 'Java', 'Python'}
```

（6）随机返回集合中的一个元素

```
In: s = {'C++', 'Java', 'Python'}
    s.pop()                           # 随机返回一个元素，并在集合中删除该元素
Out: 'Java'
In: s
Out: {'C++', 'Python'}
```

（7）获取集合元素个数

```
In: s = {'C++', 'Java', 'Python'}
    len(s)
Out: 3
```

3.4.4 集合运算：并、交、差

与数学中的集合概念一样，Python中的集合也支持两个集合的并、交、差等各种运算。常见的集合运算符如表3.5所示。

表3.5　集合对象S和T的集合运算

运 算 符	说　明
S & T	交集，返回一个由两个集合S和T中都存在的元素构成的集合
S | T	并集，返回一个包含了两个集合S和T中的所有元素的集合
S - T	差集，返回一个由在集合S中存在但在集合T不存在的元素构成的集合
S ^ T	对称差集，返回一个由不在集合S和集合T中同时存在的元素构成的集合
S == T	集合S和集合T中的元素相同返回True(不考虑顺序)，否则返回False
S != T	集合S和集合T中的元素不同返回True，否则返回False
S <= T	子集测试，集合S是集合T的子集返回True，否则返回False
S < T	真子集测试，集合S是集合T的真子集返回True，否则返回False
S >= T	超集测试，集合S是集合T的超集返回True，否则返回False
S > T	真超集测试，集合S是集合T的真超集返回True，否则返回False

【例】常见的集合运算符的应用。

```
In: s = {10, 20, 30}
    t = {20, 30, 40}
    s & t                                # 交集
Out: {20, 30}
In: s | t                                # 并集
Out: {20, 40, 10, 30}
In: s - t                                # 差集
Out: {10}
In: s ^ t                                # 对称差集
Out: {40, 10}
In: s == t                               # 判断集合元素是否相同
Out: False
In: s != t                               # 判断集合元素是否不同
Out: True
In: s = {10, 20, 30}
    t = {10, 20}
    s > t                                # 真超集测试
Out: True
In: s < t                                # 真子集测试
Out: False
```

3.5　可变类型和不可变类型

程序中的数据必须以特定类型存放在内存的某个区域中。根据变量对应的内存区域是否可以修改，Python将数据类型分为不可变类型和可变类型。如果变量的值发生改变后对应的内存地址也发生改变，那么这种数据类型称为不可变数据类型。如果变量的值发生改变后对应的内存地址保持不变，那么这种数据类型称为可变数据类型。

Python中的整型、浮点型、字符串和元组属于不可变数据类型，列表、字典和集合属于可变数据类型。

【例】不可变数据类型的例子。

```
In: a = 10
    id(a)                                # id()返回a的唯一标识符，等同于a的内存地址
```

```
Out: 262719776                     # 变量a的初始内存地址
In: a = 20                         # 改变a的值
    id(a)
Out: 262719936                     # 变量a的内存地址发生改变
```

上面的代码中，语句“a = 20”并不是在变量a原来的内存区域（存放10的区域）中修改值，而是在另外一个内存区域中存放“20”，因此变量a的内存地址发生了改变。注意，Python的整型是不可变数据类型，并不是说整型变量赋值后就不可改变，而是说整型变量对应的内存区域不允许修改。为整型变量赋新值后，会使用新内存空间存储新值，变量也指向新内存区域。旧内存区域如果未被其他变量指向，那么会被废弃，并由Python自动回收。

【例】可变数据类型的例子。

```
In: lst = [1, 2, 3]
    id(lst)
Out: 204715272                         # lst的内存地址
In: lst.append(4)                      # lst添加元素4
    lst[0] = 99                        # 修改lst中的第0个元素
    lst
Out: [99, 2, 3, 4]
In: id(lst)
Out: 204715272                         # lst的内存地址没有改变
```

上面程序的执行结果表明，虽然使用append()函数对列表lst添加了元素，也修改了第0个元素，但lst的内存地址并未改变，这表明是在原有内存中对旧值进行修改的。

【例】可变数据变量赋值时内存指向相同的副作用。

```
In: lst = [1, 2, 3]
    id(lst)
Out: 204715272                         # lst的内存地址
In: lst2 = lst                         # 可变数据变量lst赋给lst2
    id(lst2), id(lst)
Out: (204715272, 204715272)            # lst2的内存地址与lst一样
In: lst2.append(4)                     # lst2添加元素4
    lst2[0] = 99                       # 将lst2的第0个元素修改为99
    lst2
Out: [99, 2, 3, 4]
In: lst
Out: [99, 2, 3, 4]                     # lst的元素也改变了
```

上面的程序显示，列表lst和lst2共享相同的内存地址，因此对lst2进行改变，lst也发生改变，而这种改变可能并不是程序员所希望的。在对列表、字典这类可变数据对象进行赋值操作时，要特别注意这种修改产生的副作用。为避免副作用，可使用lst2=lst.copy()的语法复制产生与原列表对象内存分离的新对象，这样lst2和lst互不影响。

3.6 本章小结

1. 序列类型数据包括字符串、列表和元组。
2. 列表是一种可变序列类型，使用“[]”或list()函数创建列表对象。通过添加、修改和删除列表中元素的值，可以索引或切片访问。

3. 元组是一种不可变序列类型，使用“()”或tuple()函数创建元组对象，元组中的元素不能增删，元素值不能修改，可以索引或切片访问。列表和元组相互转换的函数是tuple()和list()。
4. 字典是一种映射类型，由键和值组成，是可变数据类型，其元素没有固定的顺序，不能索引访问。使用“{}”创建字典对象，通过键访问值。
5. 集合是一种无序且不重复的元素集，使用“{}”创建集合对象。与字典不同，集合中的元素不是“键值对”形式的。
6. 在Python语言中，数据类型分为可变数据类型和不可变数据类型。

习题

一、单项选择题

1. 下列选项中，属于元组对象的方法是（　　）
   A. pop()　　B. sort()　　C. reverse()　　D. count()
2. 下列选项中，不属于字典对象的方法是（　　）
   A. clear()　　B. keys()　　C. update()　　D. sort()
3. 下列选项中，不能使用索引运算的是（　　）
   A. 列表　　B. 元组　　C. 集合　　D. 字符串
4. 下列字典定义中，正确的是（　　）
   A. a = ['a', 1, 'b', 2, 'c', 3]　　B. b = ['a':1, 'b':2, 'c':3]
   C. c = {a:1, b:2, c:3}　　D. d = {'a':1, 'b':2, 'c':3}
5. 代码type({'a',1,'b',2,'c',3})的运算结果是（　　）
   A. <class 'list'>　　B. <class 'tuple'>
   C. <class 'dict'>　　D. <class 'set'>
6. 代码len({1,2,2,2,3,4,5})的运算结果是（　　）
   A. 1　　B. 3　　C. 5　　D. 8
7. 下列关于列表的说法中，错误的是（　　）
   A. list是一个有序集合，可以添加或删除元素
   B. list是不可变的数据类型
   C. list可以存放任意类型的元素
   D. 使用list时，索引可以是负数

二、简答题

1. 简述列表的特性。
2. 简述元组的特性。
3. 简述字典的特性。
4. 简述集合的特性。
5. 列表和元组两种序列结构有何区别？
6. 列表、元组、字典和集合分别用什么符号或函数创建？
7. 集合运算符&、|、-、^、>=和<=分别表示什么运算？

三、程序题

1. 输出列表lst=[1,2,1,12,10,5,2,7,1,8]中不重复的元素，并统计数据个数。
2. 假设有两个元组x=(1,3,2)和y=(5,9,4,7)，将两个元组的数据合并，再按从小到大的顺序排序。
3. 假设有两个集合a={1,2,3,4,5}和b={2,4,6}，找出属于集合a但不属于集合b的元素。
4. 使用字典保存学生姓名和对应成绩，输出所有学生姓名，并找出某个学生的成绩。

第4章　程序控制结构

计算机程序是一组描述某个问题的求解算法并能被计算机识别和执行的指令序列。程序控制结构是指计算机程序中以某种逻辑次序执行的一系列操作的语句组织结构。理论和实践证明，实现计算机求解问题的算法均可通过顺序、选择、循环三种基本控制结构构造出来，也就是说，任何程序中的语句块（由一条或多条语句组成的语句序列）结构都属于这三种结构之一。本章首先介绍Python语言的顺序、选择和循环三种控制结构的语法与使用方法，然后简单介绍Python异常处理结构的使用方法。

首先，条件语句（if-else）可以用来根据条件进行判断和选择。条件语句的思想可应用在生活或工作中，对某些社会现象或问题进行全面判断和选择，提升读者思考问题的广度。

其次，循环语句（for、while）可以用来重复执行某些操作。循环语句的思想可用来指导对某些事件进行重复性的模拟和分析，以便更深入地了解事件的本质和影响。

最后，异常处理（try-except）可以用来处理程序中可能出现的错误。异常处理的思想可用来指导在工作中制订方案时，对可能出现的异常情况设计预案，确保工作顺利开展。

4.1　顺序结构

程序的顺序结构是指按语句出现的先后顺序执行的程序结构。程序设计语言并不提供专门的控制流语句来表达顺序控制结构，而用程序语句的自然排列（从上到下、从左至右）顺序来表达。计算机按照此顺序逐条执行语句，即从顺序结构的第一条语句开始执行，每当一条语句执行完毕，计算机就自动转到下一条语句执行，直到完成顺序结构的最后一条语句的执行。

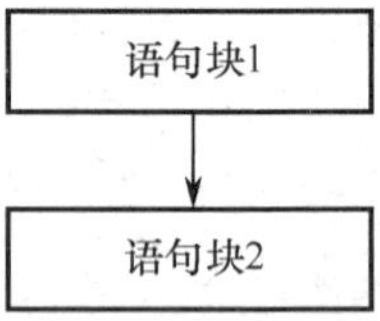

图 4.1　顺序结构的流程图

顺序结构的流程图的基本形式如图4.1所示，它表示计算机在执行语句块1后，接着执行语句块2。

Python程序的顺序结构不需要额外的程序流程控制语句，只需将程序中的多条语句按自然顺序编程即形成顺序结构。

如下程序段的功能是从键盘获取一个三位数，然后依次提取这个三位数的百位数、十位数和个位数，最后输出这三个数位的数字。程序段的语句按从上到下的顺序依次执行。

```
shu = eval(input("输入一个三位数："))
bai = shu // 100
shi = (shu // 10) % 10
ge = shu % 10
print(bai, shi, ge)
```

【例1】设计一个程序从键盘读入圆的半径，完成圆周长和圆面积的计算并输出圆的周长与面积。

程序如下：

```
pi = 3.14159
```

```
    r = eval(input('输入圆的半径: '))
    d = 2 * pi * r
    s = pi * r * r
    print(f'd={d:.2f}')
    print(f's={s:.2f}')
```

4.2 选择结构

选择结构（也称分支结构）中包含条件判断语句（控制选择的条件表达式语句）和可以选择执行的语句块。条件表达式可以是各种类型的表达式（如算术表达式、关系表达式、成员判别式等），当条件表达式的值为False、0、空串、空列表、空元组、空字典、空集合时，条件表达式的逻辑值为假；否则条件表达式的逻辑值为真。计算机首先计算条件表达式，然后根据条件表达式的逻辑值（真或假）来选择执行语句块。Python的选择结构是通过if语句实现的，包括单分支、二分支和多分支三种基本形式。下面首先介绍二分支选择结构。

4.2.1 二分支选择结构

二分支选择结构的流程图如图4.2所示。二分支选择结构的执行过程是，先计算条件语句中条件表达式1的值以判断其真假。若为真，则执行语句块1，若为假，则执行语句块2。

二分支选择结构的if语句的一般形式如下：

```
if 条件表达式1:
    语句块1
else:
    语句块2
```

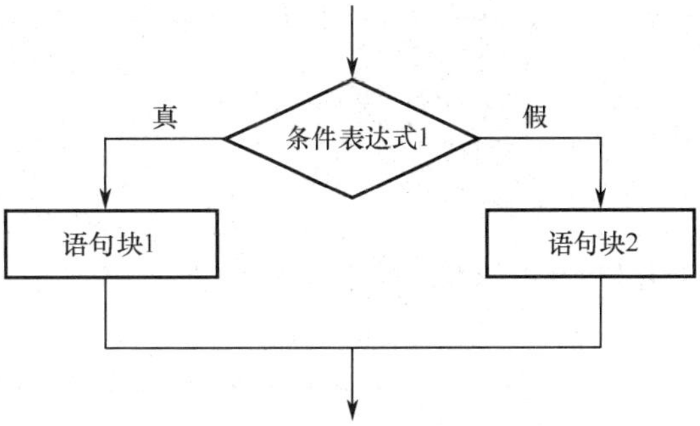

图 4.2 二分支选择结构的流程图

当条件表达式1的逻辑值为真时，计算机执行语句块1而不执行语句块2。当条件表达式的逻辑值为假时，计算机执行语句块2而不执行语句块1。根据条件表达式的不同形式，常见的二分支选择结构的if语句形式有如下6种。

条件表达式1是比较两个数形成的关系表达式。例如，

```
a, b = eval(input('输入两个数: '))
if  a >= b:                  # 按语法要求，此处必须有冒号
    print('a大于或等于b')      # 下级语句块要缩进
else:                        # else处也有冒号，不能缩进，要和if对齐
    print('a小于b')
```

条件表达式1是比较字符串形成的关系表达式。例如，

```
a = input('输入一个字母: ')
if  'a' <= a <= 'z':
    print('输入的是小写字母')
else:
    print('输入的是大写字母')
```

条件表达式1是由逻辑运算符形成的逻辑表达式。例如，

```
x = eval(input('输入一个整数: '))
if  (x % 2 == 0) and (0 < x < 100):
```

```
        print('输入的是小于100的偶数')
    else:
        print('输入的是其他数')
```

条件表达式1是一个函数调用，根据函数的返回值确定条件的真假。例如，

```
    s = input('输入一个字符串：')
    if  s.endswith('txt'):
        print('输入的字符串以txt结尾')
    else:
        print('输入的字符串不以txt结尾')
```

下面的程序段的输出是“不是空列表”。因为列表s不是空列表，所以if语句的条件表达式的逻辑值为真。

```
    s = [1, 2, 3]
    if  s:
        print('不是空列表')
    else:
        print('空列表')
```

而下面的程序段的输出是“空列表”。因为列表s在if语句前执行了清空操作，使得s成了空列表，所以if语句的条件表达式的逻辑值为假。

```
    s = [1,2,3]
    s.clear()      # 清空列表
    if  s:
        print('不是空列表')
    else:
        print('空列表')
```

4.2.2 单分支选择结构

单分支选择结构的一般形式如下：

```
    if 条件表达式1:
        语句块1
```

当条件表达式1的逻辑值为真时，计算机执行语句块1，否则计算机跳过语句块1而执行后续的语句。单分支选择结构的流程图如图4.3所示。

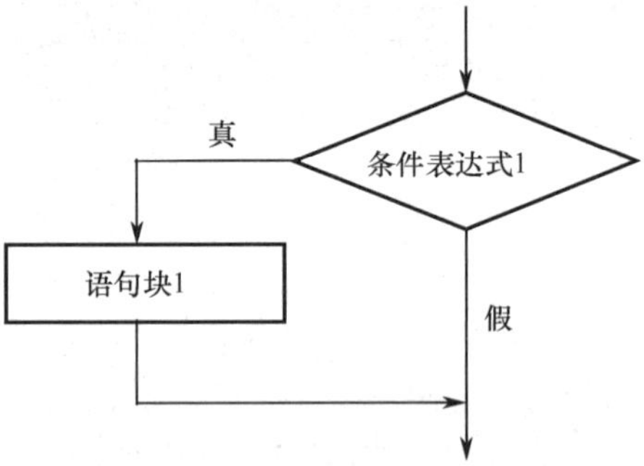

图 4.3 单分支选择结构的流程图

下面的程序段的功能是将输入的两个数按从大到小的顺序输出。

```
    a, b = eval(input('输入两个数(逗号分隔)：'))
    if a < b:
        a, b = b, a
    print(a, b)
```

按照从小到大的顺序输入两个数据时，if语句中条件表达式的逻辑值为真，所以选择执行“语句块1”（a, b = b, a）以交换两个变量的值。按照从大到小的顺序输入两个数据时，if语句中条件表达式的逻辑值为假，此时不执行“语句块1”（a, b = b, a）而跳至选择结构的后续语句print(a, b)执行。

在前面的例子中，if语句中的语句块1和语句块2都只有一条语句。实际上，Python的一个语句块可以包含多条语句，并且多条语句的缩进应相同（左对齐）。

【例2】假设某地的个人所得税规则是：收入超出3000元需交个人所得税，税率为超出部分的

5%，否则无须交个人所得税。写一个程序，输入收入值，计算并输出该交的所得税。如果收入超出3000元，则需要计算并输出超出的金额。

程序如下：

```
income = float(input('输入一个收入值：'))
tax = 0.0
if income > 3000:
    over = income - 3000
    tax = over * 0.05
    print('您的收入超出标准：', over, '元。' )
print('应交个人所得税：', tax, '元。' )
```

程序中的if语句的语句块有三条语句。相邻的两条或多条语句有相同的缩进时，就形成一个语句块。

4.2.3 多分支选择结构

多分支选择结构的流程图如图4.4所示。多分支选择结构的执行流程规则如下：先判断表达式1的逻辑值是否为真，若为真则执行语句块1，执行完语句块1后，跳过这个多分支结构中的其他所有语句，开始执行选择结构的后续语句；若为假，则接着判断表达式2的逻辑值是否为真，若为真则执行语句块2，执行完语句块2后，跳过这个多分支结构中的其他所有语句，开始执行选择结构的后续语句；若为假，则接着判断表达式3的逻辑值是否为真……若所有条件表达式的逻辑值都为假，则选择执行else语句块$n + 1$。

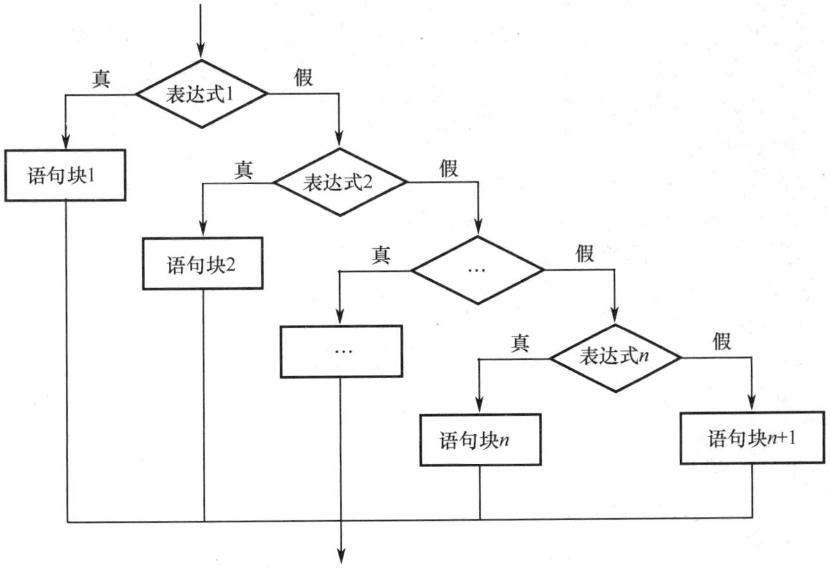

图4.4　多分支选择结构的流程图

Python的多分支选择结构一般形式如下：

```
if    表达式1:
        语句块1
elif 表达式2:
        语句块2
…
elif  表达式n:
```

```
        语句块n
    else:
        语句块n+1
```

下面的代码是一个有三个分支的多分支选择结构程序段，它根据a和b的值输出不同的信息。

```
a, b = eval(input("输入两个整数："))
if a > b:
    print("a大于b")
elif a < b:
    print("a小于b")
elif a == b:
    print("a等于b")
```

【例3】编写程序，实现分段函数计算，如下表所示。

x	y
x < 0	0
0 <= x < 5	x
5 <= x < 10	3x - 5
10 <= x < 20	0.5x - 2
20 <= x	0

程序如下：

```
x = eval(input('Please input x:'))
if x < 0 or x >= 20:
    y = 0
elif 0 <= x < 5:
    y = x
elif 5 <= x < 10:
    y = 3 * x - 5
elif 10 <= x < 20:
    y = 0.5 * x - 2
print(f'x={x}, y={y}')
```

在Python 3.10中针对多分支选择增加了新语法match..case，改写上题的程序如下：

```
x = eval(input('Please input x:'))
match x:                              # 需Python 3.10支持
    case x if x < 0 or x >= 20:
        y = 0
    case x if 0 <= x < 5:
        y = x
    case x if 5 <= x < 10:
        y = 3 * x - 5
    case x if 10 <= x < 20:
        y = 0.5 * x - 2
print(f'x={x} y={y}')
```

match..case结构类似其他编程语言中的switch..case结构，但提供了强大的模式匹配功能，可更方便灵活地表达各分支的匹配情况，示例如下。

```
def typeof(var):   # 自定义函数，用case匹配各种数据类型
    match var:
        case int() | float() as var:
```

```
            return "数值"
        case dict() as var:
            return "字典"
        case list() | tuple() | set() as var:
            return "列表,元组,集合"
        case str() as var:
            return "字符串"
        case _:
            return "其他类型"
print(typeof(1))        #  输出：数值
print(typeof((1,2)))  #  输出：列表,元组,集合
```

限于篇幅，此处不展开讨论，请读者自行查询相关资料。

4.2.4　多分支（嵌套）选择结构

如果选择结构的语句块中包含选择结构，就形成了嵌套选择结构。嵌套选择结构的一般形式如下：

```
if 条件表达式1:
    if 条件表达式2:
        语句块1
    else:
        语句块2
    语句块3
else:
    if 条件表达式3:
        语句块4
    else:
        语句块5
    语句块6
```

嵌套选择结构可能形成多层次的缩进，因此要注意确定不同层次语句块的缩进深度，否则会导致程序不能正确执行。

【例4】编写程序，根据输入的三个边长（整型），判断能否构成三角形。若能够构成等边三角形，则输出“等边三角形”；若能构成等腰三角形，则输出“等腰三角形”；若构成一般三角形，则输出“一般三角形”；若不能构成三角形，则输出“非三角形”。

程序如下：

```
a, b, c = eval(input('输入边长a,b,c='))
if a + b < c or a + c < b or b + c < a:
    print('非三角形')
else:
    if a == b and b == c:
        print('等边三角形')
    elif a == b or a == c or b == c:
        print('等腰三角形')
    else:
        print('一般三角形')
```

在第一个选择结构的else子句中又有一个选择结构，形成了嵌套选择结构。

4.3 循环结构

循环结构是程序中根据判定条件对一组语句可以重复执行多次的语句结构。采用循环结构是为了实现有规律的重复计算处理。循环结构有三个要素：循环变量、循环体和循环终止条件。循环结构的程序流程图如图4.5所示，图中条件判断框的两个出口分别对应条件成立和条件不成立时执行的语句，其中一个指向循环体（语句块1），然后从循环体回到判断框的入口。因此，循环结构可视为一个条件判断语句和一个向回转向语句的组合。循环结构的执行过程如下：先判断条件表达式1，若其逻辑值为真，则执行语句块1，然后继续判断条件表达式1……若条件表达式的逻辑值为假，则退出循环，转而执行循环结构的后续语句。

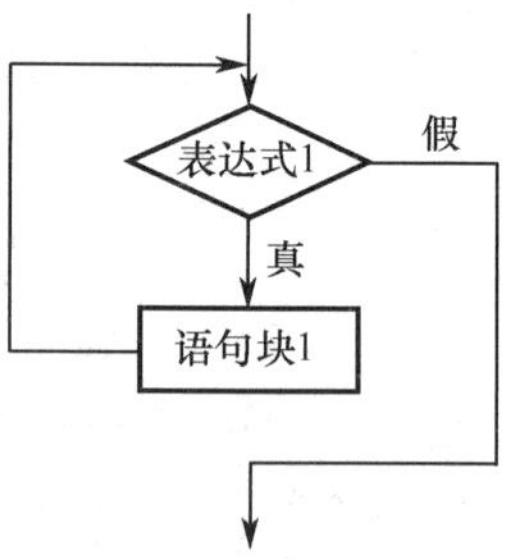

图 4.5　循环结构的流程图

Python程序的循环结构包含while循环结构和for循环结构两种形式。

4.3.1 while循环

while循环的一般形式如下：

```
while 条件表达式:
     语句块1
[else:
     语句块2]
```

在while循环结构中，方括号中的else和语句块2是可选的，称为while循环的else子句。while循环的执行规则如下：先判断条件表达式的逻辑值是否为真，若为真，则执行语句块1，然后重复判断表达式的逻辑值是否为真——执行语句块1的过程，直到条件表达式的逻辑值为假（也称循环条件不成立）时不再执行语句块1。while循环带有else子句时，当条件表达式为假而不再执行语句块1时，程序接着执行else子句中的语句块2。但是，如果在语句块1中出现了异常或在语句块1中执行break语句而退出了循环，那么不执行else子句中的语句块2，转而执行循环结构的后续语句。

while循环的循环条件可以有多种不同的形式。例如，下面的程序段的循环条件是比较整型变量的值：

```
i = 1
s = 0
while  i <= 10:
     s = s + i
     i = i + 2
print("sum=", s)
```

在以上程序段中，循环条件是变量i的值小于或等于10，循环体的功能是把变量i加到变量s中。循环结束时，变量i的值为11，s的值为25。循环体中的语句i = i + 2的功能是改变变量i的值，使循环趋于结束。这样的语句对while循环结构非常重要，如果没有该语句，那么循环结构将永远不会结束而变成无限循环。

对于字符串和组合数据类型如列表、元组、集合、字典等，可以通过while循环和索引对其进行遍历。下面的程序段的循环条件是判断字符串的索引：

```
st = input('Input a String:')
i = 0
while  i < len(st):
    if  'a' <= st[i] <= 'z':
        print(st[i].upper(), end='')          # 小写转换为大写
    else:
        print(st[i], end='')
    i = i + 1
```

以上while循环的循环条件是判断变量i是否在字符串st的索引范围内，循环体的功能是判断字符是否为小写，若是，则把小写字母转换为大写字母，然后输出，否则直接输出。

下面的程序段的循环条件是判断列表的索引：

```
a = [1, 2, 3, 4, 5, 6]
i = 0
while  i < len(a):
    a[i] = a[i] + 10
    i = i + 2
print(a)
```

以上while循环的循环条件是判断变量i是否在列表a的索引范围内，循环体的功能是把索引为偶数的列表元素值加上10。执行后，输出为[11, 2, 13, 4, 15, 6]。

【例5】编写循环程序，从键盘每次输入单个整数，存入列表中，直至输入0结束，列表中不存储0。

程序如下：

```
lst = []
x = -1      # 先预设一个不等于0的数
while x:
    x = int(input('x='))
    if x:
        lst.append(x)
print(lst))
```

上题的表达略显烦琐，可用Python 3.8新增的海象运算符“:=”简化程序如下。

```
lst = []
while x:= int(input('x=')):
    lst.append(x)
print(lst))
```

海象运算符“:=”因形如海象的长牙而得名，其特点是在完成变量赋值的同时返回变量值，以方便程序做后续判断。普通赋值语句“x=2”仅完成赋值，本身不返回值，可视为返回None，因此需要再单独提取变量进行判断。

上面的程序假设先输入2，“x:=int(input('x='))”完成对x的赋值后返回2，“while 2”条件为真，可进入循环体执行。类似地，语句

```
x = 10
if x > 5:
    print('>5')
```

可以改写为

```
if x:=10 > 5:
    print('>5')
```

【例6】编写程序，判断两个列表是否是循环列表，如是，则打印“是循环列表”，否则打印“不是循环列表”。例如，有4个列表：lst1=[3,4,7,8]，lst2=[4,7,8,3]，lst3=[7,8,3,4]和lst4=[3,8,4,7]。则lst1，lst2，lst3 彼此互为循环列表，而lst4 和前三个列表都不是循环列表的关系。

程序如下：

```
lst1 = [3, 4, 7, 8]
lst2 = [4, 7, 8, 3]
if len(lst1) != len(lst2):
    print('不是循环列表')
else:
    i = 0
    while i < len(lst1):
        t = lst1[i:] + lst1[:i]
        if t == lst2:
            break
        i += 1
    if i < len(lst1):
        print('是循环列表')
    else:
        print('不是循环列表')
```

4.3.2 for循环

for循环适用于需要对组合数据或迭代对象的元素进行遍历的情况。for循环还需要另外一个关键字in配合使用。for循环的一般形式如下：

```
for 元素 in 组合数据或迭代对象:
    语句块1
```

如果需要遍历某个确定范围内的数字，那么可以使用range()函数。下面的程序段的功能是求1到10的和。

```
s = 0
for i in range(1, 11):
    s = s + i
print('sum =', s)
```

与while循环相比，for循环的循环体内不需要用一个单独的语句来更改循环变量，因此显得更加简洁。

下面的程序段的功能是首先从键盘读入一个字符串，然后遍历该字符串中的每个字符。若字符是大写字母，则转换为小写字母并输出，若是其他字符，则直接输出。

```
st = input('Input a String:')
for s in st:
    if 'A' <= s <= 'Z':
        print(s.lower(), end='')
    else:
        print(s, end='')
```

下面的程序段的功能是首先随机生成一个列表，列表的长度为10，元素为100以内的随机正整数，然后遍历列表的元素并输出其中的奇数。

```
from random import randint
a = [randint(1,100) for i in range(10)]   # 用列表生成式产生随机数
for v in a:
    if v % 2 == 1:
        print(v, end=' ')
```

以上两个例子是对字符串或列表的元素进行遍历，在遍历过程中不需要通过索引就可以访问其中的每个元素，但在遍历的过程中不能得到元素的索引。如果在遍历过程中需要利用元素的索引信息，那么可使用enumerate()函数，该函数返回一个由索引和值组成的迭代对象。

下面的程序段的功能是首先随机生成一个元组，元组的长度为20，元素为100以内的随机正整数，然后遍历元组并输出其中的偶数及对应的索引。

```
from random import randint
a = tuple((randint(1,100) for i in range(20)))
for i, v in enumerate(a):    # i是索引
    if v % 2 == 0:
        print(i, '-', v)    # 输出偶数及其索引
```

【例7】编写程序按照以下公式计算s，并输出计算结果，其中n由用户输入。

$$s = 1 + 1/(1+2) + 1/(1+2+3) + \cdots + 1/(1+2+3+\cdots+n)$$

程序如下：

```
n = eval(input('Input a number:'))
s = 1
t = 1
for i in range(2, n+1):
    t = t + i
    s = s + 1/t
print('s =', s)
```

【例8】一个班有50个学生，用一个列表保存所有学生数学课的成绩（成绩随机生成），分别统计不及格和及格学生的人数与平均分。

程序如下：

```
from random import randint
score = [randint(1,100) for i in range(50)]
passed = [s for s in score if s >= 60]
fail = [s for s in score if s < 60]
passAvg = sum(passed) / len(passed)
failAvg = sum(fail) / len(fail)
print("及格人数为{}，平均分为{:.0f}".format(len(passed), passAvg))
print("不及格人数为{}，平均分为{:.0f}".format(len(fail), failAvg))
```

4.3.3 break语句和continue语句

有时要在循环体的执行过程中终止当前循环过程，这时就要用到break语句和continue语句。break语句的功能是结束循环，继续执行循环结构的后续语句。

下面的程序段的功能是从一个班的成绩表（保存在列表score）中查找第一个优秀学生，并输出他的学号和成绩。找到一个学生的成绩满足优秀条件后，无须再查找其他学生的成绩，所以用break语句跳出循环。

```
from random import randint
score = [randint(1,100) for i in range(50)]
```

```
for i, s in enumerate(score):
    if s >= 90:
        break
print("第一个优秀学生是{}，他的成绩为{}".format(i,s))
```

continue语句的功能是结束本次循环，跳过循环体中还没有执行的剩余语句，接着执行循环条件的判断以确定是否开启下一轮循环。

在下面的程序段中，循环体的功能是输入一个数，若该数是负数，则执行continue语句而跳过它后面的语句，即不输出该负数。若输入的是非负数，则不执行continue语句而执行输出语句，即输出该非负数。

```
t = 1
while  t <= 5:
    a = eval(input('Input a number:'))
    if  a < 0:
        continue
    print(a)
    t = t +1
```

break语句和continue语句可以在同一个循环体中出现，例如，

```
q = 1
for p in range(1,100):
    if q >= 30:
        break
    if q % 3 == 1:
        q = q +3
        continue
    q = q - 5
print("p = ", p)
```

该程序段的输出为p = 11。

【例9】斐波那契数列 $f(n)$ 的定义为：$f(1)=1, f(2)=1, f(n)=f(n-1)+f(n-2)$。编写程序，输入正整数$n$，求斐波那契数列中大于$n$的最小一个数，并输出该数。

程序如下：

```
n = eval(input("Input a number: "))
a, b, c = 1, 1, 1
while True:
    if c <= n:
        c = a + b
        a, b = b, c
    else:
        break
print("c = ", c)
```

4.3.4 循环的嵌套

若一个循环语句的循环内又包含另一个完整的循环语句，则称为循环的嵌套，又称二层循环。内嵌的循环还可以嵌套另外的循环，即可以形成多层循环。

两条语句（while语句和for语句）构成的循环可以互相嵌套，具体分为以下几种情况。

（1）外层是while循环，内层可以是while或for循环，如图4.6所示。

```
while:
    #外层循环
    while:
        #内层循环
    …
```

```
while:
    #外层循环
    for in:
        #内层循环
    …
```

图4.6　外层是while循环的嵌套

（2）外层是for循环，内层可以是while循环或for循环，如图4.7所示。

```
for in:
    #外层循环
    while:
        #内层循环
    …
```

```
for in:
    #外层循环
    for in:
        #内层循环
    …
```

图4.7　外层是for循环的嵌套

在循环的嵌套中，内层循环的执行次数可能会受到外层循环的控制。

在下面的程序段中，内层循环的执行次数受控于外层循环。

```
for i in range(10):
    for j in range(i):
        print('*', end=' ')
    print()
```

【例10】随机产生一个列表，列表中包含100个10000以内的正整数，输出其中的素数及对应的索引。

程序如下：

```
from random import randint
a = [randint(2,10000) for i in range(100)]
for i, v in enumerate(a):
    j = 2
    while j < v:
        if v % j == 0:
            break
        j = j + 1
    else:
        print("第{}个数{}是素数".format(i, v))
```

【例11】随机生成一个10行10列的二维数组，数组元素的值介于1和9之间，逐行输出该二维数组及每行的和。

程序如下：

```
from random import randint
a = []
for i in range(10):
    b = [randint(1,9) for j in range(10)]
    a.append(b)
for p in a:
    s = sum(p)                    # 求二维数组一行的和
```

```
        for q in p:
            print(q, end=' ')        # 输出一行的值
        print(s)                     # 输出一行的和
        print()
```

【例12】随机生成一个10行10列的二维数组，数组元素的值介于1和9之间，逐行输出该二维数组及每列的和。

程序如下：

```
    from random import randint
    a = []
    for i in range(10):
        b = [randint(1,9) for j in range(10)]
        a.append(b)
    sm = []
    for j in range(len(a[0])):       # j为二维数组列索引
        s = 0
        for i in range(len(a)):      # i为二维数组行索引
            s = s + a[i][j]          # 求一列的和
        sm.append(s)
    for p in a:                      # 输出二维数组
        for q in p:
            print(q, end=' ')
        print()
    for s in sm:                     # 输出每列的和
        print(s, end=' ')
```

4.4 异常处理结构

异常处理（又称错误处理）通常是防止未知错误产生而采取的处理措施，它提供处理程序运行时出现的任何意外或异常情况（超出程序正常执行流程的某些特殊条件）的方法。Python程序在执行过程中出现错误时会引发异常。例如，执行除法操作遇到除数为0时，Python系统会因无法处理该错误而导致程序运行崩溃。异常处理结构可以对程序中的各种未知错误进行处理，以防止程序崩溃。

Python异常处理结构的一般形式如下：

```
    try:
        语句块1
    except Exception:
        语句块2
    [else:
        语句块3]
    [finally:
        语句块4]
```

其中，else子句和finally子句是可选的。异常处理结构的执行流程如下：首先执行语句块1；若在语句块1中出现异常，则中断语句块1的执行，转而执行语句块2；若在语句块1中未出现异常且有else子句，则执行语句块3。若有finally子句，则finally子句中的语句块4无论语句块1中有

没有错误都会执行。当语句块1中没有错误时，执行完语句块3后就执行语句块4；当语句块1中有错误时，执行完语句块2后就执行语句块4。

下面的程序段将一个字符串列表values中可以转换成整数的字符串筛选出来。函数isInt中在try语句块中调用函数int，尝试将字符串转换成整数，若能转换,则返回True，否则产生异常，并由except语句块捕获，然后返回False。过滤器filter将它的第一个函数参数依次应用到第二个可迭代对象参数，并返回一个可迭代对象，其中包含能使filter的函数参数为真的所有成员。

```
values = ['1', '2', '3.5', '-', 'ab', '5']
def  isInt(val):
    try:
        int(val)
        return True                    # 可转为整数，返回True
    except ValueError:
        return False                   # 如无法转为整数，则返回False
ivals = list(filter(isInt, values))  # 过滤，filter(函数,迭代对象)
print(ivals)                           # 结果为['1', '2', '5']
```

在以下程序段中：

```
try:
  a = [1, 2, 3]
  i = 1
  print("a[{}] = {}".format(i, a[i]))
except  Exception:
    print("error")
else:
    print("correct")
finally:
    print("always execute")
```

当try的语句块中没有出现错误时，就执行else子句和finally子句中的语句块。所以执行以上代码时，输出如下：

```
a[1] = 2
correct
always execute
```

当try的语句块中出现错误时，就执行except子句和finally子句中的语句块。所以将上面的代码中的i=1改为i=3再执行时，由于索引越界，程序将出错，输出如下：

```
error
always execute
```

本节最后介绍两个常用于流程控制的Python关键字：assert和pass。assert是断言语句，其使用形式为“assert 表达式”，作用是判断表达式，在表达式条件为假时触发异常。它常用于检查程序是否满足运行条件，若不满足，则主动抛出异常，而不必等待程序运行到出现错误结果或者崩溃。

```
x = 23
result = x//10
assert  result==2  # 若result为2，则测试通过，否则报错
```

pass是空语句，它不做任何事情，一般用作占位语句。

```
def  myfun():    # 自定义函数（见第5章）
    pass         # 如函数细节尚未考虑好，先用pass占位，满足语法要求
```

4.5 本章小结

本章介绍了程序设计的三种基本结构，即顺序结构、选择结构和循环结构。在Python中将语句按顺序书写即可实现顺序结构。用if语句实现选择结构，用while和for语句实现循环结构。在循环语句中可以使用continue语句和break语句实现循环中的跳转功能。本章介绍了Python 3.8中新增的海象运算符和Python 3.10中新增的match..case语句。本章还介绍了实现多重循环的循环嵌套，重点介绍了二重循环的实现。最后介绍了try异常处理结构及assert和pass语句。

习题

1. 已知函数 $f(x)=5x^3+10x^2-27x-31$，输入自变量x，输出函数值 $f(x)$。
2. 输入两个2位正整数a和b，将它们合并成一个整数放在c中。合并的方式如下：将a的十位数和b的十位数依次放在c的千位和百位上，将a的个位数和b的个位数依次放在c的十位和个位上。输出合并后的整数c。
3. 编写程序输入三个实数值，计算函数值 $F(x,y,z)=(x-y)/(x+y)+(z-y)/(z+y)$，其中$x$和$y$的值不等，$z$和$y$的值不等，输出函数值。
4. 输入一个表示星期的数字（1表示星期一……6表示星期六，7表示星期日），输出对应的星期英文单词。
5. 编写程序输入三个整数，最小的放在a中，最大的放在c中，中间的放在b中。
6. 编写程序进行字母转换。若输入的字母为小写英文字母，则转换为相应的大写英文字母；若输入的字母是大写英文字母，则转换为相应的小写英文字母，分别输出转换前、后的字母。
7. 编写程序，根据输入的三个边长值，判断能否构成三角形。若能构成等边三角形，则输出1；若能构成等腰三角形，则输出2；若能构成一般三角形，则输出3；若不能构成三角形，则输出0。
8. 设计程序，根据以下的对应关系，对输入的每个x值，求y的值：

$$y=\begin{cases}(x+1)(x-2), & x>2\\ 3x+4, & -1<x\leqslant 2\\ x+1, & x\leqslant -1\end{cases}$$

9. 编写程序，输入5位正整数M，求出能整除M且不是偶数的各个整数，并按从大到小的顺序输出这些整数。
10. 若正整数M的全部约数（包括1但不包括M本身）之和等于N，且整数N的全部约数（包括1但不包括N本身）之和等于M，则M, N称为亲密数。编写程序计算并输出10对亲密数M, N。
11. 若一个数等于它的各个因子之和，则称这个数为完数。例如，$6=1+2+3$。编写程序，输出10000以内的所有完数。

第5章　函　数

人类在社会生产活动中遇到的问题通常会超过人类的认识和处理能力。在这种情况下，常用的做法是首先将一个比较复杂的问题分解为一组比较简单的问题，然后分别求解这些简单的问题，最后把简单问题的解组合起来得到复杂问题的解。例如，生产一辆汽车时，首先把汽车分解为发动机、变速箱、传动系统、车体等组成部分，由不同的厂家生产不同的组成部分，然后把它们组装成一辆完整的汽车。

同样，使用计算机程序设计语言编写程序去求解一个问题时，人们也常常遵循这种把复杂问题简单化的思路：首先把一个大问题分解为一系列小问题，分别求解这些小问题，然后把小问题的解合并起来就构成大问题的解。在程序设计中，对大问题的分解过程称为模块化，分解后的一个小问题称为一个模块。

Python语言用一个函数来实现一个模块，于是一个函数就变成一个模块的解，并且不同的函数之间可以互相调用，通过函数之间的调用把各个模块的解合并起来，进而得到大问题的解。这些函数合并起来后就是一个完整的Python语言程序。

通过学习Python函数的知识，培养读者以下几个方面的能力。

抽象思维：函数是对问题的抽象，通过将实际问题抽象成函数，可帮助读者理解函数的本质，培养读者的抽象思维能力。

模块化思想：函数是代码模块化的基本单位，将代码组织成函数，可帮助读者理解模块化思想，培养读者将复杂问题分解成简单模块的能力。

封装和隐藏：函数可帮助读者封装实现细节，只对外暴露有限的接口，从而保护函数的内部实现。

重用性：函数可帮助读者避免重复编写相同的代码，通过将通用的代码封装成函数，可使得代码更具重用性和可维护性；可以引导读者理解重用的意义，培养其避免重复劳动的能力。

Python语言中的函数是能够完成指定任务的语句块。Python的函数包括内置函数（如abs、max等）、模块内的函数（如math.sqrt和random.randint等）及自定义函数。第2章中介绍了Python的内置函数，内置函数由Python系统提供，是Python系统的基本成分。本章首先介绍Python用户自定义函数的基本方法、函数的调用方法和函数的参数传递方法，然后简单介绍3个比较实用的第三方Python程序库的使用方法。

5.1　函数定义

Python程序开发者可以根据实际问题的需要在程序中定义合适的函数，通常称这类函数为自定义函数。开发者将某项相对独立且可能要多次执行的一组操作语句作为一个整体封装起来，就形成了一个函数。

在Python中，函数定义的一般形式如下：

```
def 函数名([形参列表]):
    '''函数说明部分'''
    函数体
    [return 值]
```

其中，def是定义函数的关键字。函数名要符合标识符的命名规则。函数命名要符合见名知义的原则。括号中的内容是函数的参数，由于定义函数时系统还未给这些参数分配存储空间，因此称为形参。例如，

```
def  squarediff(a, b):
    '''功能：求平方差; a,b:浮点数'''     # 函数名下可附加一个可选的说明__doc__
    d = a * a - b * b
    return  d
```

定义了一个函数，函数名为squarediff，函数有两个参数a和b。函数体中定义了一个变量d，且变量d的值为参数a和b的平方差，函数体的最后一条语句返回变量d的值。

函数可以没有参数，这样的函数称为无参函数。无参函数的定义形式如下：

```
def 函数名():
    函数体
```

定义无参函数时，函数名后面的括号不能省略。例如，

```
def  sayBye():
    print("Good Bye!")
```

定义了一个名为sayBye的无参函数，函数体中只有一条语句，它输出一个字符串。

一般情况下，一个函数是被调用来进行信息处理的，函数应把处理的结果返回给调用者，调用者根据该结果就能了解信息在函数内的处理情况。函数通过return语句返回值。return语句的一般形式如下：

```
return 表达式
```

它的作用是返回表达式的值。例如，

```
def mySum(a, b):
    '''计算并返回两个输入参数的和'''
    return a + b
```

函数mySum()的功能是计算两个数的和，它通过语句return a + b计算两个数的和，并且将计算结果返回给调用者。

使用return语句时需要注意如下3种情况。

（1）return语句未指定返回值

函数的return语句可以不明确指定返回值，函数中甚至可以没有return语句。例如，如下定义的函数中，return后面没有表达式指明其返回值，Python默认其返回值为None。

```
def welcome():
    print("Welcome...")
    return
```

（2）return语句指定返回多个值

函数也可以返回多个值。定义时将需要返回的多个值依次放在return的后面，并用逗号隔开，这种形式其实返回的是一个元组。例如，

```
def multi(a, b):
    return  a + b, a - b
```

该函数的return语句一次性返回两个表达式的值，它们分别是a、b的和与差。

（3）多个return语句

一个函数的函数体中可以有多个return语句，执行其中任意一个return语句后，函数体的执行就结束，即本次函数调用结束并返回调用者。return语句返回的值就是本次被调用函数的返回值。例如，

```
def  fun(a, b):
    if a < b:
        return b - a
    elif a > b:
        return a - b
    return 0
```

函数fun(a, b)虽然有三个return语句，但根据函数体中各语句的执行逻辑可知有且仅有一个return语句被执行，执行到其中一个return语句时就退出该函数，即本次fun(a, b)函数调用不再执行函数体中的其他语句。

定义函数时，紧接函数名下面的字符串“函数说明部分”具有重要作用，它介绍函数的参数、返回值以及功能等内容。函数调用者通过“函数名.__doc__”的形式查看该部分内容。例如对于前面定义的函数mySum。语句print(mySum.__doc__)的输出为：'计算并返回两个输入参数的和'。

为了给使用者明确的指引，函数定义时可以说明参数与返回值的类型。例如，函数mySum可以定义如下：

```
def  mySum(a: int, b: int) -> int:      # 形参和返回值均为int型
    ''' 计算并返回两个整型参数的和'''
    return a + b
```

需要说明的是，尽管定义时对参数类型进行说明，但是执行时并不会强制检查参数类型。例如，虽然mySum的参数说明为整型，但是函数调用mySum(3.0, 4.0)依然可以执行，并返回7.0。

上面定义的若干函数假定保存在mytool.py源文件中，一个.py文件即是一个模块。若其他程序要调用此模块中的函数，需要先导入模块，导入方法见2.6.1节。示例如下：

```
import  mytool
mytool.mySum(10, 20)
mytool.welcome()
```

若要导入的模块不在当前目录或系统目录中，则可先按如下方法设置模块搜索路径sys.path。

```
import  sys
sys.path.append('d:/tools')   # 假定mytool.py保存在 d:/tools目录中
import  mytool                # 先添加搜索路径，再import，确保找到该模块
```

模块有一个系统属性__name__。如果一个模块是被import导入的，它的属性__name__被设置为模块名；如果一个模块作为程序直接运行，此属性将被系统设置为字符串“__main__”。利用这个属性，当一个模块中既包含可被导入的公共函数，又包含不希望被导入的私有代码时，常采用以下编写方式：

```
# 公共函数部分
if  __name__=='__main__':
    # 私有代码部分
```

当该模块被导入时，其私有代码部分的对象不被导入，不与导入模块中的同名对象发生冲突。

5.2 函数调用与参数

5.2.1 函数调用的一般形式

如果要使用已经定义的某个函数执行指定的任务，那么就要使用函数调用语句来调用它。函数调用需要Python系统执行被调用函数的函数体（语句块），如果被调用的函数设置了形式参数（简称形参），那么函数调用语句必须给每个形式参数指定数据值（这些数据值称为实际参数，简称实参）。实参可以是具体的数据值（如数字、字符串、列表等），也可以是已经存储具体数据值的变量。函数调用的一般形式如下：

```
函数名([实参列表])
```

调用函数时系统已经为括号中的参数分配了存储空间，故称为实参。执行函数调用时，系统会将实参的值传递给形参。例如，

```
def minus(a, b):          # 函数定义
    return a - b
c = minus(8, 3)           # 函数调用
```

函数定义minus(a, b)中包含形参a和b，执行语句c = minus(8, 3)调用函数时的实参为8和3。调用函数的命令执行时，系统将实参8和3分别传递给形参a和b。

执行函数调用时，调用语句与被调用函数的执行顺序如下：暂停调用语句转去执行被调用函数，被调用函数执行完后恢复执行调用语句。图5.1中给出了调用函数的执行顺序。

例如，函数callee()的定义如下：

```
def  callee():
    print("被调用函数执行")
```

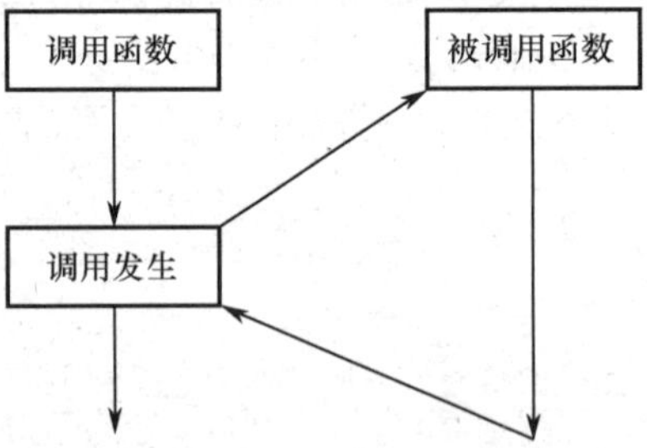

图5.1　调用函数的执行顺序

主程序如下：

```
print("调用函数之前")
callee()  # 调用函数
print("调用函数之后")
```

执行主程序的输出如下：

```
调用函数之前
被调用函数执行
调用函数之后
```

从这个例子可以看出调用函数和被调用函数的执行顺序。

5.2.2 不可变对象和可变对象参数

Python中的数据对象分为两种，即不可变对象和可变对象。数值、字符串和元组是不可变对象，列表、集合和字典等是可变对象。

不可变对象作函数实参时，可以在函数体内改变形参的值，但不会导致实参的值发生改变。例如，

```
def change(a):
    a = a + 1
    print("a =", a)
b = 4
change(b)
print("b =", b)
```

输出如下：

```
a = 5
b = 4
```

实参b的值为4，调用时，将它的值传递给形参a。在函数change()中，将形参a的值加1，这只改变形参a的值。函数调用结束后，实参b的值没有发生改变，仍为4。

与之相反，可变对象作为函数实参时，在函数体内改变形参的值会导致实参的值发生改变。例如，

```
def changeList(a):
    for i in range(len(a)):
        a[i] = a[i] * 2
    print("a =", a)
b = [1, 2, 3]
print("b =", b)
changeList(b)
print("b =", b)
```

实参为列表b，调用函数之前它的值为[1, 2, 3]。调用函数changeList()时，将它的值传递给形参a，在函数changeList()的内部，将形参a的每个元素变为原来的2倍，形参a的值变为[2, 4, 6]。调用结束后实参b的值也变为原来的2倍。程序的输出如下：

```
b = [1, 2, 3]
a = [2, 4, 6]
b = [2, 4, 6]
```

5.2.3 默认值参数

在Python中定义函数时，可以为形参设置默认值。给形参设置默认值的一般形式如下：

```
def 函数名(..., 形参名=默认值):
    函数体
```

在定义具有默认值参数的函数时，具有默认值的参数右边不能再出现没有默认值的参数。

调用时可以不给具有默认值的形参传值，这时形参将得到预设的默认值。例如，

```
def defaultPara(a, b=1):
    print("a = {}, b = {}".format(a, b))
```

defaultPara()的参数b设置了默认值1。如果调用时没有为它传值，那么b的值为1。例如，

```
defaultPara(2)    # 调用，b未传值
```

输出如下：

```
a = 2, b = 1
```

调用时也可以给具有默认值的形参传值，这时形参将得到传递的实参值。例如，

```
defaultPara(2, 3)
```

输出如下：

```
a = 2, b = 3
```

对于设置了默认值的函数，可以使用“函数名.__defaults__”查看函数所有默认值的设置值，返回值是一个元组，其中每个元素依次表示每个默认值参数的设置值。例如，

```
def defaultPara(a = 1, b = 2):
    print("a = {}, b = {}".format(a, b))
x, y = defaultPara.__defaults__
print("a = {}, b = {}".format(x, y))
```

输出如下：

```
a = 1, b = 2
```

设置了默认值的参数只在定义时解释和初始化一次。一个形参如果设置了列表、集合及字典等可变类型的默认值，那么第一次使用默认值时，形参的值为设置的默认值，以后继续调用函数则不会再次用默认值初始化。例如，

```
def defaultPara(a, b = []):
    b.append(a)
    print("b = ", b)
defaultPara(1)
defaultPara(2)
defaultPara(3)
```

函数defaultPara的形参b设置了一个空列表作为默认值，第一次调用时形参b的值为默认值（空列表），第二次调用时b的值不再是空列表，而是第一次执行后的列表[1]……第三次调用的输出结果如下：

```
b = [1]
b = [1, 2]
b = [1, 2, 3]
```

因为可变类型设置默认值参数不易理解，因此一般建议不要设置b=[ ]，而是明确写为b=None，调用函数时应传递实参。

5.2.4 关键字参数

通常情况下，实参和形参的结合是按从左到右的顺序一一对应的。通过关键字参数，在调用函数时指定形参的名字，可以改变这个对应关系，实现实参不按照形参的顺序书写。例如，有如下函数定义：

```
def keyPara(a, b, c):
    print("a = {}, b = {}, c = {}".format(a, b,c))
```

如果需要给形参a、b和c分别传值1、2和3，那么需要按如下方式调用：

```
keyPara(1, 2, 3)
```

即实参和形参的顺序一致。

如果使用关键字，那么可以按如下方式调用：

```
keyPara(c = 3, b = 2, a = 1)
```

即实参和形参的顺序不一致。

这两种调用方式的输出相同：

```
a = 1, b = 2, c =3
```

5.2.5 不定长参数

如果在定义函数时不能确定形参的数量，那么需要定义不定长参数。不定长参数的定义形式有两种。第一种定义不定长参数的形式如下：

```
def 函数名(*形参名):
    函数体
```

即在形参名的前面加上一个“*”。系统将传递进来的任意数量的实参组合成一个元组传给形参。例如，

```
def mySum(*p):
    print(type(p))
    print(sum(p))
```

函数调用mySum(1, 3, 5)的输出如下：

```
<class 'tuple'>
9
```

函数调用mySum(2, 4, 6, 8, 10) 的输出如下：

```
<class 'tuple'>
30
```

第二种定义不定长参数的形式如下：

```
def 函数名(**形参名):
    函数体
```

即在形参名的前面加上两个“**”。系统将传递进来的任意数量的、显式赋值的实参组合成一个字典传给形参。例如，

```
def varPara(**p):
    for it in p.items():
        print(it)
varPara(a = 1, b = 2, c = 3)
```

输出如下：

```
('a', 1)
('b', 2)
('c', 3)
```

以这种方式定义的形参，实参也可以是字典。如果实参是字典，实参名前面也要加上两个星号（**）。例如，

```
e = {"y":2, "x":1, "z":3 }
varPara(**e)
```

5.2.6 实参序列解包

实参序列解包是指当函数具有多个形参时，可以使用列表、元组、集合及其他可迭代对象作为实参，并在实参名前面加上一个星号（*）。Python解释器首先将实参序列解包，然后将序列中的值分别传递给形参。例如，有函数定义如下：

```
def varPara(x, y, z):
    print("The sum is {}".format(x+y+z))
```

以下两行代码实现对列表解包：

```
a = [1, 2, 3]
# varPara有三个形参，调用时需要三个实参
varPara(*a)                 # 最简洁，用*完成实参序列解包，自动分解为3个实参
```

如果不使用实参序列解包，就必须用如下语句逐一指定实参，比较烦琐。

```
varPara(a[0], a[1], a[2])  # 需逐一指定索引
#varPara(a)                 # 报错，因为只有一个实参
```

如果实参是字典，可通过下面的语句解包：

```
d = {1:"r", 2:"s", 3:"t" }
varPara(*d.keys())          # 将字典的键1,2,3作为实参
```

以下两行代码对字典的值进行解包：

```
e = {"r":1, "s":2, "t":3 }
varPara(*e.values())        # 将字典的值1,2,3作为实参
```

上面两种方法通过函数keys()和values()将字典的键和值分别转换为可迭代对象，实现了对字典键和值的分别解包。元素加入字典的顺序决定了传递给形参的值。例如，函数定义如下：

```
def varPara(x, y, z):
    print("x = {}, y = {}, z = {}, The sum is {}".format(x, y, z, x + y + z))
```

以下两行代码对字典的值进行解包，传递给形参x、y和z的值分别为2、1和3：

```
e = {"y":2, "x":1, "z":3 }
varPara(*e.values())
```

当字典的键名与形参名一致时，可以按字典键与形参名一一对应的关系进行解包，这时需要使用两个星号（**）的方式。对于前面的一个例子，以下代码传递给形参x、y和z的值分别为1、2和3：

```
varPara(**e)
```

需要注意的是，实现实参序列解包时要求实参对象的数量和形参的数量一致。

5.3 变量的作用域

变量的作用域是指变量起作用的范围，它由定义变量的位置决定。不同作用域内的变量之间互不影响。根据变量定义的位置，变量分为局部变量和全局变量。

局部变量是指在函数内部定义的变量，它只在定义该变量的函数内部起作用，作用范围从定义该变量的位置开始到函数结束。例如，

```
def  local():
    a = 3
print(a)      # 将报错
```

在函数local()中定义的变量a是局部变量，它的作用域只限于该函数内部，函数local()外部的语句print(a)试图访问a时将报错。

形参也是局部变量，其作用范围也只限于该函数内部，因此实参和形参可以同名。例如，

```
def local(b):
    a = 3
    print("a = {}, b = {}".format(a, b))
b = 4
local(b)
```

全局变量是指在函数外部定义的变量，其作用范围从定义该变量的位置开始到程序结束。如果在函数内只需要引用全局变量，那么可以直接用它给其他变量赋值或输出它的值。例如，

```
a = 5               # 全局变量
def glob():
    b = a           # 使用了全局变量a
    print("a = {}, b = {}".format(a, b))
glob()
```

变量a在函数外部定义，在函数体内可以用来给局部变量b赋值，也可以输出它的值。

如果要在函数体内修改全局变量a的值，那么要用关键字global声明变量a。例如，

```
a = 5
def glob():
    global a        # 声明此处的a是全局变量
    a = 4
glob()
print("a = {}".format(a))
```

在函数内给a赋值4之前，首先用global a声明，然后就可把全局变量a修改为4，最后的输出为a = 4。记住，在函数内部赋值而又没有用global声明的变量都是局部变量。

局部变量和全局变量可以同名。在这种情况下，在函数内部给该变量赋值时，全局变量不起作用，只改变局部变量的值。例如，

```
a = 5               # 全局变量
def glob():
    a = 4           # 此处a是局部变量
glob()
print("a = {}".format(a))
```

首先定义了一个全局变量a，并赋值5；然后定义了一个局部变量a，并赋值4。这样做只改变了局部变量a的值，全局变量a的值仍然为5。

5.4 lambda表达式

lambda表达式用于定义匿名函数。有时我们需要使用一个函数，但可能仅使用一次，例如内置函数sorted()和列表的sort方法的key参数可以指向一个函数，此时就适合用lambda来简化定义一个匿名函数。lambda表达式的一般形式如下：

```
lambda 形参列表: 表达式
```

关键字lambda与形参列表之间用空格分隔。冒号后面为匿名函数的函数体，只能包含一个表达式，表达式的值就是该匿名函数的返回值。例如，

```
from random import randint
a = [randint(-100,100) for i in range(10)]     # 产生一个含正数和负数的随机整数列表
print('排序前:', a)
a.sort(key = lambda x : x * x)                 # 根据数据的平方值排序
print('排序后:', a)
```

以上程序段的功能是随机产生一个列表，并对该列表按元素平方值从小到大的顺序排序，分别输出排序前和排序后的列表。随机执行的可能输出如下：

```
排序前: [11, -16, 66, -34, -10, -88, -23, 0, -94, 40]
```

```
排序后：[0, -10, 11, -16, -23, -34, 40, 66, -88, -94]
```

排序用到列表的sort函数()，该函数的参数key是一个函数，它指定排序规则。如果不使用lambda表达式实现该功能，那么需要额外定义一个函数，具体实现如下：

```
from random import randint
def st(x):                          # 先定义一个函数
    return x * x
a = [randint(-100,100) for i in range(10)]
print('排序前:', a)
a.sort(key = st)                    # 指定用st函数排序
print('排序后:', a)
```

比较两种方法，我们发现使用lambda表达式更加简洁。

也可以将lambda表达式变成命名函数，一般形式如下：

```
函数名 = lambda 形参列表：表达式
```

例如，

```
f = lambda x, y: x + y
```

定义一个命名函数f，其形参为x和y，返回值为x + y。对该函数的调用方式为f(x, y)。例如，

```
print(f(2, 3))
```

将lambda表达式变成命名函数后，也支持函数的一些特性，如默认参数、关键字参数等。例如，

```
g = lambda a, b=3: a*a + b*b
```

以下语句使用了默认参数：

```
print(g(2))
```

以下语句使用了关键字参数：

```
print(g(b=4, a=3))
```

对lambda表达式的使用建议是：尽量用它来完成简单的任务。如果用它来完成一些复杂的功能，那么出错的概率就会增加。例如，

```
a = []
for i in range(5):
    a.append(lambda: i*2)
for j in range(5):
    print(a[j](), end=' ')
```

以上程序段的输出是8 8 8 8 8，而不是期望的0 2 4 6 8。出现这个错误的原因是添加到列表a中的元素都是表达式lambda: i*2，这个表达式的值只取决于变量i的当前值，而不取决于列表a的索引。当第一个for循环结束后变量i的值为4，在第二个for循环的输出语句中，a[j]()调用列表a中的匿名函数，但此时i=4，所以计算结果都是8。

只有当i的值发生改变后，输出结果才发生改变。例如，

```
i = 3
for j in range(5):
    print(a[j](), end=' ')
```

输出结果为6 6 6 6 6。虽然输出值发生了改变，但它们依然与列表a的索引无关。

如果把索引改为i，例如，

```
for i in range(5):
    print(a[i](), end=' ')
```

那么输出结果为0 2 4 6 8。因为索引与变量i相同，所以改变索引的同时也改变了变量i的值。

5.5　生成器函数

生成器函数是指一个包含yield语句的函数，生成器函数可以用来创建生成器对象。yield语句和return语句都从函数中返回值。return语句返回值并结束函数的运行，yield语句返回值并暂停函数的运行，下次通过内置函数next或for循环遍历生成器对象时再恢复执行，并从yield语句的后一条语句继续执行。例如，有生成器函数定义如下：

```
def g():
    a = 1
    while True:
        yield  a        # 利用yield关键字定义生成器函数
        a = a + 2
```

生成器函数为g，c = g()定义一个生成器对象。下面的语句通过内置函数next()输出前20个奇数：

```
c = g()
print(type(c))          #  c的类型是 <class 'generator'> 生成器
for i in range(20):
    print(next(c), end=' ')
```

下面的语句通过for循环遍历生成器对象，输出小于40的所有奇数：

```
d = g()
for  i  in  d:
    if  i >= 40:
        break
    print(i, end=' ')
```

与普通函数相比，生成器函数可以有效地节省内存。例如，要处理10万个数据时，普通函数需要把全部数据一次性生成并返回给主程序，占用的内存较大。生成器函数可以每次只产生一个数据，处理后再产生下一个数据，因此消耗的内存就很小。Python的range()函数是一个高效的生成器函数。

5.6　函数递归调用

一个函数可以直接或间接地调用该函数本身，这种调用称为递归调用。

直接递归调用就是一个函数直接调用该函数自身。例如，

```
def f():
    …
    f()
    …
```

直接递归函数调用的调用过程如图5.2所示。如果不对函数f的运行施加一定的限制条件，那么这个递归调用的过程将变成一个无限的过程，这显然违反了算法必须在有限步内完成的要求。使用递归调用最重要的规则是要设定适当的结束条件，使函数能够终止递归，避免出现无限调用的情形。

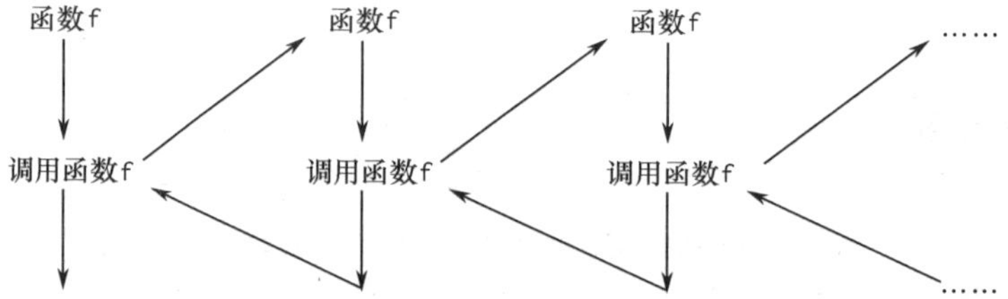

图5.2　直接递归函数调用的调用过程

间接递归调用是一个函数调用另一个函数，该函数又要调用原函数。例如，

```
def f():
    …
    g()
    …
def g():
    …
    f()
    …
```

间接递归函数调用的调用过程如图5.3所示。使用间接递归函数调用时也要注意设置条件使调用过程在有限步内终止。

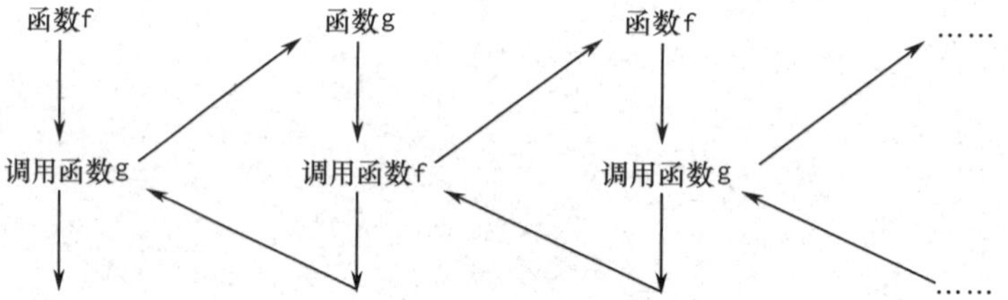

图5.3　间接递归函数调用的调用过程

求解一个问题时，把该问题分解为两个小问题，小问题与原问题有相似的结构，因此小问题与原问题可以用相同的方法来求解，这样的问题适合用递归函数调用来求解。

把大问题分解为两个小问题，把小问题分解为更小的问题……问题的规模就变得越来越小。分解到某个程度时，问题的规模就会小到很容易求解，这时就不需要再进行分解，于是自然地终止了递归调用的过程，避免了无限递归调用的情形。

【例1】编写程序，输入一个自然数n，求它的阶乘（$n!$），然后输出所求的值。

分析：因为$n! = n \times (n-1)!$，于是把求自然数n的阶乘的问题分解为两个小问题：求n与求$n-1$的阶乘$(n-1)!$。第一个问题是求n的值，这个问题比较简单，可以直接得到结果；第二个问题是求$n-1$的阶乘$(n-1)!$，它与原问题求n的阶乘$n!$有着相似的结构，可以用相同的方法求解。所以这个问题可以用递归调用的方法求解。当$n = 1$时，很容易知道它的阶乘，这时不需要再分解该问题，自然就结束了递归的过程。

递归函数求阶乘的程序如下：

```
def  f(n):
    if  n == 1:              # n=1时结束递归，返回具体的值
        return 1
    return n * f(n - 1)      # 递归调用 n! = n * (n-1)!
n = eval(input("Input an integer:"))
fac = f(n)
```

```
    print("{}! = {}".format(n, fac))
```

【例2】编写递归函数fun(n)，把输入的一个十进制整数转换为二进制数并输出。在主调模块中输入正整数x，调用函数fun()，最后输出转换结果。

分析：设整数n的二进制数为M，n//2的二进制数为N，则M=N*2+n%2。这样，就将求整数n的二进制数的问题分解为两个问题：求n//2的二进制数和求n%2。第二个问题比较简单，可以直接得到结果。第一个问题（求n//2的二进制数）与原问题有着相似的结构，即求一个整数的二进制数只是将整数变为原来的一半。因此，这个问题适合用递归调用的方法求解。

程序如下：

```
def  f(n):
    if  n == 0:                # 当n为0或1时，无须再递归，可返回'0'或'1'
        return  '0'
    elif  n==1:
        return  '1'
    t = n % 2
    n = n // 2
    return  f(n) + str(t)    # 递归调用
n = eval(input("Input an integer:"))
fac = f(n)
print("{} = {}".format(n, fac))
```

【例3】编写递归函数flat(*p,lst)，将一个嵌套多层的可迭代对象转换为一维列表。

```
from collections.abc import Iterable # 引入可迭代类型Iterable
def flat(*p, lst):
    for x in p:
        if isinstance(x, Iterable):  # 判断x是否是可迭代对象
            flat(*x, lst=lst)        # 若是，则实参序列解包，递归调用
        else:
            lst.append(x)
lst = []
data = [1, [[2, 3], [4, 5]], [[[6]]], range(7, 9), (9, 10)]  # 嵌套多层
flat(*data, lst=lst)
print(lst)                          # 输出 [1, 2, 3, 4, 5, 6, 7, 8, 9, 10]
```

5.7　Python的第三方库

本节介绍Python程序设计二级考试要求的几个第三方库，以便掌握二级考试要求的内容。

5.7.1　jieba库

假设在一段中文中，文字与文字之间没有分割符。要研究这段中文中的词语，就要提取出那些要研究的词语。jieba库的作用就是对中文文章进行分词，提取中文文章中的词语。在线安装命令如下：

```
pip  install  jieba
```

jieba库中常用的两个函数是cut()和lcut()，二者的区别如下：cut()函数的返回值是一个可迭代的生成器对象，lcut()函数的返回值是一个列表对象。以下介绍cut()函数。cut()函数的使用格式如下：

```
jieba.cut(字符串, cut_all, HMM)
```

其中，“字符串”是要进行分词的字符串对象；cut_all参数为真表示采用全模式分词，为假表示采用精确模式分词，默认值为假；HMM为真表示采用HMM模型，为假则不采用，默认值为真。

在全模式下，字符串中的所有可能词语都会被提取出来。在精确模式下，只提取字符串中最长的一个词语。例如，对于字符串“我在北京大学”，采用精确模式进行分词时的使用方法如下：

```
In: import jieba
In: obj = jieba.cut("我在北京大学", cut_all=False) # cut返回分词迭代对象
In: list(obj)
Out: ['我', '在', '北京大学']
```

采用全模式进行分词时的使用方法如下：

```
In: jieba.lcut("我在北京大学", cut_all=True)         # lcut直接返回分词列表
Out: ['我', '在', '北京', '北京大学', '大学']        # 全模式返回所有可能的分词结果
```

隐马尔可夫模型（Hidden Markov Model, HMM）是一种基于概率的统计分析模型，用来描述一个系统隐性状态的转移和表现的概率。jieba库使用该模型来处理未登录到词库的词。例如，对于字符串“我在广石上大学”，不采用HMM模型进行分词的使用方法如下：

```
In:jieba.lcut("我在广石上大学", HMM=False)
Out:['我', '在', '广', '石', '上', '大学']
```

采用HMM模型进行分词的使用方法如下：

```
In: jieba.lcut("我在广石上大学", HMM=True)
Out: ['我', '在', '广石', '上', '大学']
```

【例3】设有字符串s。编写程序采用精确模式和HMM模型对该字符串进行分词，然后输出每个词及其在字符串中出现的频数，每个词只输出一次。

程序如下：

```
import  jieba
s = "编程语言可分为低级语言和高级语言。"
lst = jieba.lcut(s, HMM=True)
b = []
for v in lst:
    if v not in b:
        b.append(v)
        print(v, "\t", lst.count(v))
```

5.7.2 wordcloud库

wordcloud库的功能是将一组给定的词语按照词频转换为一张图片，其中高频词显示的占比较大，从而突出重点词汇。在线安装命令如下：

```
pip install wordcloud
```

使用wordcloud库时，首先需要构造一个wordcloud库的WordCould对象，然后调用该对象的generate()函数生成词云，最后调用该对象的to_file()函数保存生成的图片。构造WordCloud对象的格式如下：

```
wc = WordCloud(width = 1000, height = 800, background_color='white')
```

其中，参数width指定生成词云的宽度（单位为像素），参数height指定高度（单位为像素），background_color指定词云的背景颜色。

WordCould对象的generate函数()的使用格式如下：

```
wc.generate(字符串)
```

其参数是用空格分隔的字符串。

例如，有以下字符串：

```
string = 'With the improving of semiconductor technology, a single chip integrates more and more processing cores. Highly parallel applications are distributed to tens of processing units. The inter-processor communication delay becomes more and more important for parallel applications.'
```

下面的代码生成词云并保存为wc.png图片文件：

```
from  wordcloud  import  WordCloud
wc = WordCloud(background_color='white', width=1000, height=800)
wc.generate(string)
wc.to_file('tmp/wc.png')
```

生成的词云如图5.4所示。

图5.4　英文字符串词云图

如果是中文文章，那么需要首先对文章进行分词，并用空格连接分词的结果，然后才能用WordCloud生成词云。例如，

```
string = '''编写程序就是用计算机语言实现算法的过程。可以证明，任何问题都可以由三种基
        本结构表达出来。这三种基本结构包括顺序结构、选择结构和循环结构。'''
words = jieba.lcut(string)   # 先分词
jbstr = ' '.join(words)      # 必须用空格将中文词汇连接为字符串,满足wc的格式要求
wc = WordCloud(font_path='simkai.ttf', background_color='white',
    width=500, height=400)  # 中文楷体
wc.generate(jbstr)           # 生成词云
wc.to_file('tmp/wc2.png')   # 保存为图片文件wc2.png
```

在上面的代码中，先调用jieba库对中文字符串进行分词处理，并用空格连接提取出来的词语，得到一个用空格分隔的字符串。在绘制中文词云图时，必须在WordCloud对象的构造函数中指定中文字体，即第一个参数font_path。生成的词云如图5.5所示。

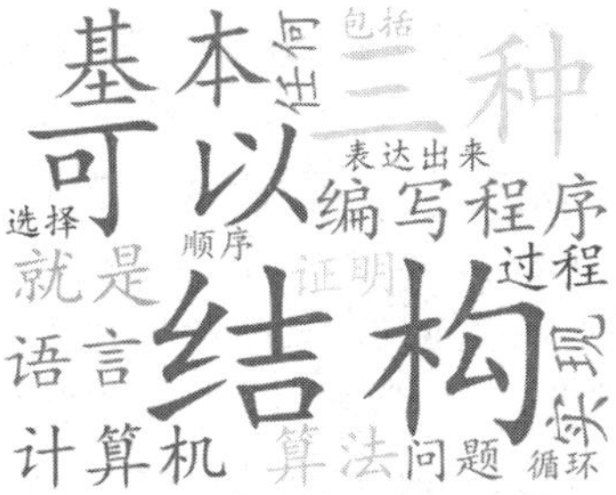

图5.5　中文字符串词云图

5.7.3 turtle库

turtle库是Python内含的一个简易绘图库，它通过模拟乌龟在画板上的爬行来绘制图形。画板采用笛卡儿坐标系，原点(0, 0)位于画板中央。最初，乌龟位于坐标系的原点，朝向*X*轴的正方向。只需设定乌龟爬行的方向和距离，就能沿指定的方向绘制一条直线或曲线。turtle库的距离参数单位为像素。turtle库中的常用函数如下：

1. forward()或fd()：向前移动指定的距离，参数为数值，单位为像素。例如，turtle.forward(25)向前绘制一条长度为25像素的直线。
2. backward()或bk()：向后移动指定的距离，参数为数值。例如，turtle.backward(30)向后绘制一条长度为30像素的直线。
3. left()或lt()：以角度单位向左转动，参数为数值。例如，turtle.left(45)控制乌龟画笔向左转动45度。
4. goto()或setposition()：移到绝对坐标位置。此时画笔落下并移动时画线，不改变方向。包含两个参数x和y。例如，turtle.goto(60,30)将乌龟移到坐标(60,30)处。
5. right()或rt()：以角度单位向右转动。参数为数值，单位为度，可以通过函数degrees()和radians()进行角度或弧度变换。例如，turtle.right(45)控制乌龟向右转动45度。下面的程序段在画板上画一个边长为200像素的矩形，如图5.6所示。

```
import turtle
for _ in range(4):
    turtle.fd(200)        # 绘制200像素长的直线
    turtle.right(90)      # 每绘一条线就右转90度
turtle.done()             # 绘图结束（在Spyder中调试turtle程序时，程序末尾需要此命令）
```

图5.6　边长为200像素的矩形

6. setx()：设置乌龟沿*X*轴方向移动的距离，参数为数值。例如，turtle.setx(10)使乌龟沿*X*轴方向画一条长为10像素的直线。
7. sety()：设置乌龟沿*Y*轴方向移动的距离，参数为数值。例如，turtle.sety(50)使乌龟沿*Y*轴方向画一条长为50像素的直线。
8. setheading()或seth()：设置乌龟头部的方向，参数为数值。各坐标轴的方向值为：参数值为0表示*X*轴正方向，即向东；参数值为 90表示*Y*轴正方向，即向北；参数值为 180表示*X*轴负方向，即向西；参数值为 270表示*Y*轴负方向，即向南。例如，turtle.seth(90)设置乌龟前进的方向为北向。
9. home()：将乌龟移回原点(0,0)，并将方向设置为初始的正东方向，无参数。
10. circle()：从当前点出发绘制一个给定半径的圆或圆弧。例如，turtle.circle(100)绘制一个半径为100像素的圆，turtle.circle(100, 80)绘制半径为100、圆心角为80度的圆弧。半径为正数时，逆时针方向绘图，圆心在前进方向的左侧。turtle.circle(-200, 120)

绘制半径为200、圆心角为120度的圆弧。半径为负数时，顺时针方向绘图，圆心在前进方向的右侧。

11. dot()：以当前点为圆心画一个给定直径的圆点。第一个参数是一个大于1的整数，默认值为pensize+4和2*pensize的最大值；第二个参数设置原点的颜色值。例如，turtle.dot(20, "blue")画一个直径为20的蓝色圆点。
12. penup()：抬起画笔，这样移动画笔时就不会画出线条。
13. pendown()：放下画笔，这样绘图时将画出线条。
14. pencolor()：设置画笔的颜色，参数为一个表示颜色的字符串。例如，pencolor("red")将画笔的颜色设为红色。
15. pensize()：设置画笔的宽度，参数为一个数值。例如，pensize(10)将画笔宽度设为10。
16. speed()：设置绘图速度，参数可以是诸如"slow"或"fast"这样的字符串，也可以是0和10之间的一个整数，区间[1, 9]内的数值越大，绘图速度越快，speed(0)速度最快。
17. done()：表示绘图结束。在Spyder中运行turtle程序时，程序末尾应包含此命令。

下面的代码绘制一个正六边形，如图5.7所示。

```
import turtle as t
for i in range(6):
    t.fd(100)
    t.seth(60 + 60 * i)
t.done()
```

下面的代码绘制了一个太阳花图案，如图5.8所示。

```
import turtle as t
t.color("red", "yellow")     # 设置画笔颜色和填充颜色
t.begin_fill()               # 开始填充
for _  in  range(50):
    t.forward(200)
    t.left(170)
t.end_fill()                 # 结束填充
t.done()
```

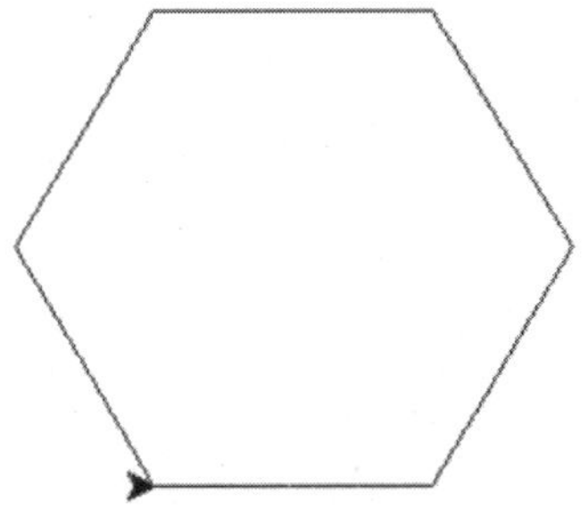

图5.7　正六边形

图5.8　太阳花图案

5.8　本章小结

本章介绍了Python函数的使用。首先介绍了函数的定义；接着介绍了函数调用和函数参数，重点介绍了使用函数参数，需要注意的几种情况（不可变对象和可变对象、默认值参数、关键字参数、

不定长参数、实参序列解包等）；然后介绍了变量作用域的相关问题、实现匿名函数的lambda表达式、生成器函数及函数递归调用；最后介绍了二级考试涵盖的jieba库、wordcloud库和turtle库。

习题

1. 编写一个函数fun(a)，该函数只有一个参数a，判断参数a的类型，若a是组合数据类型，则输出“组合数据类型”，否则输出“非组合数据类型”。
2. 编写函数fun(n)，其功能是计算并输出多项式s=1+1/(1+2)+1/(1+2+3)+…+1/(1+2+3…+n)的值。在主程序中输入正整数n，调用函数fun，最后输出计算结果。
3. 编写函数fun(x)，其参数是一个元素为实数的列表。计算并输出给定列表中每相邻两个元素的平方根之和。在主程序中输入列表的值，调用函数fun，并输出计算结果。
4. 编写一个lambda表达式，调用内置函数sorted对列表[111, 55, 4]进行排序，按列表元素对应字符串的长度从小到大排序。
5. 编写函数，接收任意数量的整数作为参数，返回一个元组，该元组的第一个元素是所有参数的中位数，第二个元素是所有小于中位数参数的平均值，第三个元素是所有大于中位数参数的平均值。
6. 编写一个函数，其参数为两个正整数，将这两个正整数之间的所有素数以一个元组的形式返回。
7. 定义一个生成器对象，生成100以内的所有偶数。
8. 有5个人坐在一起，问第五个人多少岁，他说比第四个人大2岁。问第四个人多少岁，他说比第三个人大2岁。问第三个人，他说比第二个人大2岁。问第二个人，他说比第一个人大2岁。最后问第一个人，他说是10岁。请问第五个人多大？编写递归函数fun(n)，求第五个人多大，并输出计算结果。

第6章　文　件

程序运行时，用变量或组合数据对象保存需要处理的数据，变量和数据对象都存储在内部存储器（简称内存）中。内存中的数据不能永久保存，一旦断电，这些数据就会丢失。如果要永久保存内存中的数据，就要将数据保存到外部存储器（简称外存）中，以后需要时再从外部存储器读取。本章介绍如何将数据保存到外存中及如何从外存读取数据。

在本章的教学过程中，应培养读者理解数据安全性对个人生活、工作和社会具有的重要意义。

首先，具有数据安全性意识可以避免隐私泄露。在社交媒体、在线购物、出行等应用中，会产生大量的个人信息，若这些信息被非法获取，则可能被用来进行身份盗窃、诈骗等犯罪活动，给个人生活和财产安全带来威胁。

其次，具有数据安全性意识可以保障企业的利益。对企业而言，数据是重要的资产，如果数据泄露，那么不仅会造成经济损失，而且可能影响企业的声誉和客户信任度，甚至可能引发法律纠纷。

最后，具有数据安全性意识可以维护社会稳定。在公共安全领域，若敏感信息被非法获取并用于恶意用途，则可能对社会造成危害，如网络谣言、恶意攻击等。因此，保护数据安全有助于维护社会正常秩序和社会稳定。

6.1　文件的基本概念

文件是指存储在外部存储器中的一组信息集合。操作系统以文件为单位对外部存储器中的数据进行管理，操作系统用文件名对文件进行标识。要向外部存储器中存储数据，必须先建立一个文件，然后把数据保存到该文件中。反之，要从外部存储器中读取数据，也要首先指定保存数据的文件名，打开该文件，然后才能通过该文件读取存储的数据。

按照文件的数据组织形式，文件分为文本文件和二进制文件两种。文本文件将处理的数据视为一个字符串，把字符串中每个字符的编码保存到文件中。例如，要存储字符串“world”，可将该字符串中每个字符的编码依次保存到文件中，保存结果如图6.1所示。

01110111	01101111	01110010	01101100	01100100

图6.1　文本文件存储图

```
for c in 'world':
    print(f'{ord(c):b}')    # 输出每个字符的编码，类似上图
```

上面代码中ord()函数取得变量c的编码，“{:b}”按二进制格式输出。

二进制文件把数据的二进制值存储到文件中。例如，有一个整数20190306，因为一个整数占4字节，所以把它保存在外部存储器中也要占4字节。将这个整数以二进制形式保存到文件中的结果如图6.2所示。

```
print(bin(20190306))          # bin()将数据转为二进制
```

输出信息“0b1001101000001010001100010”，前导符“0b”表示是二进制数据。

00000001	0011010	00010100	01100010

图6.2　二进制文件存储图

将数据保存到外存后，程序要使用数据时，需要从外存内的文件中读取。程序从外存中读取数据的方式有非缓冲方式和缓冲方式两种。使用非缓冲方式时，直接把数据从外存读到程序的数据区。使用非缓冲方式读取数据的速度往往较慢，使用缓冲区可以提高读取数据的速度。缓冲区是内存中的一段存储区域，存取文件时，系统会自动地为每个文件开辟一个缓冲区。如果要从外存读取数据，那么一次将一批数据读入缓冲区，程序运行需要数据时，直接从缓冲区读取。如果要向外存中写入数据，那么首先将数据保存到缓冲区中，然后一次性地将缓冲区中的数据全部写到外存中。文件缓冲区示意图如图6.3所示。

Python读/写文件的基本流程如图6.4所示。在对文件进行读/写操作之前，先要打开文件，打开成功后才能读/写文件内容，读/写完毕还要关闭文件。若打开文件失败，则不能对文件进行读/写操作，这时需要检查打开失败的原因。

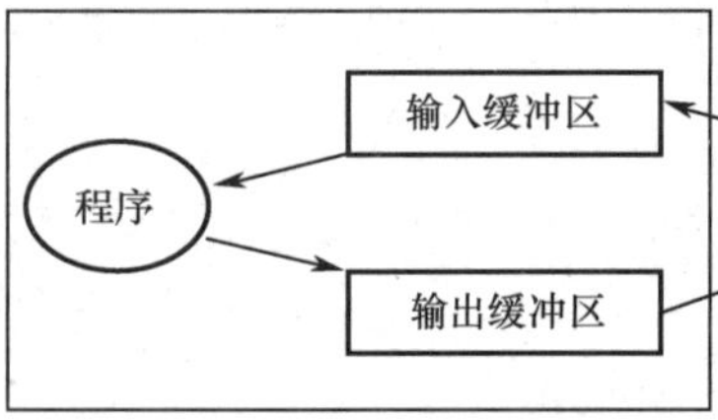

图6.3　文件缓冲区示意图

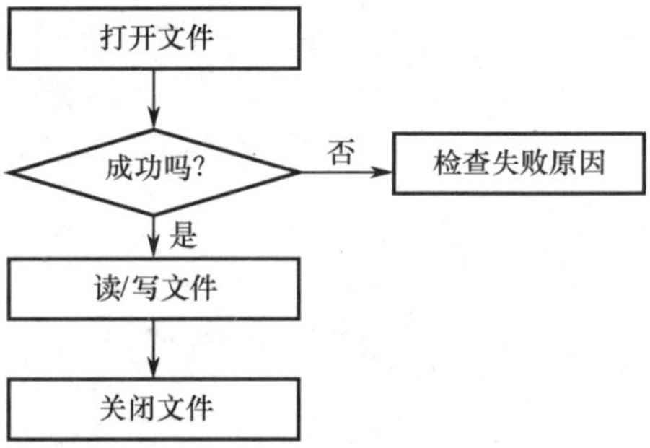

图6.4　读/写文件的基本流程

6.2　文件基本操作

6.2.1　用内置函数open()打开文件

在Python中，用内置函数open()打开文件。使用open()打开文件的一般形式如下：

```
f = open(文件名，文件使用模式，编码方式，缓冲区大小)
```

其中，文件名是指定要打开的文件的名称。文件使用模式也是一个字符串，它指定文件的使用模式，默认值为“r”读文件。编码方式用来指定文件中字符的编码，默认编码与操作系统有关。例如Windows系统默认使用GBK编码，苹果电脑默认使用utf-8编码。缓冲区大小是一个整数，它指定文件缓冲区的大小：0表示没有缓冲区，负数表示使用系统默认的缓冲区大小，默认值为-1。函数open()的返回值是一个文件对象。

Python中文件的使用模式如表6.1所示。

表6.1　文件的使用模式

文件使用模式	含　义
"r"	以只读方式打开一个文件
"w"	以只写方式打开一个文件，若文件已存在，则先清空原有内容

（续表）

文件使用模式	含　义
"a"	以向文件末尾追加数据的方式打开一个文件，不覆盖文件的原有内容
"x"	以写模式新建一个文件，若文件已存在，则抛出异常，防止覆盖旧文件
"b"	打开一个二进制文件，需与其他模式组合使用
"t"	打开一个文本文件，需与其他模式组合使用
"+"	以读/写方式打开一个文件，需与其他模式组合使用

打开文件时需要指定打开的是文本文件还是二进制文件（"t"或"b"），默认为"t"。例如，

```
fw = open(r"d:\test.txt", "wt")  # t可省略
```

该语句的作用是以“只写”方式打开d盘根目录下的文本文件"test.txt"，若成功，则返回文件对象fw。

上例因为路径中的"\t"和转义字符中的制表键相同，所以在路径前面加上"r"，表示此处是raw原始字符串，没有转义的含义，这样可确保路径正确。若没有"r"，则会出现路径解析错误。另外，也可用open("d:\\test.txt")这样的双斜杠表示法，路径中的"\"都用"\\"表示。Windows平台的路径分隔符为"\"，Mac Os和Linux平台的路径分隔符为"/"。因为Python是跨平台的，两种分隔符都能正确处理，将命令写为open("d:/test.txt")亦可。

要读文件，可用如下语句：

```
fr = open(r"d:\file1.txt", "r")
```

该语句的作用是以“只读”方式打开d盘根目录下的文本文件"file1.txt"，若成功，则返回文件对象fr。

```
fbw = open(r"d:\file2.dat", "wb")
```

该语句的作用是以“只写”方式打开d盘根目录下的二进制文件"file2.dat"，若成功，则返回文件对象fbw。

```
fw = open(r"d:\test.txt", "r", encoding="utf-8")
```

该语句的作用是以“只读”方式打开d盘根目录下的文本文件"test.txt"，指定编码方式为"utf-8"，若成功，则返回文件对象fw。由于该文件保存时采用的是"utf-8"编码，因此打开该文件时需要指定这种编码方式。如果不指定，或指定为其他编码方式，那么无法正确读取该文件。

6.2.2　文件对象的属性和常用方法

函数open()返回的是一个可迭代的文件对象，通过该对象可以对文件进行读/写操作。文件对象的常用属性如表6.2所示。

表6.2　文件对象f的常用属性

属　性	类　型	说　明
f.closed	布尔型	判断文件是否关闭，关闭为True，否则为False
f.mode	字符串	文件的打开模式
f.name	字符串	文件的名称

例如，当前目录下有一个文件'date.py'，则以下命令的输出为：date.py，False，rt。

```
fw = open('date.py', 'rt')
print(fw.name, fw.closed, fw.mode, sep=',')
```

文件对象的常用方法如表6.3所示。

表6.3　文件对象f的常用方法

方　法	功　能	返　回　值
f.close()	把缓冲区的内容写入文件，关闭文件并释放缓冲区	无
f.flush()	把缓冲区的内容写入文件，不关闭文件	无
f.read([size])	从文件中读取指定的字符数，若未给定，则读取所有内容	从文件中读取的字符
f.readline()	从文件中读取一行，包括"\n"字符	从文件中读取的一行字符串
f.readlines()	读取所有行（直到结束符EOF）并返回列表	字符串列表，包含所有行
f.seek(offset [,whence])	移动文件指针。offset：开始的偏移量，代表需要偏移的字节数；whence：可选，默认值为 0，0代表从文件开头算起，1代表从当前位置算起，2代表从文件末尾算起	无
f.tell()	返回文件的当前位置，即文件指针的当前位置	文件的当前位置
f.write(s)	向文件中写入指定字符串	写入的字符长度
f.writelines(lst)	向文件中写入一个字符串列表	无

6.2.3　关闭文件

完成对某个文件的操作后，一定要关闭这个文件对象，才能将所做的修改保存到文件中。例如，

```
fw.close()
fr.close()
```

操作文件时如果发生错误导致程序崩溃，可能就没有正常关闭文件，使用关键字with可以避免这个问题。关键字with可以自动管理资源，不论什么原因跳出with块，总能保证正确关闭文件。关键字with的一般形式如下：

```
with  open(文件名, 文件使用模式) as fr:
    s = fr.read()          # with结束时自动关闭文件，因此可省略fr.close()
```

它通过文件对象fr读文件的内容。

6.2.4　读/写文本文件

用文件对象的方法read()按字符数读文件，换行符"\n"也算一个字符。

【例1】在当前目录的data子目录中有一个文件log.txt，其内容如下：

```
第一行
第二行
```

编写程序读取其中的前6个字符。

程序如下：

```
with open("data/log.txt", "r") as f:   # r是默认模式，可省略
    a = f.read(6)
    print(a, end= '')
```

输出如下：

```
第一行
第二
```

因为第一行末尾隐含的换行符"\n"也算一个字符，所以从该文件读取6个字符时，第二行只读取了2个字符。

【例2】按行遍历文件的所有行。

程序如下：

```
with open("data/log.txt") as f:
    a = f.readlines()
    for line in a:
        print(line)
```

输出结果如下：

```
第一行

第二行
```

因为函数readlines()读取的行也包含换行符"\n"，函数print()输出时加一个换行，所以第一行和第二行之间有一空行。为了避免出现空行，只需把输出语句改为

```
print(line, end = '')
```

因为函数open()返回的文件对象是一个可迭代对象，所以用函数readlines()读取文件的语句可以省略。该段程序可以改为

```
with open("data/log.txt") as f:
    for line in f:
        print(line, end = '')
```

要将数值写入文本文件，需要首先将其转换为字符串，然后调用文件对象的write()方法写入文件。函数write()写入一个字符串时不自动换行，需自行加上换行符。

【例3】随机生成一个长度为100的整数列表，随机数范围为1～100，将该列表以每10个数一行（元素之间用空格分隔）写入文本文件"tmp/record.txt"。

程序如下：

```
from random import randint
a = []
for i in range(100):
    a.append(randint(1,100))
with open("tmp/record.txt", "w") as f:
    s = ""
    for i, v in enumerate(a):
        s = s + f"{v} "
        if (i + 1) % 10 == 0:
            f.write(s + "\n")  # 每10个数一行
            s = ""
```

【例4】将文本文件"tmp/record.txt"中的数字读入一个列表，并输出该列表。

程序如下：

```
b = [ ]
with open("tmp/record.txt" ) as f:
    for line in f:
        line = line.strip()
        data = line.split()
        for v in data:
            b.append(eval(v))
print(b)
```

当对文件按行进行读取时，每行的末尾含有换行符"\n"，可调用函数strip()删除行尾的换行符。

6.2.5 使用pickle模块读/写二进制文件

在程序运行过程中，常需要把一些数据以二进制的形式保存起来，如保存或恢复游戏进度和各种游戏角色的数据。把内存中的数据对象写入二进制文件的过程称为序列化。读取二进制文件中的数据并重建原来的数据对象的过程称为反序列化。本节介绍如何使用pickle模块读/写二进制文件。写二进制文件时使用pickle模块的dump()函数，它的一般使用形式如下：

```
pickle.dump(写入对象, 文件对象)
```

其中，写入对象是要写入文件的对象，它可以是整数、实数、字符串、列表、字典等。文件对象是函数open()打开的文件对象，对象写入其中。

【例5】程序运行时有如下数据对象：

```
a = 1234
b = 3.14159
c = "程序"
d = ['a', 'b', 'c']
e = {"张":60, "王":70, "李":80}
```

编写程序，将它们写入tmp子目录下的二进制文件binary.dat。

程序如下：

```
import  pickle
with open("tmp/binary.dat", "wb") as f:   # 注意要指定b参数
    pickle.dump(a, f)
    pickle.dump(b, f)
    pickle.dump(c, f)
    pickle.dump(d, f)
    pickle.dump(e, f)
```

读二进制文件时使用pickle模块的load()函数，它的一般使用形式如下：

```
变量 = pickle.load (文件对象)
```

其中，文件对象是函数open()打开的文件对象，从中读取数据对象。函数load()的返回值是读取的数据对象。

【例6】编写程序，读取并输出tmp子目录下二进制文件"binary.dat"中的数据。

程序如下：

```
with open("tmp/binary.dat", "rb") as f:   # 注意要指定b参数
    a = pickle.load(f)
    b = pickle.load(f)
    c = pickle.load(f)
    d = pickle.load(f)
    e = pickle.load(f)
    print(a, b, c, d, e)
```

函数dump()和load()会自动处理不同数据对象之间的边界。

【例7】字典变量role={'道具1': 10, '道具2': 21, '武力值': 100}记录了某游戏角色当前的属性，请首先将该变量保存到文件中，然后用随机数模拟游戏运行中的属性值变化，最后从文件中恢复原值。

程序如下：

```
import pickle
from random import randint
```

```
role = {'道具1': 10, '道具2': 20, '武力值': 100}
with open('tmp/game.pkl', 'wb') as fw:
    pickle.dump(role, fw)

for _ in range(3):
    for key in role:
        role[key] += randint(-3, 3)
print(f'模拟游戏运行三次后，role={role}')

with open('tmp/game.pkl', 'rb') as fr:
    role = pickle.load(fr)
print(f'恢复原值后，role={role}')
```

6.2.6 文件定位

文件指针是一个用来标示文件当前读/写位置的变量。每当读/写文件时，都从文件指针指向的位置开始读/写。读/写完成后，根据读/写的数据量向后移动文件指针。

文件对象的函数tell()返回文件指针的当前位置，它的一般使用形式如下：

```
f.tell()
```

其返回值是文件指针的当前位置。

【例8】data目录下的文件"log1.txt"中保存了一个字符串"python"。编写程序，打开该文件并读取该文件三次，每次读2个字符，输出每次读取的内容及读取后的文件指针。

程序如下：

```
with open("data/log1.txt", "r") as f:
    h = f.read(2)
    print(h)
    print("pos = {}".format(f.tell()))
    j = f.read(2)
    print(j)
    print("pos = {}".format(f.tell()))
    k = f.read(2)
    print(k)
    print("pos = {}".format(f.tell()))
```

程序输出为

```
py
pos = 2
th
pos = 4
on
pos = 6
```

文件对象的函数seek()把文件指针移动到新位置，其一般使用形式如下：

```
f.seek(偏移值[,起点])
```

其中，偏移值表示移动的距离；起点表示从哪里开始移动，0表示从文件头开始，1表示从当前位置开始，2表示从文件尾开始，默认值为0。需要注意的是，文本文件仅支持起点0和正偏移值，二进制文件支持起点0/1/2和正负偏移。

【例9】data目录下的文件"log2.txt"中保存了一个字符串"python program"。编写程序，打开该文件并只读取字符串"program"。

程序如下：

```
with open("data/log2.txt", "r") as f:
    f.seek(7)
    h = f.read(7)
    print(h)
```

6.2.7 读/写docx文件

包python-docx是读/写docx文件的一个第三方包。这个包的安装命令为

```
pip  install  python-docx
```

下面介绍使用这个包读/写docx文件的几种操作。

1．建立新Word文档

建立新文档需要调用Document对象的save方法，一个Document对象代表一个Word文档，该方法的参数是保存的文件名。

```
from docx import Document
doc = Document()
doc.save("tmp/test.docx")
```

2．添加段落和段落文字

添加段落需要调用Document对象的add_paragraph方法，该方法的参数是段落文字，返回值是一个Paragraph对象。调用Paragraph对象的add_run方法为该段落添加文字，该方法的参数是添加的文字。add_run方法的返回值是一个Run对象，设置该对象的bold属性可以加粗相应的文字，设置该对象的italic属性可以把相应的文字设置为斜体。

```
from docx import Document
doc = Document()
p = doc.add_paragraph('无格式的部分')
p.add_run('加粗部分').bold = True
p.add_run('无格式')
p.add_run('斜体部分').italic = True
doc.save("tmp/test.docx")
```

程序执行结束后，文件"test.docx"中的内容如下所示：

无格式的部分**加粗部分** 无格式 *斜体部分*

3．读取文档的所有段落

Document对象的paragraphs属性是一个包含文档所有Paragraph对象的列表对象，一个Paragraph对象代表文档的一个段落。对paragraphs属性进行循环遍历可以操作文档的所有段落。Paragraph对象的text属性代表该段落的文字。

```
from docx import Document
doc = Document("tmp/test.docx")
for p in doc.paragraphs:
    print(p.text)
```

4．读取文档表格中的文字

Document对象的tables属性是一个包含文档所有Table对象的列表对象，一个Table对象代表

文档的一个表格。Table对象的cells属性是一个包含表格所有_Cell对象的列表，一个_Cell对象代表表格的一个单元格。对表格的cells属性进行循环遍历可以操作表格的所有单元格。_Cell对象的text属性代表该单元格的文字。

```
from docx import Document
doc = Document("data/word表格.docx")
for t in doc.tables:
    for c in t._cells:
        print(c.text)
```

6.2.8 读/写xlsx文件

包openpyxl是读/写xlsx文件的一个第三方包，这个包的安装命令如下：

```
pip install openpyxl
```

下面介绍使用该包读/写xlsx电子表格的几种操作。

1．创建Excel电子表格

建立新文档需要调用Workbook对象的save方法，一个Workbook对象代表一个Excel工作簿，该方法的参数是保存的文件名。

```
from openpyxl import Workbook
wb = Workbook()
wb.save("tmp/test.xlsx")
```

2．创建工作表

创建工作表需要调用Workbook对象的create_sheet方法，该方法的参数是工作表的名称。

```
from openpyxl import Workbook
wb = Workbook()
wb.create_sheet("first")
wb.create_sheet("second")
wb.save("tmp/test.xlsx")
```

该程序将在工作簿"test.xlsx"中创建两个工作表："first"和"second"。

3．修改单元格的数据

要修改表格数据，需要先调用load_workbook()函数打开工作表，该函数的参数是Excel工作簿的文件名，返回值是一个Workbook对象。一个工作簿包含一系列工作表，一个工作表是一个Worksheet 对象。有三种方法从Workbook对象中得到一个工作表：第一种是用Workbook对象的get_sheet_by_name方法，其参数是工作表的名称；第二种是用Workbook对象的worksheets属性，该属性是一个Worksheet 对象列表，如ws = wb.worksheets[1]；第三种是通过索引的方式，索引为工作表的名字，如ws=wb['first']。

一个Cell对象代表一个单元格。得到Worksheet 对象后，可以通过三种方法获得Cell对象并修改其中的数据：第一种是通过索引的方式，索引为单元格的名称，如ws['A1'] = "数学"；第二种是通过Worksheet 对象的cell方法，该方法的第一个和第二个参数为单元格的行值和列值，均从1开始，第三个参数为单元格的值；第三种是通过Worksheet 对象的append方法，其参数为列表，把列表中的值添加到表格中的一行，每个列表元素对应一个单元格。

若提供给单元格的值的形式为"=公式"，则向单元格中添加一个公式。

```
from openpyxl import load_workbook
wb = load_workbook("tmp/test.xlsx")
ws = wb["first"]
ws['A1'] = "数学"
ws['B1'] = "语文"
ws['C1'] = "总分"
ws.cell(2, 1, 90)   # 第2行第1列，即A2单元格
ws.cell(2, 2, 91)   # B2
ws.append([80,81])

ws['C2'] = "=sum(A2:B2)"
ws['C3'] = "=sum(A3:B3)"
wb.save("tmp/test.xlsx")
```

上面的指令执行后，填入的公式可能还没有实际计算。若后续读公式的计算结果，则读出的数据是None。此时，可用Excel打开该文件，对文件略做修改（如随意输入一个空格）后，关闭文件。于是，Excel将自动重算公式。程序执行后，表"first"的内容如下：

	A	B	C
1	数学	语文	总分
2	90	91	181
3	80	81	161

4．读取Excel单元格中的数据

获取一个Cell对象后，访问Cell对象的value属性就可读取该单元格中的数据。

```
from openpyxl import load_workbook
wb = load_workbook("tmp/test.xlsx", data_only=True) # data_only读公式的计算结果
ws = wb['first']
print(ws['C1'].value)
print(ws['C2'].value)
```

上面的代码中如果没有参数“data_only=True”，那么C2单元格读取的是公式字符串"=sum(A2:B2)"，设置参数后读取的是计算结果181。

6.3 文件与文件夹操作

前两节介绍了文件内容的操作。本节介绍文件与文件夹的操作，如复制、重命名、删除、遍历等。Python中主要用os模块和os.path模块来操作文件与文件夹。

6.3.1 os模块

os模块是Python标准库，它提供了文件与文件夹的相关操作，常用操作如表6.4所示。

表6.4 os模块的常用文件和文件夹操作

方法	功能说明
rename(src, dst)	重命名文件或目录，可以实现文件的移动，若目标文件已存在，则抛出异常，不能跨越磁盘或分区
remove(path)	删除指定的文件，要求用户拥有删除文件的权限，并且文件没有只读或其他特殊属性
rmdir(path)	删除文件夹，文件夹有只读属性时也可以删除

（续表）

方　法	功能说明
mkdir(path)	创建子文件夹
chdir(path)	把path设为当前工作目录
getcwd()	返回当前工作目录
listdir(path)	返回path目录下的文件和目录列表
startfile(filepath [, operation])	使用关联的应用程序打开指定文件或启动指定应用程序
system()	启动外部程序

```
import  os
os.rename("wt.txt", "wtt.txt")
```

将当前文件夹下的文件"wt.txt"重命名为"wtt.txt"。

```
os.rename("wt.txt", r".\tmh\wtt.txt")
```

将当前文件夹下的文件"wt.txt"复制到当前文件夹的子文件夹"tmh"中。

```
os.remove(r".\tmh\wtt.txt" )
```

删除当前文件夹的子文件夹"tmh"中的文件"wtt.txt"。

```
os.rmdir(r".\tmh")
```

删除当前文件夹的子文件夹"tmh"。

```
os.mkdir(r"d:\tmh")
```

在d盘根目录下建一个文件夹"tmh"。

```
os.chdir(r"d:\tmh")
```

把"d:\tmh"设置为当前工作目录。

```
os.getcwd()
```

返回当前工作目录。

listdir(path)的功能是返回path目录下的文件和目录列表。对该列表进行递归遍历可以遍历文件夹path下的所有文件和文件夹。listdir(path)函数返回的列表元素只包含文件夹path下的子文件夹和文件的名字，对于其中的元素p，需要使用path + "\\" + p才能得到元素的完整路径名或文件名。

下面的程序段定义了一个函数traverseDir(path)，参数path是一个路径，函数的作用是遍历路径path下的所有文件和文件夹，并输出其中的文件和文件夹的完整名称。该函数采用递归的方法实现。

```
from os.path import isfile, isdir
from os import listdir

def traverseDir(path):
    for p in listdir(path):
        subpath = path + "\\" + p
        if isfile(subpath):
            print(subpath)
        elif isdir(subpath):
            print(subpath)
            traverseDir(subpath)
```

例如，若要遍历文件夹"d:\python"，则按如下方式调用该函数就可输出它下面的所有文件和文件夹：

```
traverseDir(r"d:\python")
```

6.3.2 os.path模块

os.path模块属于Python标准库，它提供了关于路径判断、连接及切分的方法。os.path模块的常用方法如表6.5所示。

```
import  os.path
os.path.dirname(r'D:\Workspace\tmh\t7.txt')
```

返回该路径的文件夹部分'D:\Workspace\tmh'。

表6.5 os.path模块的常用方法

方　法	功 能 说 明	方　法	功 能 说 明
isdir(path)	判断path是否为文件夹	exists(path)	判断文件是否存在
isfile(path)	判断path是否为文件	getsize(filename)	返回文件的大小
basename(path)	返回指定路径的最后一个组成部分	join(path, *paths)	连接两个或多个path
dirname(p)	返回给定路径的文件夹部分	splitext(path)	从路径中分隔文件的扩展名

```
os.path.basename(r'D:\Workspace\tmh\t7.txt')
```

返回该路径的最后一个组成部分't7.txt'，是该路径的文件名。

```
os.path.basename(r'D:\Workspace\tmh')
```

返回该路径的最后一个组成部分'tmh'，是该路径的最后一个文件夹名。

```
os.path.join(r'D:\Workspace', 'tmh')
```

将两个路径连接成一个路径，加上路径分割符，即'D:\Workspace\tmh'。

```
os.path.splitext(r'D:\Workspace\tmh\t7.txt')
```

从路径中分割出文件的扩展名，它的返回值是一个包含两个元素的元组('D:\Workspace\tmh\t7','.txt')。

【例10】下载网络上的一个图片文件。

程序如下：

```
import requests                      # 网络访问库，anaconda已包含此库
import os
url = 'https://www.phei.com.cn/templates/images/img_logo.jpg'
fname = os.path.basename(url)  # 获取路径中的图片文件名img_logo.jpg
r = requests.get(url)               # 访问图片，返回一个响应对象r
with  open(f'tmp/{fname}','wb') as fw:    # 'wb'，图片是二进制文件
    fw.write(r.content)                   # r.content对应图片的字节数据
```

6.4 编程实例

前面介绍了Python编程的基本语法。编程是一个熟能生巧的工作，下面举几个实例，请读者阅读理解后重写一次。编程时一定要自己动手写代码，因为看代码和写代码是两回事。

【例11】BMI（Body Mass Index，体质指数）是国际上常用的度量体重与身高比例的指数，其计算公式为 BMI＝ 体重（千克）/身高（米）的平方。成人的BMI数值判断标准如下所示：过轻，低于18.5；正常，18.5～23.9；超重，24～27.9；肥胖，大于28。试编写BMI计算程序给出相

应的判断，并将测试结果存入BMI.txt文件。

程序如下：

```
print('BMI=体重(kg)/身高(m)的平方')
f = open('tmp/BMI.txt', 'a+')                  # a+ 添加模式打开文件
while  True:                                   # 循环，以便反复测试
    weight = float(input('体重(千克)='))        # 转浮点型
    if  weight <= 0: break                     # 如输入体重<=0则结束
    height = float(input('身高(米)='))
    bmi = round(weight/(height**2), 2)         # 计算BMI，保留2位小数
    if   bmi < 18.5:
        s = '过轻'
    elif  bmi <= 23.9:
        s = '正常'
    elif  bmi <= 27.9:
        s = '超重'
    else:
        s = '肥胖'
    info = f'体重={weight} 身高={height}  BMI={bmi} 评级:{s}\n'
    print(info)
    f.write(info)       # 写入文件
f.close()
```

程序测试时，显示如下（输入体重75、身高1.8）。程序可连续输入测试数据，输入体重0时结束程序。测试后可打开BMI.txt文件查看测试数据。

```
BMI=体重(kg)/身高(m)的平方
体重(千克)=75
身高(米)=1.8
体重=75.0 身高=1.8  BMI=23.15 评级:正常
体重(千克)=0
```

【例12】每次输入一个数据，连续输入若干数据，输入-1时结束输入。然后输出数据的最大值、最小值、平均值，按升序输出所有数据。

程序如下：

```
li = [ ]                          # 定义容纳数据的空列表
x = 0
while  x != -1:
    x = float(input('请输入一个数据(-1结束):'))  # 转浮点型
    if  x != -1:
        li.append(x)    # 添加到列表中
    else:
        break           # 如为-1，则跳出循环
if  len(li)==0:         # 判断列表长度
    print('列表为空，没有输入有效数据')
else:
    print('数据个数:', len(li))
    print('最大值:', max(li))
    print('最小值:', min(li))
    print('平均值:', sum(li) / len(li))   # 平均值
    print('升序输出: ', sorted(li))
```

【例13】猜数游戏。计算机随机产生1和20之间的一个整数，让用户猜测。计算机根据用户输入的数提示猜测值是偏大还是偏小，最多允许猜5次。

程序如下：

```
import  random
num = random.randint(1, 20)       # 产生1和20之间的随机整数
k = 1                             # 已猜测次数
while  k<=5 :
    x = int(input('请输入一个[1-20]间的猜测数:'))
    if  num > x:
        print('偏小')
    elif  num < x:
        print('偏大')
    else:
        break                # 如猜中则跳出循环
    k = k+1                  # 次数加1
if  k <= 5:
    print('你猜对了。猜测次数:', k)
else:
    print('你没有猜对。随机数为:', num)
```

【例14】利用字典模拟选票计票统计。

本例没有实际的选票数据，可以使用随机数函数产生模拟的选票。name是候选人名单，random.choice(name)随机选择一个候选人产生一张选票，共3000张。然后遍历所有的选票，将每位候选人的得票情况记录在字典对象中，最后对字典的键值对排序。

程序如下：

```
import  random
name = ['甲', '乙', '丙', '丁', '甲']     # 候选人名单，甲写了两次，随机选中概率高
vote = [ ]                               # 选票列表
num = 3000                               # 选票总数
for  x  in  range(num):
    vote.append(random.choice(name))     # 将随机选票加入列表
di={ }          # 空字典存放统计结果，统计后格式类似{'甲':8, '乙':3}
for  s  in  vote:
        di[s] = di.get(s, 0) + 1         # 候选人姓名为键，该候选人票数加1
                # get(s,0)表示若候选人尚不在字典中，则默认初始票数为0
print('总票数: ' , num)
print('未排序的结果如下:')
for  x  in  di:
    print(x, di[x])

# di.items()取出键值对，得到类似于(("甲":8), ("乙":3))的元组数据
# key=lambda指定排序的匿名函数，x代表类似于("甲":8)的数据，x[1]对应票数
li = sorted(di.items(), key=lambda x: x[1], reverse=True)    # 按x[1]票数逆序排
print('\n按票数排序后:')
for  x  in  li:
    print(x[0], x[1])                    # x[0]姓名，x[1]票数
```

程序执行后的显示结果如下。因为选票是随机产生的，所以每次的测试结果不同。

```
总票数： 3000
未排序的结果如下：
乙 623
丁 584
甲 1214
丙 579

按票数排序后：
甲 1214
乙 623
丁 584
丙 579
```

另一种统计投票的方式是调用collections模块中的Counter函数，这个函数相当于将上面的字典统计的代码都封装了，用户直接调用就可得到字典统计结果。示例如下：

```
from collections import Counter          # 引入Counter函数
counts = Counter(vote)       # 用Counter统计vote中的数据频数，返回类似的字典数据
print('Counter函数统计结果：')
for x in counts:
    print(x, counts[x])
print('Counter函数统计得票前2位是：')
for k , v in counts.most_common(2):     # 按键值对返回排名前2位的数据
    print(k, v)
```

从Counter函数的例子可以发现，调用系统已有的函数会极大地减少编码量，所以编程时首先要看系统有无合适的函数，没有需要的函数时才自定义函数。

【例15】读取文件score.txt中的数据（格式如下），为每个学生生成一个Word格式的成绩通知单，不及格的成绩用红色标注，通知单都保存在文档stureport.docx中。

```
学号     姓名     手机          高数     Python
1001     张明     18912344455   90       92
1002     王峰     19245658915   55       86
```

程序如下：

```
from docx import Document
from docx.shared import Pt, RGBColor
from docx.oxml.ns import qn
stu=[ ]
with open('data/score.txt') as f:
    field = f.readline().split()   # 第一行是列名，分解后存入field
    for line in f:
        stu.append(line.split())   # 学生列表
doc = Document()                   # 新Word文档
doc.styles['Normal'].font.name = '宋体'       # 全局默认字体
doc.styles['Normal']._element.rPr.rFonts.set(qn('w:eastAsia'), '宋体')
for lst in stu:
    doc.add_heading('成绩通知单',level=1)      # 添加标题1
    s=''
    for i in range(3):
        s = s +field[i]+':'+lst[i]+'  '       # 前三个字段：学号 姓名 手机
```

```
        doc.add_paragraph(s)
        p = doc.add_paragraph()                        # 成绩段
        for  i  in range(3,5):
            run = p.add_run(field[i]+':'+lst[i]+'  ')   # 后两个字段是两门成绩
            if  float(lst[i])<60:
                run.font.color.rgb = RGBColor(255,0,0) # 若不及格，则为红色
        doc.add_paragraph()                            # 空行
    doc.save('tmp/stureport.docx')                     # 保存
```

6.5 本章小结

本章介绍了Python中的文件操作。首先引入了文件的基本概念，接着介绍了文件的基本操作，包括打开文件、关闭文件，文件对象的属性和常用方法，文本文件的读/写方法，二进制文件的读/写方法，以及文件定位的相关操作，着重介绍了读/写docx文件和xlsx文件的第三方库的使用方法；最后介绍了文件与文件夹操作的相关模块。

习题

1. 以只写方式打开文本文件file.txt，将一个整数写入该文件，然后关闭文件。用只读方式打开同样的文件，读入一个整数，然后关闭该文件。最后输出读入的整数。
2. 以只写方式打开文本文件file.txt，将一个整数列表写入该文件，然后关闭文件。用只读方式打开同样的文件，将文件中的所有整数读入一个列表，然后关闭该文件。最后输出读入的整数列表。
3. 编写函数fun()，将整数10～30及它们的平方根写到名为myfile.txt的文本文件中，然后按顺序读出并显示在屏幕上。在主程序中调用函数fun。
4. 编写函数fun(str,a,d)，将形参给定的三个参数“字符串”“整数”和“实数”按行写入文本文件myfile.txt，再用字符方式从该文本文件中逐个读出并显示在终端屏幕上。
5. 当前目录下有一个文本文件test.txt，查找该文件中最长的一行并输出该行的内容。
6. 当前目录下有一个Word文档“毕业.docx”，它是一篇毕业论文，读取该文件的内容并输出所有的一级标题。
7. 当前目录下有一个Excel工作簿“成绩.xlsx”，它是一个班学生三门课程的成绩。在该工作簿中输入公式，为每名学生计算总分并保存。
8. 编写一个函数，使用递归调用的方法遍历一个给定路径下的所有文件，并输出各文件的大小。

第 7 章　NumPy 科学计算库

前面介绍了基本的 Python 编程技能，从本章开始介绍 Python 在数据处理、数据分析等方面的应用。Python 生态圈有很多软件包，如 NumPy、Pandas、Matplotlib、Scipy 等，这些软件包相互配合，使 Python 成为目前数据科学领域的首选开发语言。

NumPy（Numerical Python）是一个开源的 Python 科学计算库，是 Python 生态圈中最重要的底层支持库，它支持快速的数组和矩阵运算。NumPy 1.0 发布于 2006 年，目前最新版是 1.26，其官网地址为 http://www.numpy.org/。

NumPy 提供的数组乍看之下类似于 Python 的列表，但列表保存的是对象指针，内存消耗大，编程时需要用循环语句处理列表元素，计算速度慢。NumPy 使用内存映射文件来处理数组，以达到最优的数据读写性能。NumPy 的大部分代码是用 C 语言编写的，因此 NumPy 要比纯 Python 代码的速度快得多。NumPy 是在 Python 中进行数据分析、机器学习、人工智能开发的必备工具，是理解和学习很多 Python 工具包的基础。

标准 Python 安装包中不含 NumPy，可以执行 pip　install　numpy 命令来安装 NumPy。如果系统安装的是 Anaconda 科学计算平台，默认已包含 NumPy。

下面先用两个例子对比展示列表和数组编程方式及执行效率上的差异。

【例 1】将数列 a 和 b 对应位置的数相加。

程序如下：

```
a = [1, 2, 3]
b = [3, 4, 5]
print(a + b)        # 输出[1, 2, 3, 3, 4, 5]，列表相加是连接列表，不是对应元素相加
lst = [ ]
for  x,y  in  zip(a,b):  # 列表需用循环方式完成相加
    lst.append(x + y)
print(lst)              # 输出[4, 6, 8]

import numpy as np      # 引入 numpy
ar1 = np.array(a)       # 将列表转为数组 ar1
ar2 = np.array(b)       # 转为数组 ar2
print(ar1 + ar2)        # 输出[4 6 8]，两个 np 数组可以直接对位相加
```

【例 2】将含有 100 万个数的列表和 np 数组中的数都变为原来的 2 倍，对比耗时。

程序如下：

```
lst = list(range(1000000))     # 列表
ar = np.arange(1000000)        # 数组
# %timeit 是用于测试程序耗时的 IPython 扩展命令，测试多次，取平均耗时
%timeit   lst2 = [x*2  for  x  in  lst]  # 测试列表耗时，输出如下
89.4 ms ± 2.34 ms per loop (mean ± std. dev. of 7 runs, 10 loops each)

%timeit   ar2 = ar * 2                   # 测试数组耗时，输出如下
1.07 ms ± 16.5 µs per loop (mean ± std. dev. of 7 runs, 1000 loops each)
```

从以上对比可见，数组运算速度比列表快很多且编程方便。

7.1 NumPy 基础

7.1.1 数组对象特性

一般来说，引入 NumPy 的标准格式为 import numpy as np，本章后续都用 np 指代 NumPy。

```
In: import  numpy  as  np    # 引入 NumPy
    np.__version__           # 版本号，此处前后都是两条下画线
Out: '1.26.1'
In : arr = np.arange(5)     # 生成含 5 个元素的数组
     arr        # 上条语句创建对象但未输出内容，需再输入变量名并回车才能输出数据
Out: array([0, 1, 2, 3, 4])
In : type(arr)
Out: numpy.ndarray           # 数组的数据类型
```

在 IPython 或 Jupyter Notebook 中操作时，创建的新对象并未输出内容，因此在下一行输入该对象名并回车以输出数据。后续代码为节省版面，不再单独列出输入对象名这一行。

NumPy 数组的数据类型是 numpy.ndarray，这类数组对象具有很多特性。下面产生一个二维数组对象，并考察这个对象的各种特性。

```
In: b = np.arange(6).reshape(2, 3)    # 生成一个 2 行 3 列的二维数组
Out:
array([[0,1,2],
       [3,4,5]])
In: b.ndim                            # 数组维数
Out:2
In: b.size                            # 数组中的元素个数
Out:6
In: b.shape                           # 数组形状 (行数,列数)
Out: (2,3)
In: b.dtype                           # 数组元素的数据类型
Out:dtype('int32')
In: b.T                               # 转置，将数组的行、列交换
Out:
array([[0, 3],
       [1, 4],
       [2, 5]])
In: b?                                # 查看数组 b 的帮助信息
In: dir(b)                            # 显示数组 b 的属性和方法
In: np.array?                         # 查看 array 帮助信息
```

上面的例子调用 np.arange() 函数首先创建了一个含有 6 个元素的一维数组，然后使用 reshape() 函数将其转换为一个 2 行 3 列的二维数组。数组对象比较常用的特性如下：

- ndarray.ndim：数组的维数
- ndarray.size：数组元素的总个数
- ndarray.shape：数组的形状
- ndarray.dtype：数组中元素的数据类型
- ndarray.T：数组转置

借助这些特性，我们可以快速了解数组的基本情况。

7.1.2 生成数组

NumPy 提供多种生成数组的方法，可直接用元组、列表来生成数组，也可用内建的各种函数快速生成全 0、全 1 的特殊数组，还可生成各类随机数数组。

1. 使用 array()函数生成数组

可将元组、列表作为参数传递给 array()函数以生成 NumPy 数组，如下面的代码所示：

```
In: b = np.array((1, 2, 3, 4))        # 以元组为参数生成数组
Out: array([1, 2, 3, 4])
In:b = np.array([10, 20, 30, 40])     # 以列表为参数生成数组
Out: array([10, 20, 30, 40])
```

列出多个数据时，要注意将数据放入()或[]，即以元组或列表的形式列出多个数据。类似 np.array(1,2,3,4)的语句将出现语法错误。

NumPy 的数组对象可调用 tolist()函数转换为列表对象。例如，

```
In:lst = b.tolist()              # 数组转换为列表
Out: [10, 20, 30, 40]
```

二维列表可用 array()函数转换为二维数组。例如，

```
In:b = np.array([[1, 2] , [3, 4], [5, 6]])  # 生成一个 3x2 维数组
Out:
array([ [1, 2],
      [3, 4],
      [5, 6] ])
In: np.sum(b, axis=0)       # 按 0 轴(纵向)求和
Out: array([9, 12])
In: np.sum(b, axis=1)       # 按 1 轴(横向)求和
Out: array([3, 7, 11])
```

二维数组有行和列，在 NumPy 中也称第 0 轴、第 1 轴，在很多函数中以参数 axis=0 或 axis=1 的形式指明。

2. 使用 arange()函数生成数组

arange()是 NumPy 中的函数，它类似于 Python 中的 range()，调用格式为 arange(start, stop, step)，功能是生成指定范围内的等差数组。range()函数的步长参数 step 必须为整数，arange()函数的步长参数 step 可以为小数。例如，

```
In: b = np.arange(1, 5)            # 生成 1 至 4（不含终值 5）的数组，步长默认为 1
Out:array([1, 2, 3, 4])
In: np.arange(1, 9, 2)             # 步长为 2，产生含 1,3,5,7（不含终值 9）的等差数组
Out: array([ 1, 3, 5, 7])
In: np.arange(1, 4, 0.5)           # 步长为 0.5
Out: array([1. , 1.5, 2. , 2.5, 3. , 3.5])

In: np.arange(4000).reshape(4, 1000) # 生成 4x1000 维大数组，默认只显示周边元素
Out:
array([[   0,    1,    2, ...,  997,  998,  999],
       [1000, 1001, 1002, ..., 1997, 1998, 1999],
       [2000, 2001, 2002, ..., 2997, 2998, 2999],
       [3000, 3001, 3002, ..., 3997, 3998, 3999]])
```

如果数组比较大而不方便输出数组的全部元素，那么 NumPy 会自动跳过数组中间的部分而只显示数组四周的元素。

已有的数组还可使用 repeat()函数或 tile()函数进行重复，以构建更大的数组。例如，

```
In: b = np.arange(3)
Out: array([0, 1, 2])
In: b.repeat(4)                    # 元素重复 4 次
Out: array([0, 0, 0, 0, 1, 1, 1, 1, 2, 2, 2, 2])

In:b = np.arange(6).reshape(2, 3)
Out:
array([[0, 1, 2],
      [3, 4, 5]])
In: np.tile(b, 3)                  # 默认沿 axis=1 将数组横向平铺 3 次
Out:
array([[0, 1, 2, 0, 1, 2, 0, 1, 2],
       [3, 4, 5, 3, 4, 5, 3, 4, 5]])
```

利用上述两个函数可实现简单的图片变换。

```
import matplotlib.pyplot as plt        # 引入绘图库，该库见第 9 章
img = plt.imread('pic/cat.jpg')        # 读 JPG 图片，返回一个三维数组
# (高 380 像素,宽 500 像素, RGB 颜色值)
print(img.shape)    # 输出 (380, 500, 3)，三个轴的编号分别为 0,1,2
plt.imshow(img)     # 显示原始图片，图略
plt.imshow(np.repeat(img,2,axis=1))  # 将横轴 1 重复 2 次，图片横向拉伸
plt.imshow(np.repeat(img,3,axis=0))  # 将纵轴 0 重复 3 次，图片纵向拉伸
plt.imshow(np.tile(img,(2, 1, 1)))   # 将纵轴平铺 2 次，横轴和颜色轴不变（1 倍）
plt.imshow(np.tile(img,(2, 2, 1)))   # 将纵轴和横轴都平铺 2 次，颜色轴不变（1 倍）
```

做上述变换时，要注意颜色轴（axis=2）固定为 RGB（红绿蓝）三种颜色，该轴不能扩充，若扩充，则不符合 JPG 格式，无法显示出图片。

3．使用 ones()、zeros()等函数生成数组

利用 ones()、zeros()、ones_like()、zeros_like()等函数可以生成全 0 或全 1 的数组。例如，

```
In: np.ones(5)                  # 生成含有 5 个元素的一维全 1 数组
Out: array([1., 1., 1., 1., 1.])
In: np.ones((2, 3))             # 生成 2x3 维全 1 数组
Out:
array([[1., 1., 1.],
       [1., 1., 1.]])

In: np.zeros((2, 3))            # 生成 2x3 维全 0 数组
Out:
array([[0., 0., 0.],
       [0., 0., 0.]])

In: np.full(5, 1.2)             # 生成 5 个元素都为 1.2 的一维数组
Out: array([1.2, 1.2, 1.2, 1.2, 1.2])

In: b = np.arange(24).reshape(4, 6)  # 生成 4x6 维数组 b
In: c = np.ones_like(b)              # 生成维数和 b 相同的全 1 数组
```

```
In: c = np.zeros_like(b)                    # 生成维数和 b 相同的全 0 数组

In: np.eye(3)                               # 生成单位矩阵数组
Out:
array([[1., 0., 0.],
       [0., 1., 0.],
       [0., 0., 1.]])

In: np.diag([1, 3, 5])                      # 生成对角矩阵数组
Out:
array([[1, 0, 0],
       [0, 3, 0],
       [0, 0, 5]])
```

4．使用 linspace()函数生成等差数组

使用 linspace(start, stop, num)函数可以创建一个等差数组，调用时需要指定等差数组的初值、终值和数据个数，但不需要指定差值。例如，

```
In: np.linspace(1, 2, 5)                    # 在区间[1, 2]内等间距生成 5 个数据，含终值 2
Out: array([1.  , 1.25, 1.5 , 1.75, 2.  ])

# 在[0, π]内等间距生成 7 个数,计算正弦值并保留 2 位小数
In: np.sin(np.linspace(0, np.pi, 7)).round(2)
Out: array([0.  , 0.5 , 0.87, 1.  , 0.87, 0.5 , 0.  ])

In: np.linspace(1, 2, 5, endpoint=False)    # 不含终值
Out: array([1. , 1.2, 1.4, 1.6, 1.8])
```

linspace()生成数组时默认包含终值，若设置 endpoint=False，则不包含终值。

5．使用随机函数生成数组

NumPy 提供了众多的随机函数用于快速生成各类随机数数组。例如，

```
In: np.random.rand(3, 4)     # 3x4 维数组，rand()生成在区间[0, 1)内均匀分布的小数
Out:
array([[0.38457501,  0.51763253,  0.07178795,  0.20844094],
       [0.51057372,  0.07895232,  0.92448913,  0.70173132],
       [0.05224563,  0.95209293,  0.96886966,  0.54983132]])
```

上面的数据显示了多位小数，NumPy 可以自行设置小数的显示精度。例如，

```
In: np.set_printoptions(precision=3)        # 设置小数部分显示 3 位（默认 8 位）
In: np.set_printoptions?                    # 显示该命令的各种可设置选项

In: np.random.randint(1, 100, 5)            # 区间[1,100)内的 5 个随机整数
Out: array([70, 70, 89, 76, 66])
In: np.random.randn(10, 20)                 # 符合标准正态分布 N(0,1)的 10x20 维数组
# 参数 loc 均值，scale 标准差
In: np.random.normal(loc=1, scale=2, size=(3,4)) # 符合标准正态分布 N(1,4)的 3x4 维数组
```

7.1.3　NumPy 的数据类型

Python 支持的数据类型有整型、浮点型和复数型，这些类型难以满足科学计算的实际需求，因此 NumPy 增加了很多与科学计算有关的数据类型，常用的数据类型如表 7.1 所示。创建数组

时以参数形式 dtype='类型'指定特定的数据类型。

表 7.1 NumPy 的常用数据类型

类 型 名	描 述
bool	布尔类型（值为 True 或 False）
int	由所在平台决定其精度的整数（一般为 int32 或 int64）
int8	8 位整数，范围为-128～127
int16	16 位整数，范围为-32768～32767
int32	32 位整数，范围为-2^{31}～$2^{31}-1$
int64	64 位整数，范围为-2^{63}～$2^{63}-1$
uint8	无符号 8 位整数，范围为 0～255，图片数组应采用此类型
uint16	无符号 16 位整数，范围为 0～65535
float16	半精度浮点数（16 位）：1 位符号位，5 位指数，10 位尾数
float32	单精度浮点数（32 位）：1 位符号位，8 位指数，23 位尾数
float64	双精度浮点数（64 位）：1 位符号位，11 位指数，52 位尾数
complex64	复数，分别用两个 32 位浮点数表示实部和虚部

创建数组时，不同的创建函数具有不同的默认数据类型，可以在创建时用 dtype 参数指定类型。例如，

```
In: b = np.arange(5)    # arange 函数默认的数据类型是 int32
In: b.dtype
Out: dtype('int32')
In: b[0] = 8.5          # 因为是 int32 类型，所以在赋小数值时只保留整数 8
Out: array([8, 1, 2, 3, 4])      # 注意 b[0]是整数 8

In: c = np.arange(5, dtype='float32')    # 指定数据类型为 float32
In: c[0] = 8.5                           # 因为是 float32 类型，所以可正确保存小数
In: c
Out: array([8.5, 1. , 2. , 3. , 4. ], dtype=float32)

In: d = np.ones(5)                       # ones 函数默认类型为 float64
In: d.dtype
Out: dtype('float64')
In: np.full(5, 1, dtype='bool')          # 创建布尔数组，1 为真，全为 True
Out: array([ True,  True,  True,  True,  True])
In: np.full(5, 0, dtype='bool')          # 0 为假，全为 False
Out: array([False, False, False, False, False])
```

注意，ndarray 要求每个数组元素的数据类型是一样的，而 Python 列表允许包含不同数据类型的元素。数据类型之间可用 astype()函数进行转换。转换时原数组不变，生成一个新数组。例如，

```
# 将数组 c 的数据由 float32 转换为 int32 类型，存为数组 b，c 保持不变
In: b = c.astype('int32')
# 要直接修改原数组，可将转换结果赋给原数组
In: c = c.astype('int32')
In: d = np.array([1, 2, 0, 0, 3])
In: d.astype('bool')        # 转换为 bool 数组。非 0 为 True，0 为 False
Out: array([True, True, False, False, True])
```

7.2 存取数组元素

7.2.1 基本索引和切片操作

NumPy 支持一维和多维数组。存取一维数组的方法类似于访问 Python 列表，可单个索引或切片访问。例如，

```
In:b = np.arange(5, 10)
Out:array([5, 6, 7, 8, 9])
In: b[1]                # 单个索引访问元素
Out:6
In: b[-1]               # 访问末尾元素
Out:9
In: b[4] = 20           # 将第 4 个元素修改为 20
In: b
Out:array([5, 6, 7, 8, 20])

In: b[[0, 1, 3]]        # 访问第 0,1,3 个元素，注意多个索引要放在[]内
Out: array([5, 6, 8])

In:c = b[0:3]           # 切片访问，访问第 0,1,2（不含第 3）个元素
Out:array([5,6,7])
```

NumPy 的切片语法和列表的切片语法相同，但要注意 NumPy 的数组切片和 Python 的列表切片在内存管理机制上是不同的。如果列表中的元素是普通数据而非列表，那么一般的列表切片是复制元素，切片和原列表在内存中是独立的，两者互不影响。NumPy 的数组切片产生的是一个视图（view），视图和原数组指向同一个内存空间，两者相互影响。NumPy 这样处理的目的是提升数组的操作性能。可以设想，对于一个庞大的数组，如果 NumPy 在切片时采用复制的方式，那么将极大地耗费内存空间。

```
# 下例演示 NumPy 数组切片和原数组共享内存
In: c = b[0:3]
In: c[0] = 100                          # 将 c[0]修改为 100
In: c
Out:array([100,6,7])
In: b                                   # 再查看原数组 b
Out: array([100, 6, 7, 8, 20])          # 可见 b[0]也被修改为 100
```

上面的代码中，数组 c 是数组 b 的切片，两者共享内存。将 c 的第 0 个元素修改为 100 时，原数组 b 也被修改。如果希望避免这种修改，可用 c=b[0:3].copy()这样的复制语句，复制得到的数组 c 是和原数组 b 分离的新数组。NumPy 的很多操作一定要注意区分是视图还是复制。

7.2.2 二维数组的索引操作

二维数组分成行和列两个维数，其索引要比一维数组更灵活，可以使用[行,列]、[行]、[:,列]等索引形式。

```
In: b = np.arange(12).reshape(3, 4)  # 生成一个 3x4 维数组
Out:
array([[0, 1,  2,  3],
       [4, 5,  6,  7],
       [8, 9, 10, 11]])
```

```
In: b[1, 2]                    # 访问数组第 1 行的第 2 个元素，即 6
Out: 6
In: b[1][2]                    # 同上，坐标也可写为[1][2]
Out: 6
In: b[1, 1:3]                  # 第 1 行的第 1～2 个元素
array([5, 6])

In: b[1]                       # 只给出行坐标，省略列坐标，访问第 1 行的所有元素
Out: array([4, 5, 6, 7])
In: b[:, 1]                    # 行坐标为:代表所有的行，访问第 1 列的所有元素
Out: array([1, 5, 9])
In: b[1:3, 1:4]                # 取第 1～2 行:第 1～3 列的数据块
Out:
array([[5,  6,  7],
       [9, 10, 11]])
```

假设要选取数组 b 中的 3、6、9 数据项，这三个数据的索引坐标为[0,3]、[1,2]、[2,1]，那么访问这三个数的语句可写为 b[[0,1,2],[3,2,1]]，即把行、列坐标分别放在列表中排列，这种格式也称花式索引。花式索引得到的是复制数组，而不是数组视图。

```
In: b[[0, 1, 2], [3, 2, 1]]      # 花式索引
Out: array([3, 6, 9])
In: b[[2, 0]]                    # 取第 2 行、第 0 行两行的数据，注意 2,0 在[]内
Out:
array([[8, 9, 10, 11],
       [0, 1,  2, 3]])
In: b[:, [1, 3]]                 # 取第 1 列、第 3 列元素
Out:
array([[1,  3],
       [5,  7],
       [9, 11]])
```

7.2.3 布尔索引

布尔索引用一个布尔数组来索引数组元素，选取 True 值对应位置的数据。

```
# 设置随机数种子 7，保证每次测试时按序生成相同的随机数，测试结果可重现
In: np.random.seed(7)
In: b = np.random.randint(40, 100, size=10)    # 生成区间[40,100)内的 10 个随机整数
Out: array([87, 44, 65, 94, 43, 59, 63, 79, 68, 97])
In: c = b < 60                                 # 生成一个布尔数组
In: c
Out:
array([False, True, False, False, True, True, False, False, False, False])
In: b[c]                                       # 利用布尔索引取数据，得到<60 的数据
Out: array([44, 43, 59])
```

上例中的 c=b<60 将生成一个布尔数组 c，其中第 1、4、5 个值为 True，执行 b[c]时将选取布尔数组中 True 值对应位置的元素。采用布尔索引访问数组元素时，要保证布尔数组和数据数组的维数相同。

利用布尔索引选取数据时，还可结合 &（与）、|（或）、~（非）等逻辑运算进行更复杂的数据选取。

```
# &(与)，显示区间[60, 80]内的数据。注意此处要用&而不能用 and
In: b[(b >= 60) & (b <= 80)]
Out: array([65, 63, 79, 68])
In: b[(b < 60) | (b > 90)]             # |或
Out: array([44, 94, 43, 59, 97])
In: b[~(b < 60)]                       # ~非，显示>=60 的数据
Out: array([87, 65, 94, 63, 79, 68, 97])
In: b[b < 60] = 60                     # 将<60 的数据都改为 60
```

NumPy 还提供一个按条件选取数据的 where(condition, x, y)函数，其中的参数 condition 是一个布尔数组，函数将按其逻辑值分别选择数组 x，y 中的值，示例如下：

```
In: x = np.array([0, 1, 2, 3, 4])
In: y = np.array([10, 11, 12, 13, 14])
In: c = np.array([True, True, False, False, True])
In: np.where(c, x, y)        # 从 x 中取第 0,1,4 个值，从 y 中取第 2,3 个值
Out: array([0, 1, 12, 13, 4])
```

where()函数后面的两个参数可以不是数组而是单个值。

```
In: np.where(x>2, 1, 0)      # 数组 x 中的数>2 时取 1，否则取 0
Out:array([0, 0, 0, 1, 1])
```

7.3 数组运算和排序

7.3.1 数组和单个数据的运算

数组和单个数据的运算规则很简单，即对单个数据和数组的每个元素进行运算。Python 的列表一般需要编写循环代码才能对整个列表元素进行计算，而数组不需要循环语句就可实现同样的操作。

```
In: b = np.arange(5)
Out:array([0, 1, 2, 3, 4])
In: b + 2                  # 将每个数组元素和单个数据相加
Out: array([2, 3, 4, 5, 6])
In: b * 3                  # 将每个数组元素和单个数据相乘
Out: array([0, 3, 6, 9, 12])
```

7.3.2 数组广播运算

1．数组形状相同时的运算

当两个数组的形状相同时，各位置上的元素对位计算。

```
In: a1 = np.arange(5)
Out: array([0, 1, 2, 3, 4])
In: a2 = np.arange(5, 10)          # a1, a2 数组形状相同
Out: array([5, 6, 7, 8, 9])
In: a1 + a2                        # 数组+数组，各个元素对位相加
Out: array([5,  7,  9, 11, 13])
In: a1 * a2                        # 数组*数组
Out: array([0,  6, 14, 24, 36])
```

2．数组形状不同时的广播运算

当两个数组的形状不同时，NumPy 将按照广播规则进行运算。

```
In: a1 = np.arange(4)                        # a1 是一维数组
Out: array([0, 1, 2, 3])
In: a2 = np.arange(12).reshape(3, 4)         # a2 是 3x4 维数组
Out:
array([[0,  1,  2,  3],
       [4,  5,  6,  7],
       [8,  9, 10,  11]])
In: a1.shape,  a2.shape
Out: ((4,), (3, 4))                          # a1, a2 数组的形状不同
In: a1 + a2                                  # a1+a2 使用广播规则运算
Out:
array([[0,  2,  4,  6],
       [4,  6,  8, 10],
       [8, 10, 12, 14]])
```

上例中的 a1 是一维数组，a2 是 3x4 维二维数组，两者的维数不同。a1 的维数较小，NumPy 在 a1 的维数前面加 1 补齐，可近似认为 a1 的维数变为(1,4)。现在 a1 的第 0 维是 1，a2 的第 0 维是 3，NumPy 将把 a1 的第 0 维扩充为 3，相当于将 a1 的维数变为(3,4)，可认为 a1 在内存中被调整为如下形状：

```
array([[0,  1,  2, 3],
       [0,  1,  2, 3],
       [0,  1,  2, 3]]
```

这样，a1 和 a2 的形状一致，就可以完成 a1+a2 的运算。

广播规则具体如下：

（1）参加运算的数组都向维数最大的数组看齐，维数较小的数组前面加 1 补齐。

（2）结果数组的形状取各运算数组的各个轴上的最大值。

（3）若运算数组的某个轴的长度为 1，则该轴可扩充为结果数组的对应轴的长度。若轴的长度不为 1，则不能扩充。

（4）检查扩充后所有运算数组对应的轴的长度。若长度都相同，则符合广播规则可以计算，否则违反规则无法计算。

下面再来考察一个(3,1)和(1,2)数组的广播运算示例。

```
In: b1 = np.arange(3).reshape(3, 1)
Out:
array([[0],
       [1],
       [2]])
In: b2 = np.arange(10, 12).reshape(1, 2)
Out: array([[10, 11]])

In: b1 + b2
Out:
array([[10, 11],
       [11, 12],
       [12, 13]])
```

b1 的形状为(3,1)，b2 的形状为(1,2)，两者都是二维数组，运算时无须再增加各自的维数。按照上面的第 2 条规则，每个轴取最大值，因此结果数组的形状应为(3,2)。按第 3 条规则，可近似认为 b1 沿水平方向扩充为

```
array([[0, 0 ],
       [1, 1 ],
       [2, 2 ])
```

b2 沿竖直方向扩充为

```
array([[10, 11 ],
       [10, 11 ],
       [10, 11 ])
```

经过广播规则处理后，b1 和 b2 两个数组的形状相同，可以执行数组与数组的运算。

不满足广播规则的数组将无法计算。例如，2×3 维和 3×2 维的两个数组将无法计算，2×3 维和 4×3 维的两个数组也无法广播计算。

7.3.3　数组排序

NumPy 数组自带 sort()排序方法，它可把数据从小到大排列。

```
In: np.random.seed(7)  # 设置随机数种子 7，保证每次测试时按序生成相同的随机序列
In: b = np.random.randint(1, 20, size=10)  # 生成区间[1,20)内的 10 个随机整数
Out: array([16,  5,  4,  8, 15,  9, 15, 11,  9,  8])
In: c = b.copy()                # 将数组 b 复制一份，用于后续的测试

In: b.sort()                    # 排序后直接改变了 b 的数据顺序
In: b
Out: array([ 4,  5,  8,  8,  9,  9, 11, 15, 15, 16])
```

如果排序时不想改变数组自身，那么可以使用 np.sort()函数。

```
In: b = c.copy()                # 从备份数组 c 中恢复原数组
In: np.sort(b)                  # np.sort 排序后返回一个新数组，数组 b 自身不变
Out: array([ 4,  5,  8,  8,  9,  9, 11, 15, 15, 16])
```

还有一个常用的排序函数 np.argsort()，它返回一个代表原数据顺序的有序索引数组。

```
In: b
Out: array([16,  5,  4,  8, 15,  9, 15, 11,  9,  8])
In: np.argsort(b)                 # 排序后返回代表原数据顺序的有序索引
Out: array([2, 1, 3, 9, 5, 8, 7, 4, 6, 0], dtype = int64)
```

argsort()的排序结果表明数组 b 中最小的数是第 2 个数，其次是第 1 个数，最大的数是第 0 个数。

```
In: arg = np.argsort(b)       # 得到排序的有序索引数组
In: c = b[arg]                # 利用返回的索引数组抽取得到有序数组
In: c
Out: array([4,  5,  8,  8,  9,  9, 11, 15, 15, 16])
In: b[arg[0]]                 # 抽取最小的数
Out: 4
In: b[arg[-1]]                # 抽取最大的数
Out: 16
```

NumPy 不提供类似列表逆序排序时所用的 reverse=True 参数。要将数组逆序排列，可使用一个如下所示的小技巧：

```
In: b[np.argsort(-b)]         # 注意此处是-b
Out: array([16, 15, 15, 11,  9,  9,  8,  8,  5,  4])
```

其中-b 对数组 b 取反，这样 np.argsort(-b)将返回一个代表原数组值从大到小排列的索引，再

以此索引对原数组抽取，得到逆序排列。

在对二维数组排序时务必要注意指定排序的轴。二维数组有两个轴，分别用参数 axis=0 和 axis=1 指定。

```
In: np.random.seed(7)
In: b = np.random.randint(1, 50, size=15).reshape(3, 5)
Out:
array([[48,  5, 26,  4, 20],
       [24, 40, 29, 15, 24],
       [ 9, 26, 47, 43, 27]])

In: np.sort(b)              # 默认按最后一个轴（axis=1）排列，在水平方向上排序
Out:
array([[ 4,  5, 20, 26, 48],
       [15, 24, 24, 29, 40],
       [ 9, 26, 27, 43, 47]])

In: np.sort(b, axis=0)      # 按 axis=0 排列，在竖直方向上排序
Out:
array([[ 9,  5, 26,  4, 20],
       [24, 26, 29, 15, 24],
       [48, 40, 47, 43, 27]])
```

7.4 NumPy 的函数

NumPy 提供了很多计算函数，这些函数也称 ufunc 通用函数。通用函数可一次性地对整个数组进行计算，无须编写循环语句处理。

7.4.1 常用函数

NumPy 的常用函数有 max()、min()、ptp()、sum()、var()、std()等（见表 7.2），它们可方便快速地对数组进行统计计算。

表 7.2 NumPy 的常用函数

函 数 名	功 能
max, min	数组的最大值、最小值
ptp	数组的极差，即最大值 - 最小值
sum, mean	和、平均值
var, std, median	方差、标准差、中位数
exp, exp2	数组以 e 或 2 为底的指数运算结果
log, log2, log10	自然对数、以 2 为底的对数、常用对数
sqrt	平方根
sin, cos, tan	三角函数
arcsin, arccos, arctan	反三角函数
floor	向下取整，例如 5.8 向下取整为 5
ceil	向上取整，例如 4.2 向上取整为 5
trunc	返回整数，截掉小数部分
prod	将数组元素累乘
cumprod	累乘并返回中间结果

（续表）

函 数 名	功 能
unique	返回不重复的数组元素
nansum、nanmean	剔除 nan 值后求和、求平均值
isnan	检查每个数据值是否为 nan，返回布尔数组
np.maximum(arr1, arr2)	元素级最大值，数据两两比较返回较大值
np.minimum(arr1, arr2)	元素级最小值，数据两两比较返回较小值
np.quantile(arr,p)	返回分位点 p 对应的分位数

```
In: np.random.seed(7)
In: b = np.random.randint(1, 20, size=8)
Out: array([16,  5,  4,  8, 15,  9, 15, 11])
In: np.max(b), np.min(b)                  # 最大值、最小值
Out: (16, 4)
In: np.ptp(b)                             # ptp 返回数据极差，即最大值-最小值
Out: 12
In: np.quantile(b, [0.25, 0.5, 0.75])     # 返回分位点 25%, 50%, 75%对应的分位数
Out: array([ 7.25,  10.  ,  15. ])
In: np.sum(b), np.mean(b)                 # 求和、平均值
Out: (83, 10.375)
```

上述函数调用时可写为“np.函数名(数组)”的形式。对于很多常用的函数，NumPy 也将其包装为数组对象自身的方法，所以也可写为“数组.函数名()”的形式，示例如下。

```
In: b.max(),  b.min(),  b.ptp(),  b.sum(),  b.mean()
Out: (16, 4,  12,  83,  10.375)
In: b.argmax(), b.argmin()             # 返回最大值、最小值所对应的索引
Out: (0, 2)
In: b.var(), b.std(), np.median(b)     # 方差，标准差，中位数
Out: (18.984375,  4.357106264483344 , 10.0)
In: np.var(b, ddof=1)                  # 无偏方差
Out: 21.696428571428573
```

NumPy 默认计算的是有偏方差。要计算无偏方差，需增加参数 ddof = 1。

```
In: np.set_printoptions(precision=3)       # 设置小数显示 3 位
In: np.sin(b)                              # 三角函数
Out: array([-0.288, -0.959, -0.757,  0.989,  0.65 ,  0.412,  0.65 , -1.   ])

In: np.sqrt(b)                             # 开平方
Out: array([4.   , 2.236, 2.   , 2.828, 3.873, 3.   , 3.873, 3.317])
```

对于二维数组，函数调用时还可指定计算的轴 axis，示例如下。

```
In: b = np.arange(10).reshape(2, 5)
Out:
array([[0, 1, 2, 3, 4],
       [5, 6, 7, 8, 9]])
In: np.sum(b)                  # 未指定轴，计算所有数据的和
Out: 45
In: np.sum(b, axis=0)          # 指定轴 axis=0，沿竖直方向求和
Out: array([ 5,  7,  9, 11, 13])
In: np.sum(b, axis=1)          # 指定轴 axis=1，沿水平方向求和
Out: array([10, 35])
```

有时我们得到的数据可能有缺失值。NumPy 用 nan(Not a Number)表示缺失值或空值。如果数组中含有 nan 值，那么一般函数的运算结果就是 nan，如下所示。

```
In: b = np.array([1, 2, np.nan, np.nan, 3])    # 构造含有 nan 值的数组
In: np.sum(b)                                  # 数组含有 nan 值时运算结果为 nan
Out: nan
```

要在运算中剔除 nan 值的影响，可采用类似于 nansum()、nanmean()的函数。

```
In: np.nansum(b),  np.nanmean(b)               # 排除 nan 值求和、求平均值
Out: (6.0, 2.0)

In: type(None),  type(np.nan)                  # 比较 None 和 np.nan 的数据类型
Out: (NoneType, float)
```

np.nan 和 Python 自带的 None 是不同的，测试数据类型可知，None 是 NoneType 型的，而 np.nan 是 float 型的，它代表空数据。数据分析中对空数据的处理非常重要，NumPy 对 nan 的支持较少，下一章将要介绍的 Pandas 库对 nan 数据提供了更全面的支持。

NumPy 提供了 isnan()函数，用于检查数组中各元素的值是否为 nan。

```
In: np.isnan(b)    # 空值返回 True
Out: array([False, False, True, True, False])
```

结果显示数组 b 的第 2、3 个元素为 nan 值。

```
In: np.isnan(b).sum()   # 计算 nan 值的个数。True 被视为 1
Out: 2
```

下面介绍 NumPy 的累乘函数 prod()、cumprod()和累加函数 cumsum()。

```
In: c = np.arange(1, 6)
Out: array([1, 2, 3, 4, 5])
In: np.prod(c)                 # 将数组 c 中的元素累乘，即计算 1*2*3*4*5
Out: 120
In: np.cumprod(c)              # 累乘，同时给出累乘的中间结果
Out: array([  1,   2,   6,  24, 120], dtype = int32)
In: np.cumsum(c)               # 累加，同时给出累加的中间结果
Out: array([ 1,  3,  6, 10, 15], dtype = int32)
```

np.unique()用于返回不含重复值的数组。

```
In: b = np.array([1, 3, 3, 5, 5, 7, 8])   # 数组 b 中有重复元素
# np.unique 每个元素只取一个，返回不含重复元素的新数组
In: np.unique(b)
Out: array([1, 3, 5, 7, 8])
In: np.unique(b, return_counts=True)      # 同时返回计数个数
Out: array([1, 3, 5, 7, 8]), array([1, 2, 2, 1, 1], dtype=int64)
```

NumPy 的非 0 测试函数 np.all()和 np.any()。

```
In: np.all(np.array([1, 3, 5]))        # 测试数组中的元素是否都为非 0 值，即真值
Out: True                              # 元素都为非 0 值，返回 True
In: np.all(np.array([1, 3, 0]))
Out: False                             # 数组含有 0，返回 False
In: np.any(np.array([0, 0, 2]))        # 测试数组中是否包含非 0 值
Out: True                              # 含非 0 元素，返回 True
In: np.any(np.array([0, 0, 0]))
Out: False                             # 不含非 0 元素，返回 False
```

NumPy 还提供实现矩阵乘法运算的 dot()函数，如下所示。

```
In: a = np.arange(6).reshape(2, 3)
Out:
array([[0, 1, 2],
       [3, 4, 5]])
In: b = np.arange(6, 12).reshape(3, 2)
Out:
array([[ 6,  7],
       [ 8,  9],
       [10, 11]])
In: np.dot(a, b)          # 2x3 维和 3x2 维数组相乘，结果为 2x2 维数组
Out:array([[ 28,  31],
           [100, 112]])
In: a@b                   # 矩阵乘法亦可用@运算符，效果同上
```

7.4.2 随机函数

NumPy 提供很多随机函数，这些函数主要用于数据测试和统计研究，如表 7.3 所示。随机函数都位于 NumPy 的 random 模块中，调用语法为“np.random.随机函数(参数)”。Python 中的随机数都是按照一定的算法生成的伪随机数。如果每次都先设置相同的随机数种子值，那么就能保证随机数按顺序生成的不变性。

表 7.3 NumPy 的常用随机函数

函 数 名	函 数 描 述
seed	设置随机数种子
rand(d0, d1, …, dn)	返回区间[0,1)内符合均匀分布的随机小数数组
randn(d0, d1, …, dn)	返回符合标准正态分布 N(0, 1)的随机小数数组
randint(low, high, size)	返回区间[low, high)内的随机整数数组
random(size = (m, n))	返回区间[0,1)内的 m x n 维随机小数数组
choice(a, n)	从数组 a 中随机选择 n 个数
permutation(n)	产生 0 至 n-1 的乱序整数序列，可用于抽样
normal(loc, scale, size)	返回符合正态分布 N(loc, scale^2)的随机小数
uniform(low, high, size)	产生指定区间均匀分布的随机小数

下面的例子演示了设置相同的 seed 后随机数生成的不变性：

```
In: np.random.seed(7)
In: np.random.rand(2)          # 返回区间[0,1)内的 2 个随机小数
Out: array([0.07630829, 0.77991879])

In: np.random.rand(2, 3)     # 返回 2x3 随机小数数组
Out:
array([[0.43840923, 0.72346518, 0.97798951],
       [0.53849587, 0.50112046, 0.07205113]])
In: np.random.random((2, 3))              # 返回 2x3 随机小数数组
In: np.random.randn(20)                   # 返回 20 个标准正态分布 N(0,1)随机数
In: np.random.randint(1, 100, 5)          # 返回区间[1,100)内的 5 个随机整数

In: b = np.arange(1, 20, 2)
Out: array([ 1,  3,  5,  7,  9, 11, 13, 15, 17, 19])
# 从 b 中随机抽取 5 个数
```

```
In: np.random.choice(b, 5, replace=False)      # False 不允许重复，类似无放回抽样
Out: array([ 9,  5, 13,  3,  7])
In: np.random.choice(b, 5, replace=True)       # True 允许重复，类似有放回抽样
Out: array([17, 19, 13,  9, 19])

In: np.random.uniform(low=2, high=3, size=10) # 生成区间[2,3)内的 10 个随机小数
In: np.random.uniform(1, 4, size=(2,3))       # 生成 2x3 维数组，值在区间[1,4)内
Out:
array([[2.39963287, 1.81662985, 2.75073184],
       [3.17581547, 2.54634477, 3.461999  ]])
In: a = np.random.normal(loc=3, scale=4, size=(5,4)) # 正态分布 N(3,16)的随机小数
In: arg = np.random.permutation(5)           # 产生 0 至 4 的随机乱序整数序列
Out: array([3, 0, 2, 1, 4])
In: a[arg]                                   # 利用 arg 对 a 按行乱序抽样
```

7.4.3 集合函数

研究两个数组中的数据是否存在某种集合关系时，可以使用 NumPy 提供的集合函数。

```
In: x = np.arange(5)
Out: array([0, 1, 2, 3, 4])
In: y = np.arange(3, 8)
Out: array([3, 4, 5, 6, 7])

In: np.intersect1d(x, y)     # 交集
Out: array([3, 4])
In: np.union1d(x, y)         # 并集
Out: array([0, 1, 2, 3, 4, 5, 6, 7])
In: np.in1d(x, y)            # 得到一个表示 x 的元素是否包含于 y 的布尔型数组
Out: array([False, False, False,  True,  True])

In: np.setdiff1d(x, y)       # 集合的差（即元素在 x 中但不在 y 中）
Out: array([0, 1, 2])

In: np.setxor1d(x, y)        # 集合对称差（存在于一个数组中但不同时存在于两个数组中）
Out: array([0, 1, 2, 5, 6, 7])
```

7.4.4 多项式

NumPy 可以构造多项式，这些多项式可代入数值进行计算，还可求微分、积分、解方程。例如，一元二次多项式 $y = x^2 - 3x - 4$ 可构造如下。

```
In: y = np.poly1d([1, -3, -4])  # 以列表形式给出多项式的系数，y 是构造得到的多项式
Out: poly1d([ 1, -3, -4])
In: y([0.5, 1, 1.5])            # 分别计算 x 取 0.5, 1, 1.5 时多项式的值
Out: array([-5.25, -6.  , -6.25])
In: np.roots(y)                 # 计算方程 y = x^2 - 3x - 4 的根
Out: array([ 4., -1.])          # 根为 4 和-1

In: p = np.poly1d([2, 4, 0, 3]) # 构造 p = 2x^3 + 4x^2 + 3
In: z = p+y                     # p, y 两个多项式相加
In: z
Out: poly1d([ 2,  5, -3, -1])   # 表示 z = 2x^3 + 5x^2 - 3x - 1
```

```
In: z.deriv()                        # 微分
Out:poly1d([6, 10, -3])
In: z.integ()                        # 积分
Out: poly1d([ 0.5       ,  1.66666667, -1.5       , -1.        ,  0.        ])
```

除了基本的多项式运算，NumPy 还提供 polyfit()函数进行多项式拟合（也称回归）。拟合时需要提供自变量和因变量两组值，并指定拟合多项式的最高次方，示例如下。

```
In: x = np.arange(1, 21)
In: y1 = 3 * x + 2 + np.random.rand(20)          # 构造测试数据 y1 并加入随机干扰值
In: coef = np.polyfit(x, y1, 1)                  # 按一次多项式拟合，拟合系数如下
Out:array([2.99028312, 2.5900484 ])
In: ypre = np.poly1d(coef)          # 利用拟合系数构造预测多项式 ypre，相当于建模
In: ypre(x)                         # 将 x 代入模型 ypre 计算，得到预测值

In: y2 = x**2 + 3 * x + 1 + np.random.rand(20) # 构造测试数据 y2
In: np.polyfit(x, y2, 2)            # 按二次多项式拟合，拟合系数如下
Out: array([1.00000149, 3.01755285, 1.32390592])
```

7.4.5 线性代数函数

NumPy 的线性代数函数位于 np.linalg 子包中，常用的线代函数如下。

```
from numpy.linalg import inv, eig, det, matrix_rank
In: A = np.array([[2,5,3],[1,2,3],[3,5,7]])
Out:array([[2, 5, 3],
           [1, 2, 3],
           [3, 5, 7]])
In: b = inv(A)                       # inv 表示求逆矩阵
Out:
array([[-0.2, -4. ,  1.8],
       [ 0.4,  1. , -0.6],
       [-0.2,  1. , -0.2]])
In: np.dot(A,b).round(2)             # 矩阵乘法且保留 2 位小数，写为 A@b 亦可
Out:array([[ 1., -0.,  0.],
           [ 0.,  1.,  0.],
           [ 0.,  0.,  1.]])
In:det(A)                            # det 表示计算行列式的值
Out:5.0
In: matrix_rank(A)                   # 矩阵的秩
Out:3
```

在线性代数中，有公式 $\boldsymbol{Ax} = \lambda\boldsymbol{x}$，其中 λ 是特征值，$\boldsymbol{x}$ 是特征向量，使用 np.linalg.eig 函数可快速完成相关计算。

```
In:eigvalue, eigvector = eig(A)  # 返回特征值 eigvalue，特征向量 eigvector
In:eigvalue.round(2)
Out:array([10.76+0.j  ,  0.12+0.67j,  0.12-0.67j])
In:eigvector.round(2)      # 每列即某个特征值对应的特征向量
Out:array([[ 0.47+0.j  ,  0.9 +0.j  ,  0.9 -0.j  ],
           [ 0.33+0.j  , -0.2 +0.24j, -0.2 -0.24j],
           [ 0.82+0.j  , -0.23-0.19j, -0.23+0.19j]])
In: np.allclose(A @ eigvector, eigvalue * eigvector)  # 检验上述计算结果
Out:True
```

由于 np 数组的数据一般都是小数，进行小数计算时有一定的误差，因此比较两个数组是否相等不使用“==”比较符，而使用 np.allclose 函数。当两个小数数组的数据差值在误差允许范围内时，该函数就返回 True。

7.5 数组组合和文件存取

7.5.1 改变数组维数

有时我们需要调整数组的维数，例如在机器学习中需要将单个样本对应的一维数组调整为二维数组。NumPy 提供多种方法来调整数组的维数，最常用的是 reshape()方法。

```
In: b = np.arange(6)          # b 是一维数组，共 6 个数据
In: c = b.reshape(1, 6)       # 调整为 1x6 维数组并赋给 c，b 保持不变
Out:
array([[ 0,  1,  2,  3,  4,  5]])

# 下例中的-1 表示该轴长度由 NumPy 自动计算。第 1 轴长度为 2，所以第 0 轴长度为 6/2=3
In: d = c.reshape(-1, 2)
In: d.shape
Out:(3,2)
```

注意 reshape()得到的数组是原数组的视图，两者共享内存。除了使用 reshape()方法，还可以使用如下两种方法直接设置数组的维数。修改后数组 b 变成了 2x3 维数组。

```
In: b.shape = (2, 3)    # b 的形状被改变
In: b.resize((2, 3))    # 效果同上
```

转置矩阵是线性代数中很重要的运算，NumPy 提供了用于矩阵转置的 transpose()函数。

```
In: b.transpose()      # 矩阵转置，此处也可写为 b.T
Out:
array([[0, 3],
       [1, 4],
       [2, 5]])
```

要增加一个维数，也可使用 np.newaxis 关键字。

```
In: ar = np.array([3, 4, 5])
In: ar.shape
Out: (3,)                         # 一维数组
In: ar = ar[np.newaxis,:]         # 增加一个维数
In: ar.shape
Out: (1, 3)                       # 变为二维数组
```

多维数组也可调用 ravel()或 flatten()函数，以便展平为一维数组。

```
In: d1 = b.ravel()                # 返回一维数组视图
Out: array([ 0,  1,  2,  3,  4,  5])
In: d2 = b.flatten()              # 返回一维新数组（分配新内存）
```

这两个函数的内存机制是不同的。ravel()返回原数组的视图，所以它和原数组共用内存；flatten()分配新的内存来保存新数组，因此它和原数组是独立的。

NumPy 的 append()、insert()、delete()等函数可以实现数组元素的插入、删除等操作，示例如下。

```
In: b = np.array([1, 3, 5, 7])
In: np.append(b, [9, 10])          # append 在数组末尾插入新数据 9,10
```

```
Out: array([ 1,  3,  5,  7,  9, 10])
In: np.insert(b, 2, 20)          # insert 在数组 b 的第 2 个位置插入新数据 20
Out: array([ 1,  3, 20,  5,  7])
In: np.delete(b, [0, 1])         # delete 按照索引删除数组 b 中的第 0,1 两个元素
Out: array([5, 7])
```

上述三个方法都不直接改变原数组，而是返回一个新数组。要改变原数组，可将返回结果赋值原数组，如 b = np.append(b, [9,10])。

7.5.2 数组组合

有时我们需要将数组组合起来。数组有水平组合、垂直组合和深度组合等多种方式，涉及的函数有 hstack()、vstack()、dstack()、column_stack()、row_stack()和 concatenate()等。

```
In: a = np.arange(6).reshape(2, 3)    # 生成测试用数组 a 和 b，shape 都是 2x3 大小
Out:
array([[0, 1, 2],
       [3, 4, 5]])
In: b = np.arange(10, 16).reshape(2, 3)
Out:
array([[10, 11, 12],
       [13, 14, 15]])
```

（1）水平组合：多个数组沿水平方向组合，使用 hstack()函数，如下所示。

```
In: np.hstack((a, b))                          # 水平组合。行数不变，列数增加
Out:
array([[ 0,  1,  2, 10, 11, 12],
       [ 3,  4,  5, 13, 14, 15]])
```

也可以用 concatenate()或 column_stack()函数实现同样的效果，如下所示。

```
In: np.concatenate((a, b), axis=1)    # axis=1 表示按第 1 轴，即水平横向
In: np.column_stack((a, b))           # 效果同上
In: np.c_[(a, b)]                     # 效果同上
```

（2）垂直组合：多个数组沿垂直方向组合，使用 vstack()函数，如下所示。

```
In: np.vstack((a, b))                 # 垂直组合。行数增加，列数不变
Out:
array([[ 0,  1,  2],
       [ 3,  4,  5],
       [10, 11, 12],
       [13, 14, 15]])
```

也可以用 concatenate()或 row_stack()函数实现垂直组合，如下所示。

```
In: np.concatenate((a, b), axis=0)    # 按第 0 轴连接，行数增加
In: np.row_stack((a, b))              # 效果同上
In: np.r_[(a, b)]                     # 效果同上
```

（3）深度组合：多个数组按深度方向组合，使用 dstack()函数，如下所示。两个二维数组深度组合将构成一个三维数组。

```
In: c = np.dstack((a, b))
Out:
array([[[ 0, 10],
        [ 1, 11],
        [ 2, 12]],
       [[ 3, 13],
```

```
              [ 4, 14],
              [ 5, 15]]])
# 深度组合后，c 是一个三维数组。在 a, b 原有的第 0, 1 轴后面增加了第 2 轴
In: c.shape
Out: (2, 3, 2)
```

从下面的例子可以看出，vstack()、hstack()、dstack()分别沿第 0、1、2 轴进行组合。

```
In: np.vstack((c, c)).shape    # vstack 沿第 0 轴组合
Out: (4, 3, 2)
In: np.hstack((c, c)).shape    # hstack 沿第 1 轴组合
Out: (2, 6, 2)
In: np.dstack((c, c)).shape    # dstack 沿第 2 轴组合
Out: (2, 3, 4)
```

下面用深度组合来构造一幅红色的 JPG 图片。JPG 图片可视为一个三维数组，它的第二个轴即深度轴用于规定 RGB 颜色，红色用(255,0,0)表示，绿色用(0,255,0)表示。

```
import matplotlib.pyplot as plt
r = np.full((100,100),255)        # 高、宽均为 100 个像素，值为 255 的二维数组
g = np.full((100,100),0)
b = g
img = np.dstack((r,g,b))          # 三个二维数组深度组合构成符合 JPG 格式的三维数组
plt.imshow(img)                   # 将显示一幅红色的图片，图略
plt.imshow(np.dstack((g,r,b)))    # 将显示一幅绿色的图片，图略
```

7.5.3 数组分割

NumPy 提供 hsplit()、vsplit()、dsplit()等函数实现对数组的水平、垂直或深度分割。可以将数组分割成相同大小的子数组，也可以直接指定分割的具体位置。注意，分割后得到的数组是视图，而不是复制的新数组。

（1）水平分割：数组沿水平方向分割，使用 hsplit()函数。

```
In: b = np.arange(24).reshape(4, 6)  # 生成 4x6 维数组
Out:
array([[ 0,  1,  2,  3,  4,  5],
       [ 6,  7,  8,  9, 10, 11],
       [12, 13, 14, 15, 16, 17],
       [18, 19, 20, 21, 22, 23]])
In: x1, x2 = np.hsplit(b, 2)          # 沿水平方向分为 2 个相同大小的 4x3 维数组
In: x1
Out:
array([[ 0,  1,  2],
       [ 6,  7,  8],
       [12, 13, 14],
       [18, 19, 20]])
In: x1, x2, x3 = np.hsplit(b, 3)      # 分为 3 个相同大小的 4x2 维数组
In: x1.shape, x2.shape, x3.shape
Out: ((4, 2), (4, 2), (4, 2))
# 下例指定分割位置，在原数组的第 1, 4 列拆分，得到 3 个数组
# x4 含原数组的第 0 列，x5 含第 1、2、3 列，x6 含第 4、5 列
In: x4, x5, x6 = np.hsplit(b, [1, 4])      # 在第 1, 4 列分隔
In: x4.shape, x5.shape, x6.shape
Out: ((4, 1), (4, 3), (4, 2))
```

（2）垂直分割：数组沿垂直方向分割，使用 vsplit()函数。

```
In: y1, y2 = np.vsplit(b, 2)     # 沿垂直方向分为 2 个相同大小的 2x6 维数组
In: y1
Out:
array([[ 0,  1,  2,  3,  4,  5],
       [ 6,  7,  8,  9, 10, 11]])
In: np.vsplit(b, 4)              # 沿垂直方向分为 4 个相同大小的 1x6 维子数组
Out:
[array([[0, 1, 2, 3, 4, 5]]),
 array([[ 6, 7, 8, 9, 10, 11]]),
 array([[12, 13, 14, 15, 16, 17]]),
 array([[18, 19, 20, 21, 22, 23]])]
```

（3）深度分割：沿多维（维数大于或等于 3）数组的最后一个轴分割，使用 dsplit()函数。注意 dsplit()不能用于一维和二维数组。

```
In: b = np.arange(24).reshape(2, 3, 4)    # 生成 2x3x4 维数组
In: v1, v2 = np.dsplit(b, 2)              # 沿深度分为 2 个相同大小的 2x3x2 维数组
In: v1.shape, v2.shape
Out: ((2, 3, 2), (2, 3, 2))
```

7.5.4　读写文件

处理数据时，通常要将大量数据保存到文件中。NumPy 提供读写文本文件和二进制文件的两类函数，读写文本文件使用 savetxt()和 loadtxt()函数。

```
In: b = np.arange(95, 101).reshape(2, 3)
Out:array([[ 95,  96,  97],
           [ 98,  99, 100]])

import os
if not os.path.exists('tmp'):  # 若 tmp 目录不存在，则创建
    os.mkdir('tmp')

# delimiter 参数指定以逗号分隔，fmt="%i"指定整数格式
In: np.savetxt('tmp/data.txt', b, delimiter=',' , fmt="%i")
# 用!type 查看文件，Windows 中路径分隔符应为\，不是/
In: !type  tmp\data.txt
95,96,97
98,99,100
```

文本数据文件可使用 loadtxt()函数读取。

```
In: np.loadtxt('tmp/data.txt', delimiter=',', dtype='int')
Out:
array([[ 95,  96,  97],
       [ 98,  99, 100]])
```

除了文本文件，NumPy 还支持其特有的.npy 格式的二进制文件。这种文件读取速度更快，使用 save()和 load()函数存取。

```
In: np.save("tmp/data.npy", b)         # 数组 b 保存为 data.npy 文件
In: d = np.load('tmp/data.npy')         # 读取 npy 格式的二进制文件
In: d
```

```
Out:
array([[ 95.,  96.,  97.],
       [ 98.,  99., 100.]])
```

7.5.5 meshgrid 网格数组

假定有模型 $z=x^2+xy+y^2$，现在 x 可取值[1, 2, 3]，y 可取值[5, 6]，x 和 y 两两配对有 6 种组合，这些组合可用 np.meshgrid 命令生成网格数组，将数组代入公式计算即可得到 z 值。

```
x1 = np.array([1, 2, 3])
y1 = np.array([5, 6])
x, y = np.meshgrid(x1, y1)    # meshgrid 生成网格数组，返回的 x 和 y 是二维数组
z = x**2 + x*y + y**2
print(x, '\n')
print(y, '\n')
print(x.shape, y.shape, '\n')
print(z)
```

输出如下：

```
[[1 2 3]
 [1 2 3]]        # x 数组

[[5 5 5]
 [6 6 6]]        # y 数组

(2, 3) (2, 3)  # x 和 y 均为 2 行 3 列

[[31 39 49]
 [43 52 63]]   # z 数组
```

meshgrid 命令常见于三维绘图中，用于产生二维平面网格坐标。在机器学习中绘制分类区域时也常使用该命令生成坐标数组。

7.6 应用实例

【例 1】用 NumPy 随机函数辅助推算圆周率 π 。

思路：假定半径 $r=1$ 的圆内置于边长 $a=2$ 的正方形中。现用随机函数模拟产生均匀分布在区间(-1, 1)内的 n 个点，点可能落在圆内或圆外（正方形的边角处）。

（1）点落在圆内的概率 $p=$ 圆内的点数/总点数，点到圆心(0, 0)的距离小于或等于 r 即表示落在圆内。

（2）根据几何概率可知，点落在圆内的概率 $p=$ 圆面积/正方形面积 $=\pi r^2/a^2$，因此 $\pi=pa^2/r^2$。

程序如下：

```
import numpy as np
r = 1
a = 2
for  n  in  [1000, 100000, 10000000]:                # 测试 3 次不同的点数
    ar = np.random.uniform(-r,r,size=(n,2))
     # 落在圆内的点数 k，(ar**2).sum(axis=1)**0.5 计算每个点到圆心的距离
    k = ((ar**2).sum(axis=1)**0.5 <= r).sum()
    p = k / n                  # 随机实验中点落在圆内的概率
```

```
    pi = p * a * a / r**2
    print(f'{n}个点','\t',f'pi={pi}')
```

输出信息如下：

```
1000 个点        pi=3.204
100000 个点      pi=3.14488
10000000 个点    pi=3.1415032
```

【例 2】points20.txt 文件中存有 20 个点的 x 坐标和 y 坐标，假设前 10 个点是红色的，后 10 个点是蓝色的。请找出与点 $p(2, 3)$距离最近的 5 个点，判断 p 点所属的颜色，即这五点中哪种颜色最多，p 点就归属哪种颜色。

程序如下：

```
import numpy as np
points = np.loadtxt('data/points20.txt', delimiter=',') # 20 个点
colors = np.array(list('r' * 10 + 'b' * 10))       # 对应颜色
p = np.array([2, 3])
distance = ((points - p)**2).sum(axis=1)**0.5      # p 点与其他点的距离
arg = np.argsort(distance)      # 按距离从小到大的排序返回点的序号
k = 5
arcolor = colors[arg[:k]]       # 取出距离最近的 5 个点的颜色

from collections import Counter                  # 利用 Counter 统计频数
print(Counter(arcolor).most_common(1)[0][0])  # 输出'b', p 点应为蓝色
```

【例 3】有三颗骰子，每次一起抛出，现在用随机函数模拟反投掷 1000 次。这 1000 次中有多少次投出“666”？有多少次出现三个骰子点数一样的情况？如果假定最初有 500 个筹码，三个骰子的点数之和大于 10 算赢，小于或等于 10 算输，每次输赢一个筹码，那么最后是赢还是输？曾经达到的最大输赢数是多少？下面给出求解这个问题的完整代码，读者请留意代码中的注释。

程序如下：

```
import numpy as np
np.random.seed(7)                          # 注释该行，每次测试有变化
num = 1000                                 # 投掷总次数
# 产生 1000x3 维数组 dice，随机整数范围[1,6]，注意函数中要写为 7
dice = np.random.randint(1, 7, size=(num, 3))
# 为编程方便，计算三个骰子的点数之和，添加到 dice 末尾列，现在是 1000x4 维数组
dice = np.c_[(dice, dice.sum(axis=1))]

point = dice[:, 3]                                   # 取点数之和列
print('投掷出 666 的次数:', (point == 18).sum())      # 出现 666 的次数
print('666 出现在第 x 次', np.where(point == 18))     # 出现在第 x 次

# 找出三次投掷点数一样的行，得到一个布尔数组
condition = (dice[:, 0] == dice[:, 1]) & (dice[:, 1] == dice[:, 2])
print('\n 三次投掷点数均相同的次数:', condition.sum())  # 计算 True 的次数
print('投掷情况为:', dice[condition])                # 显示 True 对应的行

money = 500                                          # 初始筹码数
bep = 10                                             # >10 赢，<=10 输
print('\n 初始筹码:', money, ', 盈亏点:', bep, ', 每次输赢 1')
# 只需简单统计> bep 和<= bep 的次数之和，即可计算最后的筹码数
total = money + (point > bep).sum() - (point <= bep).sum()
```

```
    print('最后筹码:', total)

    # 计算投掷过程中曾经达到的最高筹码数、最低筹码数
    # np.where 判断每次输赢，返回 1,-1 构成的每次盈亏列，添加到末尾列，变为 1000x5
    dice = np.c_[(dice, np.where(dice[:, 3] > bep, 1, -1))]

    # np.cumsum 累加每次盈亏列，得到累积盈亏列，添加到末尾列，变为 1000x6
    dice = np.c_[(dice, np.cumsum(dice[:, 4]))]

    # 累积盈亏列加初始筹码数，得到当前筹码列，添加到末尾列，变为 1000x7
    dice = np.c_[(dice, dice[:, 5] + money)]

    s = '曾经的最高筹码数{}，出现在第{}次'
    print(s.format(np.max(dice[:, 6]), np.argmax(dice[:, 6])))
    s = '曾经的最低筹码数{}，出现在第{}次'
    print(s.format(np.min(dice[:, 6]), np.argmin(dice[:, 6])))
```

程序运行后，显示结果如下：

```
    投掷出 666 的次数: 2
    666 出现在第 x 次 (array([ 99, 865], dtype=int64),)

    三次投掷点数均相同的次数: 22
    投掷情况为: [[ 5  5  5 15]
                 [ 5  5  5 15]
                 [ 6  6  6 18]
                   ...  ...
    初始筹码: 500 , 盈亏点: 10 , 每次输赢 1
    最后筹码: 442
    曾经的最高筹码数 504，出现在第 57 次
    曾经的最低筹码数 431，出现在第 810 次
```

图 7.1 直观地反映了筹码的变化，第 9 章中将介绍绘图。绘图程序如下：

```
    import matplotlib.pyplot as plt                # 引入绘图库
    plt.rcParams['font.sans-serif'] = ['SimHei']   # 指定中文黑体字体
    plt.xticks(fontsize=14)                        # 设 x 轴刻度文字大小
    plt.yticks(fontsize=14)                        # 设 y 轴刻度文字大小
    plt.title('筹码变化', fontsize=16)              # 设标题文字
    plt.plot(dice[:, -1])                          # 画筹码变化折线图
```

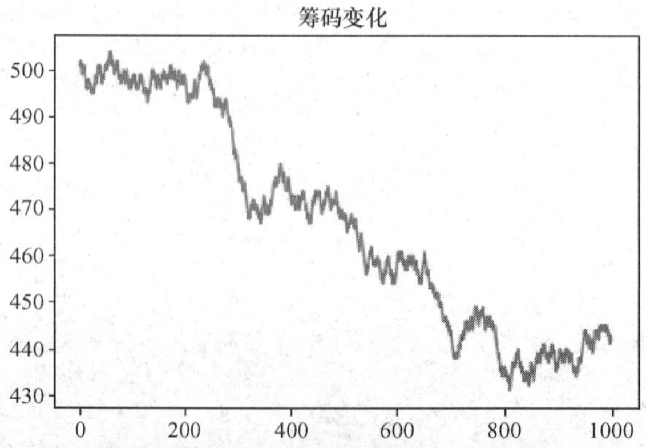

图 7.1　筹码变化图

程序运行中，dice 从最初的 1000×3 维数组变为最后的 1000×7 维数组，dice 数据如下。

```
# 调高 threshold 以输出所有数据，这样中间列不会用省略号代替
In: np.set_printoptions(threshold=10000)
In: dice[:3]                                    # 显示前三行
Out: array([[  5,   2,   4,  11,   1,   1, 501],
            [  4,   5,   2,  11,   1,   2, 502],
            [  1,   2,   3,   6,  -1,   1, 501]])
In: dice[-3:]                                   # 显示后三行
Out:array([[  4,   6,   3,  13,   1, -58, 442],
           [  3,   5,   3,  11,   1, -57, 443],
           [  1,   6,   2,   9,  -1, -58, 442]])
```

使用 NumPy 编程时，程序员应充分利用 NumPy 的各种函数，避免使用 for 循环语句去处理批量数据，要将数组作为一个整体来运算。

7.7 本章小结

本章介绍了 Python 生态圈最重要的基础软件包 NumPy 及其提供的数组运算。数组的重要属性有维数 arr.ndim 和数组形状 arr.shape。数组元素可以整数索引或切片访问，也可布尔索引筛选访问。NumPy 的数组切片产生的是一个视图，视图和原数组指向同一个内存空间，两者相互影响。布尔索引筛选的结果是一个复制的新数组而不是视图。

数组运算是整体进行的，无须编写循环程序处理。数组可以和单个数据或数组运算，形状不同的数组按广播规则计算。

NumPy 提供很多常用函数，如 sum()、min()、mean()、median()、max()、var()等。numpy.random 随机数模块含有常用随机数函数，如 randn()、randint()、choice()、seed()等。

NumPy 支持数学多项式运算，函数 poly1d()用于构造多项式，函数 polyfit()用于拟合多项式。线性代数的相关函数位于 np.linalg 子包中，常用线代函数有 inv()、det()、eig()等。

数组可用 reshape()方法改变维数。hstack()、vstack()、column_stack()、row_stack()等方法用于组合数组，hsplit()、vsplit()方法用于分割数组，savetxt()和 loadtxt()方法用于读/写文本数据文件，meshgrid()用于生成网格数组。

习题

1. 用 NumPy 和列表各生成 100000 个随机数据，完成各自的求和运算，比较运算时间［提示：使用 time.perf_counter()函数记录的时间更准确］。
2. NumPy 数组切片和 Python 列表切片有何区别？
3. NumPy 数组有哪些重要特性？
4. NumPy 中有哪些常用的函数？
5. 改变数组的维数有哪些方法？
6. 试举一例，完成数组的广播计算。
7. 数组如何进行组合和拆分？
8. NumPy 如何存取文本数据文件？
9. 利用 NumPy 多项式解方程 $x^2+x-6=0$
10. 构造一个 50×4 维成绩数组，第 0 列代表学号 1～50，第 1～3 列代表三门成绩（成绩取区间[40, 100]内的随机整数），给出常规的成绩统计数据和排序数据。

第8章　Pandas数据分析库

Pandas是目前Python生态圈中最常用的数据分析工具库之一。该库以NumPy为基础，增加了标签支持，整合了对数据集的读取、清洗、转换、分析、统计、绘图等一系列工作流程，能够高效地处理和分析各类数据。

本章介绍Pandas的基本数据结构和常用操作，其绘图操作将在第9章中讲述。本章案例的工作环境同前一章，即仍然在IPython下操作。在使用Pandas的各项功能之前，需要导入Pandas工具包。Python社区约定按如下惯例导入Pandas包：

```
import  numpy  as  np
import  pandas  as  pd
from  pandas  import  DataFrame,  Series
```

后续示例中都以pd指代Pandas。使用Pandas处理的数据表较大时，为更好地查看大数据表，可设置如下显示选项。更多设置参见本章配套的.ipynb文件。

```
pd.set_option('display.max_columns', 10)  # 最多显示10列，中间用...代替
pd.set_option('display.width', 120)        # 每行最多显示的字符数，超过时折行
pd.set_option('display.max_rows', 10)      # 每个表最多显示10行
pd.set_option('display.precision', 2)      # 显示精度（小数点后2位）
pd.set_option('display.unicode.east_asian_width', True)  # 文字列对齐
```

8.1　Pandas的基本数据结构

Pandas提供了两种基本的数据结构：

- Series：带行标签的一列数据
- DataFrame：带行、列标签的二维表格数据

与NumPy数组相比，这两种数据结构最重要的改进是增加了对标签（也称轴索引）的支持，可以自动实现按索引对齐运算。

8.1.1　Series序列

序列（Series）类似NumPy的一维数组，它由一组数据项和标签（索引）组成。numpy.ndarray数组只能按整数索引，而Series允许对数据自定义标签并能基于标签对齐运算。

```
In: import  pandas  as  pd
    from  pandas  import  DataFrame, Series
    pd.__version__                # 显示Pandas的版本
Out: '2.1.2'                      # 截至2023年10月的最新版,不同版本的命令略有差异
In: m1 = {'a': 30,  'b':40,   'c':34}  # 一月生产 'a','b','c'三种产品
    m2 = {'a': 32,  'c': 25,  'd':50}  # 二月生产 'a','c','d'三种产品
    s1 = Series(m1)               # 将字典对象转为Series对象
    s1
Out:
a    30
b    40
```

```
c    34
dtype: int64
In: s2 = Series(m2)
Out:
a    32
c    25
d    50
In: s1 + s2   # 两个Series运算时，自动对齐标签
Out:
a    62.0     # s1和s2中均有'a'标签，得到两个月的数量和
b     NaN     # 'b'只在s1中存在，s2中无对应项，默认为NaN（空值）
c    59.0
d     NaN
In: s1.add(s2,fill_value=0)  # 相加时缺失一方的数据用0替代
Out:
a    62.0
b    40.0
c    59.0
d    50.0
```

上例中，s1的标签为['a','b','c']，s2的标签为['a','c','d']，执行s1 + s2 运算时，两者都具有的'a'和'c'标签自动对齐，对应的数值相加，两者互不匹配的'b'和'd'标签相加后的值为NaN。NaN是Pandas中表示非数值或缺失值的符号。

Series对象创建时如未指定标签，则默认用整数序号作为标签，也可以在创建时自定义标签，如下所示。

```
In: s1 = Series([10, 20, 30]) # 默认用整数序号作为标签
Out:
0    10
1    20
2    30
dtype: int64
# index参数定义标签，注意标签个数和数据个数必须一致
In: s2 = Series([10, 20, 30], index=['a', 'b', 'c'])
Out:
a    10
b    20
c    30
dtype: int64
In: s2['a']          # 用标签取数据，此处也可写为s2.a
Out: 10
In: s2[0]            # 有了自定义标签，仍可按整数索引取数据
Out: 10
In: s2['a':'c']      # 标签切片，注意标签切片时包含末尾的数据
Out:
a    10
b    20
c    30
In: s2[0:2]          # 整数索引切片，不包含末尾的数据
Out:
```

```
a    10
b    20
```

自定义标签后，就不用再记忆整数索引，方便用户引用数据。因为Pandas是基于NumPy构建的，所以NumPy数组具有的性质和运算Series都支持。

```
In: s2.sum(), s2.mean(), s2.median()      # 求和、均值、中位数
Out: (60, 20.0, 20.0)
In: s2['a'] = 100                         # 修改'a'标签对应的值
In: s2['d'] = 200                         # 'd'标签不存在时，将创建此标签
In: s2
Out:
a    100
b     20
c     30
d    200
dtype: int64
```

Series的用法类似字典。执行“obj['标签']=新值”时，若标签已存在，则修改对应值，若标签不存在，则添加标签并赋值。

Series对象具有values和index属性，分别对应于其数据值和索引值。

```
In: s2.values                        # 数据值，该属性实际上对应一个np数组
Out: array([10, 20, 30, 200], dtype=int64)
In: s2.index                         # 索引
Out: Index(['a', 'b', 'c', 'd'], dtype='object')
```

索引标签不能单个地修改，类似s2.index[0]='d'的语句将引发“Index does not support mutable operations”错误，但可以对标签一次性全部赋值进行修改。

```
In: s2.index = ['d', 'e', 'f', 'd']    # 修改全部标签，标签允许重复
Out:
d    10
e    20
f    30
d    200
```

Series对象为数据统计提供了一些常用属性和方法，如表8.1所示。

表8.1 Series对象的常用属性和方法

属性或方法名	功 能 描 述
s.size	数据个数（注意，此为属性，调用时不需要括号）
s.count()	非空数据的个数
s.unique()	返回不重复的数据值
s.nunique()	不重复数据值的个数
s.value_counts()	统计每个数据值的出现次数
s.head(n)	只显示头部的n条数据，省略n时默认显示头5条
s.tail(n)	只显示尾部的n条数据，省略n时默认显示后5条
s.take([i1,i2,…])	按指定的索引取数据

```
In: s = Series([0, 1, 1, 3, 3, 3, np.nan, np.nan]) # 构造Series，含2个np.nan值
In: s.size, s.count()                    # 共8个数据，有6个非空数据
Out: (8, 6)
In: s.unique()                           # 返回不重复的数据值
```

```
Out: array([ 0.,   1.,   3., nan])
In: s.nunique()                          # 不重复数据值个数
Out: 3

In: s.value_counts()                     # 统计每个数据的频数
Out:                                     # 表明序列中有3个3.0，2个1.0，1个0.0
3.0    3
1.0    2
0.0    1
In: s.take([1, 3, 5])                    # 取出索引1, 3, 5的数据
Out:
1    1.0
3    3.0
5    3.0
```

8.1.2　DataFrame数据框

DataFrame（数据框）是Pandas最重要的数据结构。数据框可视为由行和列构成的二维表格，既有行索引又有列索引，单行或单列都是一个Series。数据框具有丰富的方法，可以非常方便地读取、清洗、统计数据并作图。

```
In: data = {'apple': [1100,1050,1200], 'huawei': [1250,1300,1328], 'oppo': [800,850,750]}
# 用字典data来创建数据框，字典的键自动成为列名
In: df = DataFrame(data, index=['一月',  '二月',  '三月'])  # index标签
Out:
     apple  huawei  oppo
一月   1100    1250   800
二月   1050    1300   850
三月   1200    1328   750
In: df['apple']          # 访问一列，也可写为df.apple
Out:
一月    1100
二月    1050
三月    1200
Name: apple, dtype: int64

In: df.loc['一月']     # 访问一行，单行也按纵向显示。注意语法，不能写为df['一月']
Out:
apple     1100
huawei    1250
oppo       800
Name: 一月, dtype: int64
```

数据框的一行或一列数据即是一个Series，所以操作单行或单列时可以按Series处理。

```
In: type(df.loc['一月']), type(df.apple)        # 查看行、列的数据类型
Out: (pandas.core.series.Series, pandas.core.series.Series)

import os
if not os.path.exists('./data'):  # 若data目录不存在，则创建
    os.mkdir('data')
```

```
# 将df保存为mobile.csv数据文件，GBK是Windows的中文编码字符集
In: df.to_csv('data/mobile.csv', encoding='GBK')
# 显示数据文件内容,Windows中的路径分隔符是\，不是/
In: !type  data\mobile.csv
,apple,huawei,oppo
一月,1100,1250,800
二月,1050,1300,850
三月,1200,1328,750
```

上例中如不指定字符编码，Pandas在保存时默认使用utf-8编码。当用!type命令显示文件内容时，Windows系统用GBK编码解析，中文将显示为乱码。在涉及中文文本文件读取时，如提示编码错，可尝试指定encoding='GBK'或'utf-8'的参数。

```
# 将mobile.csv读入数据框df2，index_col=0指定文件第0列作为标签
In: df2 = pd.read_csv('data/mobile.csv', index_col=0, encoding='GBK')
```

创建DataFrame的另一种常见形式是使用嵌套字典参数，外层字典的键作为列名，内层的键作为行索引，如下所示。

```
In: df3 = DataFrame({'apple':  {'一月':1100, '二月':1050, '三月':1200},
                     'huawei': {'一月':1250, '二月':1300, '三月':1328},
                     'oppo'  : {'一月':800,  '二月':850,  '三月':750}})
```

数据框是二维表格，有index（行）和columns（列）两个重要属性。创建数据框时，可以指定index和columns。

```
In:data = np.array([10, 20, 15, 16, 30, np.nan, 60, 78, 20]).reshape(3, 3)
   df = DataFrame(data, index=['A','B','C'], columns=['x1', 'x2','x3'])
   df['dept'] = ['D1','D2','D1']        # 添加dept列
   df['sex'] = ['F','F','F']            # 添加sex列
In: df.columns                          # 显示列名
Out: Index(['x1', 'x2', 'x3', 'dept', 'sex'], dtype='object')
In: df.index                            # 显示行索引
Out: Index(['A', 'B', 'C'], dtype='object')
In:  df.index = ['a','b','c']                                # 修改行索引
     df.columns = ['c1', 'c2', 'c3','Dept','Gender']         # 修改列名
     df
Out:
     c1    c2      c3   Dept Gender
a    10.0  20.0    15.0  D1  F
b    16.0  30.0    NaN   D2  F
c    60.0  78.0    20.0  D1  F

In: df.describe()                      # 默认只统计数值列
Out:
          c1       c2       c3
count     3.00     3.00     2.00
mean      28.67    42.67    17.50
std       27.30    31.01    3.54
min       10.00    20.00    15.00
25%       13.00    25.00    16.25
50%       16.00    30.00    17.50
75%       38.00    54.00    18.75
max       60.00    78.00    20.00
```

```
In:df.describe(include='object')  # 统计object类型列（字符列）
Out:
        Dept Gender
count     3     3
unique    2     1
top       D1    F
freq      2     3
```

利用describe()方法可快速得到数值列的非空值数据个数（count）、均值（mean）、标准差（std）、最小值（min）、最大值（max），以及25%、50%、75%数据分位点的分位数等。字符列则统计非空值个数(count)、唯一性取值个数(unique)、最高频数的数据(top)和最高频数(freq)。

8.2 访问数据

为方便灵活地存取DataFrame数据，Pandas提供了多种表达语法。可以用df.info()、df.head(n)、df.tail(n)命令快速查看数据框中的数据。

```
In: df.info()                        # 显示表的基本信息
<class 'pandas.core.frame.DataFrame'>
Index: 3 entries, a to c
Data columns (total 5 columns):
 # Column   Non-Null Count  Dtype
---  ------  --------------  -----
 0   c1      3 non-null      float64
 1   c2      3 non-null      float64
 2   c3      2 non-null      float64
 3   Dept    3 non-null      object
 4   Gender  3 non-null      object
dtypes: float64(3), object(2)
memory usage: 144.0+ bytes

In: df.head(2)                   # 显示头两行数据，若不设行数，则默认显示前5行
Out:
     c1   c2   c3   Dept Gender
a    10.0 20.0 15.0 D1    F
b    16.0 30.0 NaN  D2    F
In: df.tail(2)                   # 显示末尾两行数据
Out:
     c1   c2   c3   Dept Gender
b    16.0 30.0 NaN  D2    F
c    60.0 78.0 20.0 D1    F
```

8.2.1 loc[]、iloc[]访问

1. 按列访问

访问列数据时使用object['列名']或object.列名的形式。

```
In: df['c1']                     # 取c1列，得到一个Series对象，也可写为df.c1
Out:
a    10.0
```

```
b     16.0
c     60.0
Name: c1, dtype: int32
In: df.c1.b                  # c1列且行标签为b的数据，也可写为df['c1']['b']
Out: 16.0
In: df[['c1', 'c3']]         # c1, c3两列，注意多个列名要放入[]
Out:
     c1   c3
a    10.0 15.0
b    16.0 NaN
c    60.0 20.0
In: df[['c1']]               # [['c1']]的表达形式将返回仅含1列的数据框对象
In: df[df.c1 > 10]           # 按条件访问，只显示c1>10的行
Out:
     c1   c2   c3   Dept Gender
b    16.0 30.0 NaN  D2   F
c    60.0 78.0 20.0 D1   F

In: df[(df.c1 > 10) & (df.c2 > 30)]  # 按条件访问，c1>10且c2>30
```

[]内的逻辑运算符要使用 &（与）、|（或）、~（非），而不能使用Python的and、or、not运算符。同时注意，[]内的逻辑表达式要用小括号括起来，如上例中的(df.c1>10)和(df.c2>30)。

2. loc和iloc存取器

访问行或块数据时常用loc[]和iloc[]存取器，其中loc基于标签，iloc基于整数索引。loc[]中可以是[单行]、[单行，单列]、[行切片]、[行切片，列切片]等多种表达形式。loc[]和iloc[]格式示例如表8.2所示。

表8.2 loc[]和iloc[]格式示例表

格式示例	说明
df.loc['a']	访问行标签'a'对应的一行
df.iloc[0]	访问第0行
df.loc['a': 'c']	访问行标签'a'到'c'，共3行
df.iloc[0:2]	访问第0,1两行
df.iloc[[0, 2]]	访问第0,2两行
df.iloc[0, 2]	访问第0行、第2列的单个数据
df.iloc[: , 1]	访问第1列
df.iloc[: , [0,2]]	访问第0,2两列数据
df.iloc[:2, :2]	访问第0～1行和第0～1列交叉处的数据块

```
In: df.loc['a']            # loc基于标签，取行标签'a'对应的行，得到一个Series
Out:
c1          10.0
c2          20.0
c3          15.0
Dept          D1
Gender         F

In: df.iloc[0:2]          # iloc基于整数索引，取第0、1（不含第2）行数据
```

因为loc[]基于标签而iloc[]基于整数索引，所以不能出现loc[1]、iloc['a']这样的写法。另外，loc['a':'c']包含结尾的'c'标签，而iloc[0:2]不包含结尾的第2行。

```
In: df.loc['b', 'c1']              # 访问b行c1列的数据，是单个值
Out: 16.0

In: df.loc['a':'b']                # loc基于标签，取'a':'b'对应的数据行
Out:
     c1   c2   c3   Dept Gender
a    10.0 20.0 15.0 D1   F
b    16.0 30.0 NaN  D2   F

In: df.loc['a':'b', 'c1':'c2']     # 取数据块[行标签:列标签]
In: df.loc[:, 'c2':'c3']           # 取c2和c3两列
In: df.loc[df['c1']<15]            # c1<15的行
```

数据框对象一般整体处理，若确实需要逐行处理，则可使用下面的语法：

```
for  row in df.iterrows():        # 迭代访问每行
    print(row[0], row[1])         # row[0]，该行的行索引；row[1]，该行的数据
```

8.2.2 query()和select_dtypes()

Pandas对象支持query()查询，它类似于数据库中的查询条件表达，根据列名条件进行数据筛选，返回DataFrame对象。

```
In: df.query('c1 > 15')                 # 查询c1>15
In: df.query('c1 > 15 and c2 > 30')     # 查询c1>15 and c2>30
Out:
     c1   c2   c3   Dept Gender
c    60.0 78.0 20.0 D1   F
```

查询出的数据若需修改，则要注意下面的语法将弹出SettingWithCopyWarning警告信息，无法成功修改。警告信息的大意是不能在查询出的副本上直接修改数据。

```
In:df.query('c1<20')['c1'] = 20    # 将显示警告，无法修改数据
```

按Pandas文档所述，应采用如下的loc语法才能修改。

```
In:df.loc[df['c1']<20,'c1'] = 20    # 将c1列小于20的数都修改为20
   df
Out:
     c1   c2   c3   Dept Gender
a    20.0 20.0 15.0 D1   F
b    20.0 30.0 NaN  D2   F
c    60.0 78.0 20.0 D1   F
```

要获取特定数据类型的列，可以使用下面的命令。

```
In: df.select_dtypes('float')     # 只获取浮点类型列，即c1,c2,c3列
In: df.select_dtypes('object')    # 只获取object类型列，即Dept,Gender列
In: df.select_dtypes(('int','float'))      # 选择整数和浮点数类型列
In: df.filter(regex='c')          # 获取列名以'c'开头的那些列，即c1,c2,c3列
```

8.3 算术运算和对齐

8.3.1 nan缺失值处理

在数据处理中，有时得到的原始数据中含有缺失值。NumPy用np.nan表示缺失值，Pandas用NaN

表示缺失值，Python内置的None也视为缺失值。

Pandas是基于NumPy构建的，自然也支持数组运算，但两者对nan值的处理有所不同。在NumPy中，运算时若有np.nan，则默认返回nan。在Pandas中，运算时若有np.nan，则忽略nan，用其他非nan数据进行运算。

```
# 演示NumPy和Pandas对缺失值nan的处理不同
In: b = np.array([1, 5, np.nan, np.nan, 10])
Out: array([ 1.,  5., nan, nan, 10.])
In: b.sum(), b.mean()        # 有nan值时，NumPy运算返回nan
Out: (nan, nan)

In: s = Series(b)            # 生成Series，含有nan
Out:
0     1.0
1     5.0
2     NaN
3     NaN
4    10.0
dtype: float64

In: s.sum(), s.mean()        # Series默认忽略nan值，可返回计算结果
Out: (16.0, 5.333333333333333)
In: s.mean(skipna=False)     # False表示不能忽略nan，此时和NumPy相同，也返回nan
Out: nan
```

对于nan缺失值的处理，Pandas主要有如下几个函数。

（1）isnull()和notnull()函数：判断每个值是否是nan值，返回布尔数组。

```
In: s
Out:
0     1.0
1     5.0
2     NaN
3     NaN
4    10.0
dtype: float64

In: s.isnull()          # nan值对应返回True，该命令写为s.isna()亦可
Out:
0    False
1    False
2     True
3     True
4    False
dtype: bool
In: s.isnull().sum()    # 统计缺失值个数
Out: 2

In: s.notnull()         # 判断是否是非nan值，是非nan值时返回True
Out:
0     True
```

```
1     True
2    False
3    False
4     True
dtype: bool
```

（2）dropna()函数：返回删除nan值后的新数据框。

```
In: df = pd.DataFrame(np.arange(12).reshape(4, 3), index=list('abcd'), columns= list('xyz'))
    df.iloc[1:3, 0:2] = np.nan  # 特意设置几个nan值
    df.iloc[2, 2] = np.nan
    df
Out:
     x      y     z
a  0.0    1.0   2.0
b  NaN    NaN   5.0
c  NaN    NaN   NaN
d  9.0   10.0  11.0

In:df.isnull().any(axis=1)  # 判断哪些行存在空值
Out:
a    False
b     True
c     True
d    False
dtype: bool

In: df.dropna()                # df本身未改变，删除含有nan值的行，返回新数据框
Out:
     x     y   z
a  0.0   1.0   2.0
d  9.0  10.0  11.0

In: df.dropna(axis=1)          # 按axis=1判断列，含有nan值的列被删除
Out:                           # 列被删空，只剩行标签
a
b
c
d

In: df.dropna(how='all')            # all表示某行的所有数据都为nan时才删除
Out:
     x     y     z
a  0.0   1.0   2.0
b  NaN   NaN   5.0
d  9.0  10.0  11.0
In: df.dropna(thresh=1)             # 某行的非缺失值个数>=1就保留，否则删除该行
Out:
     x     y     z
a  0.0   1.0   2.0
b  NaN   NaN   5.0
d  9.0  10.0  11.0
```

（3）fillna()函数：将nan值用特定的值填充。

```
In: df.fillna(0)                    # 缺失值都用0填充
In: df.fillna(method='ffill')       # 缺失值用其前面的非nan值填充
Out:                                # Pandas 2.1已将上条命令改为df.ffill()
     x     y     z
a  0.0   1.0   2.0
b  0.0   1.0   5.0
c  0.0   1.0   5.0
d  9.0  10.0  11.0
In: df.fillna(method='bfill')       # 缺失值用其后面的非nan值填充
Out:                                # Pandas 2.1已将上条命令改为df.bfill()
     x     y     z
a  0.0   1.0   2.0
b  9.0  10.0   5.0
c  9.0  10.0  11.0
d  9.0  10.0  11.0
In: df.fillna(value=df.mean())      # 各列用平均值填充
Out:
     x     y     z
a  0.0   1.0   2.0
b  4.5   5.5   5.0
c  4.5   5.5   6.0
d  9.0  10.0  11.0
In: df.fillna({'x':-1,'y':2})       # x列填充-1，y列填充2
Out:
     x     y     z
a  0.0   1.0   2.0
b  -1.0  2.0   5.0
c  -1.0  2.0   NaN
d  9.0  10.0  11.0
```

Pandas还提供很多填充缺失值的方法（如插值填充），有兴趣的读者可从其官网下载详细的帮助文档。

8.3.2 对齐处理

Pandas运算时会自动对齐标签。运算数据若是Series，则只有行标签，若是DataFrame，则会在行、列两个方向上将数据的标签对齐，对应的数据元素进行计算，标签不匹配的数据元素默认标记为NaN值。

```
In:df = pd.DataFrame(np.arange(9).reshape(3, 3), index=list('abc'), columns= list('xyz'))
Out:
   x  y  z
a  0  1  2
b  3  4  5
c  6  7  8

In:s = pd.Series([1, 2, 3], index=list('xyz'))
Out:
x    1
y    2
```

```
z    3

In: df + s              # DataFrame + Series，df的列标签匹配Series行标签
Out:
   x  y   z
a  1  3   5
b  4  6   8
c  7  9  11

In:s = pd.Series([1, 2, 3], index=list('abc'))
   df.add(s,axis=0)           # 指定按axis=0纵向匹配标签
Out:
     x    y    z
a    1    2    3
b    5    6    7
c    9   10   11
```

DataFrame和Series之间的运算默认将Series的行索引匹配到DataFrame的列名，然后沿着行方向一直向下广播。如果某个索引值在DataFrame的列或Series的索引中找不到，那么参与运算的两个对象就被重新索引以形成并集，如下所示。

```
In:s1 = pd.Series([1, 2, 3], index=list('wxy'))
Out:
w    1
x    2
y    3

In: df + s1                      # 结果的列是df和s1列的并集[w,x,y,z]
Out:
    w    x     y   z
a NaN  2.0   4.0 NaN
b NaN  5.0   7.0 NaN
c NaN  8.0  10.0 NaN
```

两个数据框运算时，在行、列索引上都要对齐，如下所示。

```
In: df2 = pd.DataFrame(np.arange(9,18).reshape(3,3), index=list('abd'), columns= list('wxy'))
Out:
    w   x   y
a   9  10  11
b  12  13  14
d  15  16  17

In: df + df2
Out:
    w     x     y    z
a NaN  10.0  12.0  NaN
b NaN  16.0  18.0  NaN
c NaN   NaN   NaN  NaN
d NaN   NaN   NaN  NaN
```

上例中df和df2在行标签上只有'a'和'b'匹配，列标签上只有'x'和'y'匹配，所以只有对应位置上的4个数据值相加，其余位置上都为NaN。结果的行、列总数是两个数据集的并集。

存在缺失值时，可指定fill_value替换缺失值。下例中的df和df2相加后，行索引和列索引是两者的并集。相加时某个位置上若一方是缺失值，则用0代替，例如a行w列。如某个位置上两方都是缺失值，则仍以NaN表示，例如c行w列。

```
In: df.add(df2, fill_value=0)  # 缺失的NaN值用0替代
Out:
      w     x     y    z
a   9.0  10.0  12.0  2.0
b  12.0  16.0  18.0  5.0
c   NaN   6.0   7.0  8.0
d  15.0  16.0  17.0  NaN
```

8.3.3 通用函数

Pandas基于NumPy构建，NumPy支持的通用函数都可以在Pandas中使用。

```
In: df = pd.DataFrame(np.arange(9).reshape(3,3), index=list('abc'), columns= list('xyz'))
Out:
   x  y  z
a  0  1  2
b  3  4  5
c  6  7  8

In: df.sum()                    # 默认axis=0，按列求和。本例也可写为np.sum(df)
Out:
x     9
y    12
z    15

In: df.sum(axis=1)              # axis=1，按行求和。本例也可写为np.sum(df, axis=1)
Out:
a     3
b    12
c    21

In: df.sum().sum()              # 对所有数据求和
Out: 36
```

另一类常见的操作是将自定义的函数应用到各行或各列上，以对整行或整列进行统计。DataFrame的apply()方法可以实现这一功能。

```
# 定义函数f，参数x代表单列或单行
In:f = lambda  x: (x.max(),x.min(), np.ptp(x), x.mean())
   df2 = df.apply(f)          # 每列均返回4个统计结果
   df2.index = ['最大','最小','极差','均值']
   df2
Out:
      x    y    z
最大 6.0  7.0  8.0
最小 0.0  1.0  2.0
极差 6.0  6.0  6.0
均值 3.0  4.0  5.0
```

```
In: df.apply(f, axis=1)                    # 在每行做上述统计
Out:
a    (2, 0, 2, 1.0)
b    (5, 3, 2, 4.0)
c    (8, 6, 2, 7.0)

In: df.apply(lambda  x:x-x.mean())         # 计算每个数据与该列均值的差
Out:
     x     y     z
a  -3.0  -3.0  -3.0
b   0.0   0.0   0.0
c   3.0   3.0   3.0
```

apply()方法应用到整行、整列上，DataFrame对象还有一个applymap()方法应用到单个数据上。假设df中的数值代表温度，现在需要在数值后加上温度符号，以便后续转为网页显示。下例定义了一个匿名函数完成此任务。

```
In: temperature = df.applymap(lambda  x:str(x) + ' °c')
                                          # applymap应用到每个数据上
Out:                                      # 注：Pandas 2.1将applymap改成map
     x        y        z
a    0 °c     1 °c     2 °c
b    3 °c     4 °c     5 °c
c    6 °c     7 °c     8 °c
In: temperature.to_html('tmp/temperature.html')  # 将数据框保存为网页表格
```

Series对象没有applymap方法，但有一个类似的map方法。

```
In: df['x'].map(lambda  x:str(x) + ' °c')    # Series的map方法应用到每个数据上
Out:
a     0 °c
b     3 °c
c     6 °c
```

8.4　读/写数据文件

Pandas提供了多种数据文件接口。输入"pd.read_"，然后按Tab键，将弹出各种读数据的方法。利用这些接口可以读取CSV、Excel、Stata和JSON等格式的文件。

8.4.1　CSV文件

CSV文件是以逗号分隔的文本文件，常用作不同软件之间数据交换的中间文件。Pandas提供read_csv()和to_csv()两个方法读/写CSV文件。

假定有mobile.csv文件（该文件已在8.1.2节中创建），内容如下：

,apple, huawei, oppo
一月,1100,1250,800
二月,1050,1300,850
三月,1200,1328,750

```
In: df = pd.read_csv("data/mobile.csv", encoding='GBK', index_col=0)  # 读文件
Out:
```

```
       apple  huawei  oppo
一月    1100    1250   800
二月    1050    1300   850
三月    1200    1328   750
```

读取CSV文件时使用read_csv()方法。文件mobile.csv中含有中文，保存时Windows系统默认采用GBK编码字符集，所以读取时也应指定该字符集。如不指定，那么Pandas默认按utf-8编码读取，将产生'utf-8'解码错误。index_col=0 指定将文件的第0列作为索引标签使用。读取时mobile.csv文件的第0行被自动解析为列名。read_csv()有很多参数，可使用pd.read_csv?命令查看详细的参数说明。

有些文件只含有数据，而没有列名、标签等内容。例如，数据文件m2.csv的内容如下：

1100,1250,800

1050,1300,850

1200,1328,750

```
# 文件中不含列名，可以在读取时用names参数指定列名
# 注：这个文件不含中文，只有数字，无须指定encoding
In: df2 = pd.read_csv("data/m2.csv", names=['apple', 'huawei', 'oppo'])

# 也可以第一步先读取
In: df3 = pd.read_csv("data/m2.csv", header=None)
# 第二步修改columns和index
In: df3.columns = ['apple', 'huawei', 'oppo']
In: df3.index = ['一月', '二月', '三月']
```

上例中header=None表示文件不含列名。若不指定这个参数，则文件第0行“1100,1250,800”将被错误解析为列名。

有些数据文件不是用逗号分隔的，而是用空格分隔的。例如，数据文件m4.txt的内容如下：

1100   1250   800

1050   1300   850

1200   1328   750

```
# 读取空格分隔的数据，注意 sep="\s+"
In: df4 = pd.read_csv("data/m4.txt", sep="\s+", header=None)
```

因为m4.txt文件中的各个数据不是用逗号分隔的，而是用数量不等的空格或制表符分隔的，所以可以指定sep="\s+"参数。"\s+"是正则表达式，表示分隔符可为若干空白字符（空格符、制表键、换行符等）。此例中若不指定sep参数，则读取的数据无法正确分隔。

如果文件头部含有一些不需要读取的行，那么可指定skiprows参数将这些行跳过去。

```
pd.read_csv("数据文件名", skiprows=[0, 2])           # 跳过第0, 2行
pd.read_csv("数据文件名", skiprows=4 )               # 跳过前4行
```

如果文件尾部含有一些不需要读取的行，那么可指定skipfooter参数将尾行跳过去。

```
pd.read_csv("数据文件名", skipfooter=2, engine = 'python')  # 跳过尾部的2行
```

数据文件很大，不想一次读全部数据，而只想读取少数几行数据观察，可指定nrows参数。

```
pd.read_csv("数据文件名", nrows=10)                  # 只读取前10行数据
```

假定有一个数据文件stock.txt，其内容如下：

交易日	*开盘*	*最高*	*最低*	*收盘*	*成交量*
2019/03/22	*18.09*	*18.63*	*18.02*	*18.15*	*43760812*
2019/03/23	*18.16*	*18.35*	*18.06*	*18.13*	*27830796*
2019/03/24	*18.11*	*18.11*	*17.68*	*17.72*	*27448272*

该文件中包含了日期，在读取时指定参数parse_dates=['交易日']，以便把该列解析为Pandas的日期格式，并用index_col参数指定为索引。文件内的各个数据是用空格或制表符分隔的，所以指定sep='\s+'。读取该文件的命令如下。

```
In: df = pd.read_csv('data/stock.txt', parse_dates=['交易日'],encoding='GBK',
sep='\s+', index_col='交易日')
Out:
             开盘     最高    最低    收盘     成交量
交易日
2019-03-22  18.09  18.63  18.02  18.15  43760812
2019-03-23  18.16  18.35  18.06  18.13  27830796
2019-03-24  18.11  18.11  17.68  17.72  27448272

In: df.index           # 查看索引，可见为日期型索引
Out: DatetimeIndex(['2019-03-22', '2019-03-23', '2019-03-24'],
    dtype='datetime64[ns]', name='交易日', freq=None)
In:df.loc['2019-4']               # 4月数据，索引为日期类时，支持按时间段检索数据
In:df.loc['2019-3':'2019-4']    # 3月至4月数据
```

数据框对象自带to_csv()方法，可将数据存入文本文件。

```
In: df.to_csv("tmp/d1.csv", encoding='GBK')                # 存盘，默认用逗号分隔
In: df.to_csv("tmp/d2.txt", encoding='GBK', sep=' ')      # 存盘时指定用空格分隔
```

8.4.2 Excel文件

Excel文件是广泛使用的电子表格文件。Pandas提供了read_excel()和to_excel()方法读/写该类文件。假定有文件 mobile.xlsx，其内容如图8.1所示。

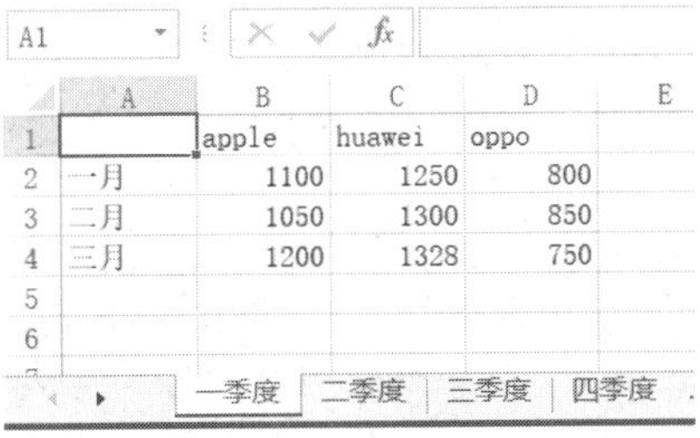

图8.1　mobile.xlsx文件内容

```
# 默认读第1个工作表，第1行作为列名，A列（第0列）作为标签
In: df1 = pd.read_excel("data/mobile.xlsx", index_col=0)    # 读Excel文件

# sheet_name指定读某个工作表
In: df2 = pd.read_excel("data/mobile.xlsx", sheet_name='二季度', index_col=0)
```

将Excel文件中的所有工作表都读入一个数据框的代码如下。

```
fexcel = pd.ExcelFile('data/mobile.xlsx')
print('表名:',fexcel.sheet_names)   # 该属性包含Excel文件的所有工作表的表名

df = pd.DataFrame()                 # 先创建空数据框
for sheet in fexcel.sheet_names:
    onesheet = fexcel.parse(sheet_name=sheet,index_col=0)  # 读某个表名
    df = pd.concat((df,onesheet))   # 合并df和onesheet, df含所有工作表
fexcel.close()
```

将数据框保存到Excel文件中时，使用to_excel()方法。

```
In: df1.to_excel("tmp/a1.xlsx")                    # 写入Excel文件
```

可以将多个数据框保存到一个Excel文件的不同工作表中。如下语句执行后，df1和df2的数据分别保存在test.xlsx内名为"一季度"和"二季度"的工作表中。

```
with  pd.ExcelWriter("tmp/test.xlsx")  as  writer:
    df1.to_excel(writer, sheet_name='一季度')
    df2.to_excel(writer, sheet_name='二季度')
```

8.4.3 Stata和Json文件

Stata是一种常用的统计分析软件，其数据文件扩展名为.dta。Pandas支持读写Stata文件。

```
In:df1.to_stata('tmp/test.dta',version=119)
                                    # 保存，数据如含中文，需指定version=119
```

要读出.dta文件，可使用下面的命令。

```
In:sta = pd.read_stata('tmp/test.dta', index_col='index')  # 读stata文件
```

Json是一种轻量级数据文本文件，内部格式类似于字典。很多动态网页数据刷新时从服务器返回的就是json文件。Pandas支持读写json文件。

```
In:df1.to_json('tmp/test.json', force_ascii=False)  # 保存为json文件
```

force_ascii参数表示不强制使用unicode编码，于是在用文本编辑器查看test.json时，中文显示正常。若无此参数，则中文将以\uxxxx的形式编码，不便查看。

要读出json文件，可使用下面的命令。

```
In:df = pd.read_json('tmp/test.json')  # 读json文件
```

8.4.4 html表格

浏览网页时经常见到表格数据，这类数据可尝试用pd.read_html命令直接读取为数据框。注意，该方法仅适合使用html的<table>标签组织的数据，网页中的每个table转为一个数据框，返回一个由数据框构成的列表。

```
# 此处htmlfile是本地页面，可替换为一个网址
htmlfile = 'data/2023年最新软科中国大学排名_中国最好大学排名.html'
lst = pd.read_html(htmlfile, encoding='utf-8')  # 该网页仅含一个table表
df = lst[0]                # 列表的第0项，一个数据框对象
df = df.iloc[:,:5]         # 只保留前5列
df.columns = ['排名', '学校名称', '省市', '类型', '总分']  # 改列名

df['中文名'] = df['学校名称'].str.split().str[0]  # 中文名是分隔后的第0项
# 英文名是[1:-1]中的所有项，.join连接
df['英文名'] = df['学校名称'].str.split().str[1:-1].str.join(sep=' ')
df['层次'] = df['学校名称'].str.split().str[-1]  # 层次是分隔后的最后一项
df.to_excel('tmp/2023大学排行榜.xlsx', index=False)
print(df[['排名','中文名','省市','类型','总分','层次']].head(3))
```

原数据中的学校名称形如“北京大学　Peking University　双一流/985/211”，因此要做一定的数据分隔，命令中所用的.str.语法见8.5.8节中的介绍。输出如下：

```
   排名      中文名  省市  类型    总分          层次
0     1    清华大学  北京  综合  1004.1  双一流/985/211
1     2    北京大学  北京  综合   910.5  双一流/985/211
2     3    浙江大学  浙江  综合   822.9  双一流/985/211
```

8.5 数据整理

我们经常对已有的数据集做插入、删除、合并、排序等操作。Pandas提供了很多数据整理方法，如表8.3所示。

表8.3　Pandas提供的数据整理方法

方 法 名	功 能 描 述
df.drop(行标签)	返回删除行后的新数据框，原数据框不变
df.drop(列名, axis=1)	返回删除列后的新数据框，原数据框不变
df.pop(列名)	删除并返回某列，直接改变原数据框
df.insert(新列位置, 列名, 列值)	插入新列，直接改变原数据框
df.replace(old, new)	替换旧值
df.reindex(标签列表)	重索引（只保留指定的标签），原数据框不变
df.reset_index()	将索引列变为数据列
df.set_index(列名)	将数据列变为索引列
df.rename()	更改行标签或列名
df.duplicated()	检测重复行，返回布尔数组
df.drop_duplicates()	删除重复行
pd.concat((df1, df2))	合并数据框

8.5.1 插入或删除行列及数据替换

先准备测试用的数据框对象。

```
In: df = DataFrame({'姓名':['a','b'], '学号':['A1','A2'], '成绩1':[98,90], '成绩2':[87,80]})
Out:
   姓名   学号   成绩1   成绩2
0  a     A1     98      87
1  b     A2     90      80
```

1. 行的插入/删除

要在数据框末尾插入一行，可使用loc语法给新行赋值。

```
In:df.loc[2] = ['d','A4', 89, 78]  # 新行的行标签为2
Out:
   姓名  学号  成绩1  成绩2
0  a    A1   98     87
1  b    A2   90     80
2  d    A4   89     78
```

若要删除行，则可使用drop()方法。DataFrame的大多数命令并不直接改变原数据框，而是返回新数据框，这和列表的处理方式不同。需要直接修改原数据框时，可将命令写为df=df.drop(2)的形式，或在命令中指定inplace=True参数。

```
In: df.drop(2, inplace=True)      # 按索引删除第2行，True表示修改原数据框
```

上例由于直接修改了df，因此删除了刚才插入的第2行，此时df中就只有两行数据。

2. 列的插入/删除

给新列赋值是创建新列最简单的方法，新列默认插在最后一列。要注意提供的数据个数应等

于数据框的行数。

```
In: df['性别'] = ['M', 'F']        # 增加"性别"列，给新列赋值即可插入列
Out:
   姓名  学号  成绩1  成绩2  性别
0  a     A1   98     87     M
1  b     A2   90     80     F
```

要在数据框的中间位置插入新列，可以使用insert()方法指定插入到第几列。

```
# 在第4列插入平均成绩，插入值由成绩1和成绩2计算得到
In: df.insert(4, '平均成绩', (df.成绩1 + df.成绩2) / 2 )
Out:
   姓名  学号  成绩1  成绩2  平均成绩  性别
0  a     A1   98     87     92.5     M
1  b     A2   90     80     85.0     F
```

删除列时，可使用如下三种方法。

```
In: df.drop('平均成绩', axis = 1, inplace=True)    # 注意axis=1和inplace参数
In: df.pop('成绩1')
In: del  df['成绩2']
In: df                                             # 删除后，df只剩下3列
   姓名 学号 性别
0  a    A1   M
1  b    A2   F
```

3．数据替换

replace()命令可完成数据替换操作。

```
In: df.replace({'M':1,'F':0})
    姓名  学号 性别
0    a    A1   1
1    b    A2   0
```

8.5.2 索引整理

1．reindex()重建索引

reindex()方法用于行列的取舍。该方法保留指定标签的数据，抛弃未指定标签的数据。

```
In: df = pd.read_csv("data/mobile.csv", encoding='GBK', index_col=0)
Out:
      apple  huawei  oppo
一月  1100    1250   800
二月  1050    1300   850
三月  1200    1328   750

In: df2 = df.reindex(['一月', '二月', '四月'])          # 保留一、二月，新建四月
Out:
     apple    huawei    oppo
一月  1100.0  1250.0    800.0
二月  1050.0  1300.0    850.0
四月  NaN     NaN       NaN
```

上例中新数据框df2只保留了一月和二月的数据，丢弃了三月的数据，同时建立了一个'四月

'新标签，新标签对应的值默认为NaN。

```
In: df.reindex(['apple', 'huawei','mi'], axis=1)        # axis=1在列上重建索引
Out:
      apple  huawei   mi
一月   1100   1250     NaN
二月   1050   1300     NaN
三月   1200   1328     NaN
```

上例在列上只保留了apple和huawei，丢弃了oppo，同时增加了一个新列mi，新列的值为NaN。

2．rename()重命名

已有的行列标签不太合适时，可以使用rename()方法进行调整。

```
In: df.rename(columns={'apple':'Apple', 'huawei':'HW'})  # 改列名
Out:
      Apple  HW    oppo
一月   1100  1250   800
二月   1050  1300   850
三月   1200  1328   750
In:df.rename(index={'二月':'February', '三月':'March'})  # 改行标签
Out:
          apple    huawei   oppo
一月       1100     1250     800
February 1050     1300     850
March    1200     1328     750
```

3．set_index()重新设定索引列

有时，数据框的索引列不太合意。例如，学生表可能初始用整数序号作为索引，而我们想修改为用学号作为索引，此时可以使用set_index()和reset_index()方法。

```
In: df = DataFrame({'姓名':['a','b'], '学号':['A1','A2'], '成绩1':[98,90], '成绩2':[87,80]})
Out:
  姓名  学号  成绩1  成绩2
0  a     A1    98     87
1  b     A2    90     80

In: df3 = df.set_index('学号')  # 返回的新数据框将学号列设为索引
Out:
     姓名  成绩1  成绩2
学号
A1    a     98     87
A2    b     90     80
```

如上所示，现在学号变为索引列。如果又想将姓名设为索引，那么可分如下两步处理。

```
In: df3.reset_index(inplace=True)          # 先将df3的原索引列学号恢复为数据列
In: df3
   学号 姓名  成绩1  成绩2
0   A1   a     98     87
1   A2   b     90     80
In: df3.set_index('姓名', inplace=True)   # 再将姓名列设为索引列
```

8.5.3 重复值处理

Pandas提供了检测和删除重复值的方法，如下所示。

```
In: s = Series(list('abac'))
Out:
0    a
1    b
2    a
3    c

In: s.duplicated()       # 检测重复值，返回布尔数组，重复值处显示True
Out:
0    False
1    False
2     True
3    False
dtype: bool

In: s.drop_duplicates()  # 删除重复值
Out:
0    a
1    b
3    c
```

对于数据框，在删除重复值时可指定判断的列。

```
In: df = DataFrame({'c1': ['a', 'a', 'b'], 'c2': ['a', 'b', 'b'], 'c3': ['a', 'b', 'x']})
Out:
  c1 c2  c3
0  a  a  a
1  a  b  b
2  b  b  x
In: df.drop_duplicates('c1')     # c1列上删除重复值
Out:
  c1 c2 c3
0  a  a  a
2  b  b  x

In: df.drop_duplicates('c2')     # c2列上删除重复值
Out:
  c1  c2 c3
0  a  a  a
1  a  b  b
```

8.5.4 排序和排名

1. 排序

数据集排序是一种常见的操作。排序一般可以按索引或数据值进行。对行或列索引排序时使用sort_index()方法，按数据值排序时使用sort_values()方法。排序后返回一个有序的新对象，而并不直接改变原数据集的顺序。要直接变动原数据集，使用类似s=s.sort_index()或

s.sort_index(inplace=True)的语句。

```
In: s = Series([2, 5, 1], index=['d', 'a', 'b'])
Out:
d    2
a    5
b    1
dtype: int64

In: s.sort_index()   # 按索引'a b d'排序，返回新对象，不改变原对象
Out:
a    5
b    1
d    2
dtype: int64

In: s.sort_values()  # 按数据值1 2 5排序
Out:
b    1
d    2
a    5
dtype: int64

In: s.sort_index(ascending=False)     # 按索引逆序排
Out:
d    2
b    1
a    5
dtype: int64
```

对数据框排序时，可以设定axis参数以指定按行或按列排序。

```
In: np.random.seed(7)                              # 设置随机数种子值7
In: arr = np.array(np.random.randint(1, 100, size=9)).reshape(3, 3)
In: df = DataFrame(arr.reshape(3, 3), columns=['x','y','z'], index=['a','b','c'])
Out:
    x   y   z
a  48  69  26
b  68  84  24
c  93  58  15

In: df.sort_index(axis=1, ascending=False)     # 按列名索引降序z y x排列
Out:
    z   y   x
a  26  69  48
b  24  84  68
c  15  58  93

In: df.sort_values(by='y')                     # 按y列的数值排序
Out:
    x   y   z
c  93  58  15
```

```
a  48  69  26
b  68  84  24

In: df.sort_values(by=['y','z'])                # 先参照y列，再参照z列排序
```

注意，无论是升序排序还是降序排序，缺失值都排在末尾。

2．排名

排名和排序类似，但会自动生成一个排名号。排名操作使用rank()方法。

```
In: s = Series([3, 5, 8, 5], index=list('abcd'))
Out:
a    3
b    5
c    8
d    5

In: s.rank()   # 排名，默认按数据值升序排名，排名相同时取平均排名
Out:
a    1.0
b    2.5
c    4.0
d    2.5

In:pd.concat((s, s.rank()), axis=1)   # 将s和其排名合并
Out:
    0   1
a   3   1.0
b   5   2.5
c   8   4.0
d   5   2.5
```

上例中索引a的数值最小，排第1。索引b,d的数值相同，应排在第2、3名，取平均名次(2+3)/2=2.5，索引c排在第4。

```
In: s.rank(method='first')  # 指定名次的生成方法为first
Out:
a    1.0
b    2.0
c    4.0
d    3.0
dtype: float64
```

上例中名次的生成方法为method='first'，表示排名相同时不计算平均名次，而是以数据出现的先后顺序排列。要按数据值逆序排名，可使用s.rank(ascending=False)命令。

8.5.5 数据框连接

Pandas提供了merge()方法，它可连接不同数据框的行，类似于关系数据库的连接运算，是多表处理中常见的操作。

```
In: df1 = DataFrame({'color':['r', 'b', 'w', 'w'], 'c1':range(4)})
Out:
  color  c1
0     r   0
```

```
1      b   1
2      w   2
3      w   3

In: df2 = DataFrame({'color':['b', 'w', 'b'], 'c2':range(2, 5)})
Out:
  color  c2
0     b   2
1     w   3
2     b   4

In: pd.merge(df1, df2)   # 或写为pd.merge(df1, df2, on='color')
Out:
  color   c1  c2
0     b   1   2
1     b   1   4
2     w   2   3
3     w   3   3
```

df1和df2有同名列color，pd.merge()自动将同名列作为连接键，横向连接两个数据框的color键值相等的行。连接时，丢弃原DataFrame的索引。

两个数据框的列名不同时，用left_on和right_on参数分别指定。下例中指定c1，c2列为键，表示当df1表的c1列值等于df2表的c2列值时满足连接条件。因为df1，df2中的color列名相同，所以连接后自动加上后缀“_x，_y”进行区分。

```
In: pd.merge(df1, df2, left_on='c1', right_on='c2')
Out:
   color_x  c1  color_y  c2
0        w   2        b   2
1        w   3        w   3
```

pd.merge默认做inner内连接，其他连接方式有"left"、"right"和"outer"。这些方式和数据库中的左外连接、右外连接、外连接的运算规则是相同的。

```
In: pd.merge(df1, df2, how="left")    # 左外连接
In: pd.merge(df1, df2, how="right")   # 右外连接
In: pd.merge(df1, df2, how="outer")   # 外连接
Out:
  color  c1   c2
0     r   0  NaN
1     b   1  2.0
2     b   1  4.0
3     w   2  3.0
4     w   3  3.0
```

pd的连接键位于索引时，可指定参数将索引用于连接键，如下例所示。df1中的索引值0,1,2分别和df2中的索引值0,1,2对应，连接匹配行得到结果。

```
In: pd.merge(df1, df2, left_index=True, right_index=True)   # 将索引用于连接键
Out:
   color_x  c1  color_y  c2
0        r   0        b   2
1        b   1        w   3
2        w   2        b   4
```

与连接有关的另一个方法是pd.concat()，它合并两个数据框。

```
In: np.random.seed(7)
In: df1 = DataFrame(np.random.rand(4).reshape(2, 2), columns=['c1', 'c2'])
In: df2 = DataFrame(np.random.rand(4).reshape(2, 2), columns=['c1', 'c2'])
In: pd.concat([df1, df2], ignore_index=True)   # 默认沿纵向合并，行数增加
Out:
         c1        c2
0  0.076308  0.779919
1  0.438409  0.723465
2  0.977990  0.538496
3  0.501120  0.072051

In: pd.concat([df1, df2], axis=1)              # axis=1沿横向合并，列数增加
Out:
         c1        c2       c1        c2
0  0.076308  0.779919  0.97799  0.538496
1  0.438409  0.723465  0.50112  0.072051
```

8.5.6 数据分箱

数据分箱是指将数据划分到指定的区间段，以便统计每个区间的数据个数。例如，将年龄分为老、中、青、儿童区间段，将成绩分为优、良、中、不及格区间段等。Pandas中用于数据分箱的方法是pd.cut()，在分箱前要自定义数据区间段，还可以设置对应的标识文字。

```
In: np.random.seed(7)
    score = np.random.randint(30, 100, size=100)  # 生成100个随机整数
    bins = [0, 59, 70, 85, 100]                   # 定义区间段
    labels = ['不及格', '中', '良', '优']           # 设置各段的标识文字
    scut = pd.cut(score, bins, labels=labels)     # 将score按bins分箱
    type(scut)                                    # 查看scut的数据类型
Out: pandas.core.arrays.categorical.Categorical

In: scut
Out:
[良, 优, 不及格, 优, 不及格, ..., 良, 不及格, 不及格, 优, 优]
Length: 100
Categories (4, object): [不及格 < 中 < 良 < 优]

In: scut.value_counts()                           # 统计各类别的数据个数
Out:
不及格  42
优      24
良      22
中      12
dtype: int64
```

从上例可见，分箱后得到的scut对象类型为Categorical。分箱时将原始数据归入某个数据区间段，得到以标识文字表示的分箱数据。分箱的区间默认是右包含，即(0,59]对应“不及格”，(59,70]对应“中”，(70,85]对应“良”，(85,100]对应“优”。value_counts()的统计结果是一个Series，如下所示。

```
In: s = scut.value_counts()             # 统计的结果是Series
    type(s)
Out: pandas.core.series.Series

In: s.index                             # 查看索引
CategoricalIndex(['不及格', '优', '良', '中'],
categories=['不及格', '中', '良', '优'], ordered=True, dtype='category')
```

在上条命令中查看索引可知，分箱后['不及格', '中', '良', '优']形成了一个category数据类，自动构成了一个有序排列，所以可用下面的命令按索引顺序排列。

```
In: s.sort_index()                      # 按索引升序排列
Out:
不及格  42
中      12
良      22
优      24
dtype: int64

In: s.sort_values(ascending=False)     # 按数据降序排列
Out:
不及格  42
优      24
良      22
中      12
```

除了自行指定分箱区间，还可采用下面两种分箱模式。

```
In:dcut = pd.cut(score, 5)          # 5表示分为5个等深的区间，区间范围相同
   dcut.value_counts()
Out:
(85.2, 99.0]       24
(43.8, 57.6]       21
(71.4, 85.2]       21
(29.931, 43.8]     18
(57.6, 71.4]       16

In:qcut = pd.qcut(score, 4)     # qcut按分位数等分为4个区间，每个区间的数据量大致相同
   qcut.value_counts()
Out:
(29.999, 49.0]     27
(66.5, 85.0]       26
(85.0, 99.0]       24
(49.0, 66.5]       23
```

8.5.7　多级索引

Pandas不仅支持普通的一级索引，而且支持多级索引（MultiIndex）。多级索引可以更好地表达数据之间的联系。假定A、B两类产品都有红、绿两种颜色，构造销售数据如下。

```
# 创建多级索引
In: mindex = pd.Index([('A', 'r'), ('A', 'g'), ('B', 'r'), ('B', 'g')], name=('product', 'color'))
# 利用多级索引创建数据框
```

```
In:df = DataFrame(np.arange(2, 10).reshape(4, 2), index=mindex, columns=['一月','二月'])
Out:
                一月  二月
product color
A       r       2   3
        g       4   5
B       r       6   7
        g       8   9

In: df.index
Out:
MultiIndex([('A', 'r'),
            ('A', 'g'),
            ('B', 'r'),
            ('B', 'g')],
           names=['product', 'color'])
```

可以看出，df的索引是两级索引，可称为0级和1级，索引分别命名为product和color。

```
In: df.loc['B']                          # 查看B类产品
Out:
   一月  二月
color
r    6    7
g    8    9
In: df.loc[('B', 'r')]                   # 查看B类中的红色r产品
Out:
一月    6
二月    7
Name: (B, r), dtype: int32

In: df.loc[(slice(None), 'r'), :]        # 查看所有的红色r产品
Out:
               一月    二月
product   color
A            r    2    3
B            r    6    7
```

上例参数表中的slice(None)是用于多级索引的切片语法，此处表示0级索引值任意，1级索引值应为'r'。注意，这里不能写为(:, 'r')。参数中最后的“:”代表所有列。多级索引的语法表达方式要复杂一些，一般多用于数据的分类统计。这条命令也可写为如下形式。

```
In:df.xs('r', level='color')   # 显示红色r产品
In:df.xs('r', level=1)         # 显示红色r产品，同上
```

多级索引便于按索引统计，如下所示。

```
In: df.loc['A'].sum().sum(),  df.loc['B'].sum().sum()
Out: (14,30)              # 按A、B类求和
In: df.loc[(slice(None), 'r'), :].sum().sum()
Out: 18                   # 求颜色r产品数量和
```

多级索引的数据框常用stack()和unstack()命令进行索引转换，以满足数据统计的要求。

```
In: df2 = df.unstack()        # 默认将最内层的1级行索引转为列索引
```

```
Out:
            一月      二月
color      g    r    g    r
product
A          4    2    5    3
B          8    6    9    7

In: df2.columns
Out:
MultiIndex([('一月', 'g'),
            ('一月', 'r'),
            ('二月', 'g'),
            ('二月', 'r')],
           names=[None, 'color'])
```

转换得到的df2的列变为多级索引，使用类似df2['一月']或df2[('一月','g')]的语法访问。

```
In: df.stack()              # 将列索引（列名）变为行索引
Out:                        # 行索引现有3级，第0,1,2三级
product  color
A  r  一月    2
      二月    3
   g  一月    4
      二月    5
B  r  一月    6
      二月    7
   g  一月    8
      二月    9
```

8.5.8　字符串处理

字符串是最常见的数据类型。Pandas为字符串类型的列提供了形如“obj.str.方法()”的一系列命令，以实现对字符串的整列向量化处理。为演示字符串处理，下面构造一个由几部英文电影名构成的Series。

```
In: s = Series(['Beauty and the Beast', 'Captain America: Civil War',
        'Jurassic World', 'Toy Story'])
In: s.str.len()           # 返回字符串长度
Out:
0    20
1    26
2    14
3     9

In: s.str.split()         # 分割字符串
Out:
0          [Beauty, and, the, Beast]
1    [Captain, America:, Civil, War]
2                  [Jurassic, World]
3                       [Toy, Story]
```

```
In: s.str[:6]           # 字符串切片
Out:
0    Beauty
1    Captai
2    Jurass
3    Toy St

In: s.str.contains('War')     # 测试电影名中是否包含War
Out:
0    False
1    True
2    False
3    False

In: s.str.replace(' ', '-')   # 字符替换，用横线'-'替换空格
Out:
0           Beauty-and-the-Beast
1     Captain-America:-Civil-War
2                 Jurassic-World
3                      Toy-Story
```

示例的字符串方法和Python自带的字符串函数功能类似，但可以对整列进行处理。这些方法一般在数据清洗、转换时使用。对于非字符串的列，可以使用"列.astype('str').str.方法()"的形式转为字符串后再处理。

8.6 分组统计

8.6.1 分组对象概述

Pandas支持数据分组操作，其功能类似于数据库中的group by（分组统计）。先构造测试数据如下。

```
In: df = pd.DataFrame({'color': ['red', 'white', 'black', 'red', 'black', 'red'], 'size':
['s','m','b','s','m','b'], 'price': [10, 11, 12, 20, 21, 22], 'quantity': [1, 2, 3, 3, 4, 5]})
Out:
   color  size  price  quantity
0    red    s    10        1
1  white    m    11        2
2  black    b    12        3
3    red    s    20        3
4  black    m    21        4
5    red    b    22        5
```

我们对这批数据按color或size分组，继而对每组进行相应的统计。

```
In: g = df.groupby('color')    # 按color分组
In: type(g)
Out: pandas.core.groupby.generic.DataFrameGroupBy
```

分组得到的g变量是一个DataFrameGroupBy对象，它实际上还没有进行任何分组统计，仅含有一些有关分组如何划分的关键信息。分组对象具有很多特殊的属性和方法，如表8.4所示。

表8.4 Pandas分组对象的属性和方法

分组对象的属性和方法	描 述
g.ngroups	分组数属性
g.size()	列出每个分组所含的数据个数
g.sum(), g.mean(), g.std()	对每组数值列求和、均值、标准差
g.groups	列出每个分组包含的数据索引
g.head(n), g.nth(n)	列出分组的前n个数据，第n个数据
g.describe()	对分组进行统计，返回一组常用统计量
g.agg([函数1, 函数2])	对分组数据按指定函数进行统计

```
In: g.ngroups                          # ngroups分组数
Out:3

In: g.groups                           # 列出每个分组包含的数据索引
Out:
{'black': [2, 4], 'red': [0, 3, 5], 'white': [1]}
```

如果用for循环遍历分组对象，那么遍历时每次取出的是一个组名和组内容，代码如下。

```
In: for  name,  group  in  g:
        print(name)                    # 输出组名
        print(group)                   # 组内容
Out:
black
   color size  price  quantity
2  black    b     12         3
4  black    m     21         4
red
  color size  price  quantity
0   red    s     10         1
3   red    s     20         3
5   red    b     22         5
white
   color size  price  quantity
1  white    m     11         2
```

要注意分组后不要修改原数据框，否则统计结果和修改后的新数据框会不一致。

8.6.2 分组对象的统计方法

分组对象支持的常用统计方法示例如下。

```
In: g.size()                      # 列出每个分组的数据条数
Out:
color
black     2
red       3
white     1

In: g.sum(numeric_only=True)     # 只对数值列求和
Out:                             # 新版pd如不指定此参数，会将字符串列也相加
```

```
       price  quantity
color
black     33         7
red       52         9
white     11         2
```

分组对象可以使用get_group()方法得到指定的分组数据。

```
In: g.get_group('black')          # 指定返回black组数据
Out:
   price  quantity size
2     12         3    b
4     21         4    m

In: g.head(2)                     # 取每个分组的头2个数据
   color size  price  quantity
0    red    s     10         1
1  white    m     11         2
2  black    b     12         3
3    red    s     20         3
4  black    m     21         4

In: g.nth(0)                      # 取每组的第0条数据
Out:
      size  price  quantity
color
black    b     12         3
red      s     10         1
white    m     11         2
```

分组对象的数值列可以执行describe()操作，返回一组统计值。

```
In: g.price.describe()   # 对price列做describe，得到一组常用统计量
Out:
       count   mean       std     min    25%    50%    75%    max
color
black    2.0  16.500000  6.363961  12.0  14.25  16.5  18.75  21.0
red      3.0  17.333333  6.429101  10.0  15.00  20.0  21.00  22.0
white    1.0  11.000000       NaN  11.0  11.00  11.0  11.00  11.0
```

分组对象有一个agg聚合方法，它允许传递多个统计函数，因此可以一次性得到多个统计值，示例如下。

```
# 对quantity列求和、均值、最大值、最小值
In: g.quantity.agg(('sum', 'mean', 'max', 'min'))
Out:
       sum  mean  amax  amin
color
black    7   3.5     4     3
red      9   3.0     5     1
white    2   2.0     2     2

In: g.quantity.agg([('均值','mean'), ('最大值','max')])      # 定义列名
Out:
```

```
        均值  最大值
color
black  3.5    4
red    3.0    5
white  2.0    2
```

8.6.3 数据透视表和交叉表

Excel有一个很有用的数据透视表功能，Pandas的pivot_table()命令提供类似的功能。

```
In: df                          # 沿用前面的示例数据df
Out:
   color size  price  quantity
0    red    s     10         1
1  white    m     11         2
2  black    b     12         3
3    red    s     20         3
4  black    m     21         4
5    red    b     22         5

In: df.pivot_table(index='color', columns='size', values='quantity', aggfunc='sum',
     margins=True)
Out:
size      b    m    s    All
color
black     3.0  4.0  NaN  7
red       5.0  NaN  4.0  9
white     NaN  2.0  NaN  2
All       8.0  6.0  4.0  18
```

上面参数中index指定分组列，将数据分为大组。columns指定列名，相当于大组内又分为小组。values指定要统计的列，aggfunc指定统计方法。例如，'sum'表示求和，'mean'表示求均值，'count'表示计数。margins=True表示加上分项小计All。

```
In:df.pivot_table(index=['color','size'], values='quantity', aggfunc='count')
Out:                # 统计数据次数
             quantity
color  size
black    b      1
         m      1
red      b      1
         s      2
white    m      1
```

交叉表是用于计算分组频数的特殊透视表，使用命令pd.crosstab。

```
In:pd.crosstab(index=df['color'], columns=df['size'])  # 统计数据频数
Out:
size     b    m    s
color
black    1    1    0
red      1    0    2
white    0    1    0
```

在以上参数中，index指定分组列，columns指定列名。统计每类数据出现的频数。

```
# normalize 计算所占百分比，'all'按总数，'index'按每行，'columns'按每列
In:pd.crosstab(index=df['color'], columns=df['size'], normalize='all').round(2)
Out:
 size     b         m         s
color
black    0.17      0.17      0.00
red       0.17      0.00      0.33
white    0.00      0.17      0.00
```

8.7　时间序列

我们日常处理的数据很多都与时间相关，如股票数据、穿戴式设备每日采集的身体健康数据。Pandas最初研发的目的是作为金融数据分析包，它提供丰富的时间序列处理方法，不同索引的时间序列之间的算术运算会自动按日期对齐。

8.7.1　Pandas中的时间函数

1．to_datetime()

Pandas提供to_datetime()函数用于将字符串转换为时间值，该函数能识别不同格式的日期字符串。

```
In: pd.to_datetime('2023-2-20')                          # 年-月-日
Out: Timestamp('2023-02-20 00:00:00')
# 'mixed'表示多种格式均可识别，pd 2.1需此参数。低版本pd不要设此参数
In: pd.to_datetime(['2/20/2023', '2023.2.20'], format='mixed')
Out: DatetimeIndex(['2023-02-20', '2023-02-20'], dtype='datetime64[ns]', freq=None)

In: pd.to_datetime('2023-2-20 15:30:00')                 # 年-月-日 时:分:秒
Out: Timestamp('2023-02-20 15:30:00')

In: import datetime
     today = datetime.datetime.now()                     # 生成今天的日期
In: today + pd.DateOffset(days=3)                        # 后推3天
In: today + pd.DateOffset(years=1, months=6)             # 后推1年6个月
```

如下数据框索引类型初始不是日期类型，可用to_datetime()方法将其转换为日期类型，以便后续按日期段处理。

```
In: df=DataFrame(np.arange(2,5),index=['2019-1-1','2019-1-5','2019-1-10'], columns= ['A'])
In: df.index      # 初始索引的数据类型是object，不是日期型
Out: Index(['2019-1-1', '2019-1-5', '2019-1-10'], dtype='object')

# 将索引的数据类型转为日期型
In: df.index = pd.to_datetime(df.index)
In: df.index
Out: DatetimeIndex(['2019-01-01','2019-01-05','2019-01-10'],
     dtype='datetime64[ns]', freq=None)
```

2．date_range()

date_range()用于产生指定日期段内的一系列日期索引值。调用格式为

```
pd.date_range(起始日期，结束日期，periods=周期数，freq=日期频率)
```

表8.5中给出了date_range()函数的常用freq参数表。

表8.5 date_range()函数的常用freq参数表

参 数 名	含 义
H	时
T	分
S	秒
L	毫秒
D	日历日（每天，此为默认值）
B	商业日（只含周一至周五，不含周六、日）
W	周
M	月底（如1月31日，2月28日，6月30日）
MS	月初（如1月1日，2月1日，6月1日）
Q	季末（如3月31日，6月30日）
QS	季初（如1月1日，4月1日）
A	年底
AS	年初

```
In: pd.date_range('2019-02-01', '2019-02-28')                # 默认频率为1天
Out:                                                         # 共生成28个日期索引
DatetimeIndex(['2019-02-01', '2019-02-02', '2019-02-03', '2019-02-04',
                …      …      …    …
               '2019-02-25', '2019-02-26', '2019-02-27', '2019-02-28'],
               dtype='datetime64[ns]', freq='D')

In: pd.date_range('2019-02-01', '2019-02-28', freq='3D')     # 频率为每3天
Out:
DatetimeIndex(['2019-02-01', '2019-02-04', '2019-02-07', '2019-02-10',
               '2019-02-13', '2019-02-16', '2019-02-19', '2019-02-22',
               '2019-02-25', '2019-02-28'],
               dtype='datetime64[ns]', freq='3D')

In: pd.date_range('2019-01-02', periods=5, freq='B')     # 5个商业日(不含周六、周日)
Out: DatetimeIndex(['2019-01-02', '2019-01-03', '2019-01-04',
'2019-01-07', '2019-01-08'], dtype='datetime64[ns]', freq='B')

In: pd.date_range('2023-01-01', '2023-06-30', freq='MS')     # 每月初
In: pd.date_range('2023-10-01', '2023-10-10', freq='2H')     # 每2小时
```

有时需要对日期序列数据做shift（移动）转换，以便计算相邻日期之间的数据变动。

```
In: data = [10, 11, 10.8, 10.2, 10.5]
    # 从9月1日开始返回5天，B表示商业日，不含周六、周日
    dateindex = pd.date_range('2023-9-1', periods=5, freq='B')
    price = Series(data, index=dateindex)
    price
Out:
2023-09-01    10.0
```

```
2023-09-04    11.0
2023-09-05    10.8
2023-09-06    10.2
2023-09-07    10.5

In: price.shift(1)                    # 后移一个数据位
Out:
2023-09-01     NaN
2023-09-04    10.0
2023-09-05    11.0
2023-09-06    10.8
2023-09-07    10.2

In: price - price.shift(1)           # 运算时日期对齐，相当于计算相邻两天的价格差
Out:
2023-09-01    NaN
2023-09-04    1.0
2023-09-05   -0.2
2023-09-06   -0.6
2023-09-07    0.3

# 计算变动百分比
In: (price - price.shift(1))/price.shift(1)
Out:
2023-09-01     NaN
2023-09-04    0.10
2023-09-05   -0.02
2023-09-06   -0.06
2023-09-07    0.03
```

因为price的索引为日期类，可以便捷地取出各类时间成分。

```
In:price.index.year  # 年份
In:price.index.day   # 天
Out:
Int64Index([1, 4, 5, 6, 7], dtype='int64')
```

如果数据框的某列为日期类，可用.dt.格式引用日期数据。

```
In:df = DataFrame({'riqi':dateindex, 'a':range(5)})
   df.riqi.dt.year   # 日期类数据列可用.dt.格式取得各时间成分
Out:
0    2023
1    2023
2    2023
3    2023
4    2023
In: df.riqi + pd.DateOffset(days = 5) # 后推5天
Out:
0   2023-09-06
1   2023-09-09
2   2023-09-10
3   2023-09-11
```

```
4   2023-09-12
Name: riqi, dtype: datetime64[ns]
```

8.7.2　时间频率变换

用时间作为索引时，可以方便地按时间段查看数据。

```
In: np.random.seed(7)
    dates = pd.date_range('2023-1-1', periods=365)
    s = Series(np.random.randn(365), index=dates)  # 生成2023年全年的随机数据
In: s['2023-1']                        # 选取2023年1月的数据，输出数据略
In: s['2023-02':'2023-04']             # 选取2023年2月至4月的数据
```

对时间序列数据可用resample()方法按不同频率进行重采样，然后对样本进行计算。

```
# 按1个月的频率重采样
In: s.resample("1M").mean()            # 按月求均值，行标签默认是月末
Out:
2023-01-31   -0.094655
2023-02-28   -0.025065
…            …
In: s.resample("1MS").first()          # 每月第1天数据，MS表示行标签是月初
Out:
2023-01-01    1.69
2023-02-01    1.07

In: s.resample("10D").sum()            # 每10天求和
Out:
2023-01-01    0.740609
2023-01-11   -2.822628
2023-01-21   -0.109718

# 每10天一次采样，返回每组样本的最大值、最小值
In: s.resample("10D").agg(['max', 'min'])
Out:
                 max       min
2023-01-01  1.690526 -1.754724
2023-01-11  0.554580 -1.526525
2023-01-21  2.029072 -2.288315
```

上例返回结果的第一行表示2023-01-01至2023-01-10这10天中的最大值、最小值。

8.7.3　滑动窗口的rolling函数

处理金融数据时，经常需要计算x日的股票均价，这时可用滑动窗口的rolling函数。例如，有一组数据，若设定rolling(3)，则每个数据和其前面的两个数据构成一个观察窗口，同一窗口内的数据可做各类常规统计。

```
In:s = Series([2, 3, 5, 7, 6])
    s.rolling(3).mean()     # 每3个数据求均值
Out:
0     NaN
1     NaN
2    3.33
```

```
3    5.00
4    6.00
```

计算时，前两个数据因其前面的数据量不足，所以返回NaN。从索引2开始，每三个连续的数据计算一次均值。

下面用rolling函数绘制某模拟股票的股价均线图。

```
import pandas as pd
import numpy as np
import matplotlib.pyplot as plt
np.random.seed(7)
dates = pd.date_range('2023-1-1', '2023-05-31', freq='B')
price = np.linspace(10,14,len(dates)) + np.random.randn(len(dates)) # 模拟股价
df = pd.DataFrame(price, index=dates, columns=['price'])
df.price.plot(label='close')                            # 日线
df.price.rolling(5).mean().plot(label='5')              # 5日均线
df.price.rolling(10).mean().plot(label='10')            # 10日均线
df.price.rolling(60).mean().plot(label='60')            # 60日均线
plt.legend();                                           # 显示图例，绘图详见第9章
```

结果如图8.2所示。注意，各均线前面都缺一段数据，因为前面的数据量不够，不足以计算x日的均价，均以NaN值替代。

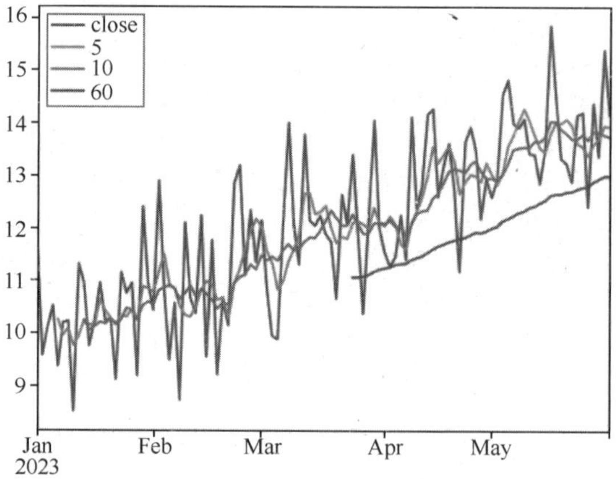

图8.2　股价5/10/60日均线图

8.8　实例应用

前面介绍了Pandas的基本操作，下面来看三个实例应用。

8.8.1　泰坦尼克号数据集分析

泰坦尼克号是史上著名的邮轮，首航时共搭载2224人，但海难发生后仅710人生还。研究人员收集整理了乘客数据集，用于研究生还者与哪些因素有关。在机器学习示例中经常出现此数据集。

```
In: tit = pd.read_excel('data/titanic.xlsx')    # 读取数据集
```

读取后得到一个DataFrame，查看数据如下。

```
In: tit.shape
Out: (891, 15)          # 891行x15列
```

```
In: tit.head(3)          # 显示前3行数据
Out:
   survived  pclass    sex   age  ...  deck  embark_town  alive  alone
0         0       3   male  22.0  ...   NaN  Southampton     no  False
1         1       1 female  38.0  ...     C    Cherbourg    yes  False
2         1       3 female  26.0  ...   NaN  Southampton    yes  True
[3 rows x 15 columns]

In: tit.columns          # 显示列名
Out:
Index(['survived', 'pclass', 'sex', 'age', 'sibsp', 'parch', 'fare',
       'embarked', 'class', 'who', 'adult_male', 'deck', 'embark_town',
       'alive', 'alone'], dtype='object')
```

数据集的结构如表8.6所示。表中的一些标注是为了让读者快速了解数据集，后面的示例中将演示如何得到这些统计数据。

表8.6　泰坦尼克号数据集字段说明

英文字段名	中 文 含 义	数据值描述
survived	是否生还（数字0,1）	0（no），1（yes）
pclass	客舱等级（数字1,2,3）	1,2,3对应一、二、三等舱
sex	性别	male，female
age	年龄	浮点，177条记录此字段缺失
sibsp	船上兄弟姐妹的人数	整数，283条记录此字段值>0
parch	船上父母和孩子的人数	整数，213条记录此字段值>0
fare	客运票价	浮点
embarked	登船港口（单个字符）	三类：S，C，Q
class	客舱等级（字符描述）	三类：First，Second，Third
who	类型	三类：man，woman，child
adult_male	是否成年男性	True，False
deck	舱面	A C D E G，688条记录此字段缺失
embarked_town	登船港口全名	共三个港口
alive	是否生还	字符：no，yes
alone	是否单独一人	True（537条）、False（354条）

survived字段只有0和1两种取值，1代表生还。计算平均生还率的程序如下。

```
In: tit['survived'].mean()          # 平均生还率
Out: 0.3838383838383838
In: tit.isnull().sum()              # 查看各列数据的缺失情况
Out:
survived        0
pclass          0
sex             0
age           177
sibsp           0
embarked        2
deck          688
...  ...                            # 略
```

上面的数据显示，age列有177个NaN值（缺失数据），deck列有688个NaN值。下面查看各列的取值情况：

```
In: tit.survived.unique()                    # 取唯一值
Out: array([0, 1], dtype=int64)
In: tit.pclass.unique()                      # 客舱等级
Out: array([3, 1, 2], dtype=int64)           # 分为1,2,3等级
In:tit.sex.unique()                          # 性别
Out: array(['male', 'female'], dtype=object)

In: tit.pclass.value_counts()                # 统计每类客舱人数
Out:
3    491
1    216
2    184

In: tit.groupby('pclass')['survived'].mean()   # 按客舱等级统计生还率
Out:
pclass
1    0.629630
2    0.472826
3    0.242363
```

从统计数据可以看出，一等客舱生还率最高，三等客舱生还率最低，与之对应的是各等级客舱的票价也有很大差异。

```
# 统计每个客舱等级的平均票价、最高价、最低价
In: tit.groupby('pclass').fare.agg(['mean', 'max', 'min'])
Out:
              mean      max    min
pclass
1        84.154687  512.3292   0.0
2        20.662183   73.5000   0.0
3        13.675550   69.5500   0.0

In: tit.groupby('sex')['survived'].agg(['sum','count','mean']) # 按性别统计生还率
Out:
        sum  count      mean
sex
female  233    314  0.742038
male    109    577  0.188908
```

由按性别统计的结果可见，女性生还率明显高于男性。上例中的agg函数功能强大，可以指定多个统计函数，同时完成求和、计数、求均值的统计。

表中的很多字段都可做类似的分类统计。我们将程序改写如下，以便输出各个字段的分类统计结果。

```
fields = ['pclass', 'sex', 'who', 'embarked']       # 需做分类统计的字段
for  field  in  fields:                             # 按不同字段统计生还率
    print(tit.groupby(field)['survived'].agg(['sum', 'count', 'mean']))
for  field  in  ['sex', 'who', 'pclass', 'alone']:  # 按不同字段计数
    print('\n', field)
```

```
    print(tit[field].value_counts())                     # 输出略
```

表中的parch表示船上父母和孩子的人数，此字段大于0时表示家庭记录。

```
In: tit[tit.parch > 0]['survived'].mean()
Out: 0.5117370892018779
```

约0.51的生还率明显高于平均值0.38，表明确实是家庭优先登上救生艇。

```
In: tit[tit.age < 16].groupby('pclass')['survived'].agg('mean')  # 16岁以下儿童
Out:
pclass
1    0.833333
2    1.000000
3    0.431034
```

统计16岁以下孩子的生还率，可以发现孩子的生还率很高，尤其是二等舱中生还率达到了惊人的100%。

下面设一个年龄区间段，统计每个年龄段的人数。考虑到年龄有很多缺失值，我们选择ffill模式填充（缺失数据用其上一条记录的值填充），填充方法不一定合理，此处仅为演示如何处理缺失值。

```
In: tit.age.fillna(method='ffill', inplace=True)         # 填充缺失值
In: ages = [0,6,16,40,60,100]                             # 年龄区间段
In: pd.cut(tit.age, bins=ages).value_counts()             # 各年龄段人数统计
Out:
(16, 40]     576
(40, 60]     162
(6, 16]       65
(0, 6]        64
(60, 100]     24
```

上面以titanic数据集为例进行了简单的数据统计分析。Pandas还有很多非常好用的功能，请读者进一步探索。

8.8.2　电影票房统计

2008.1—2019.8电影月票房榜数据如下，完成相应统计。数据按月组织，每月11条数据（当月排名前10的电影，除前10外“其他”电影票房之和)。

```
In: movie = pd.read_excel('data/boxmonth.xlsx')
In: movie.columns
Index(['Irank', 'MovieName','WomIndex','avgboxoffice','avgshowcount', 'box_pro',
'boxoffice','days','releaseTime','month','people'], dtype='object')
In: movie.iloc[:2, :7]                          # 查看前2行:前7列数据
Out:
Irank    MovieName WomIndex  avgboxoffice  avgshowcount  box_pro  boxoffice
0    1   集结号    NaN       31            26            43.2     7242
1    2   投名状    NaN       32            16            13.1     2199
```

字段含义分别为：Irank，排名；MovieName，电影名称；WomIndex，口碑指数（很多缺失值）；avgboxoffice，平均票价；avgshowcount，场均人次；box_pro，月度占比；boxoffice，单月票房（万元）；days，月内上映天数；releaseTime，首映日期；month月份列和people观影人数列。

```
In: movie.loc[:, ['boxoffice', 'people']].sum()  # 总票房（万元），总观影人数
```

```
Out:
boxoffice      34272885
people       9815556073

# 查看2008—2019年电影十大票房排行榜
In: m = movie[movie.MovieName!='其他']              # 先排除“其他”行
In: m.groupby('MovieName').boxoffice.sum().sort_values(ascending=False)[:10]
Out:
MovieName
战狼2                    566339.0
流浪地球                  464836.0
复仇者联盟4：终局之战      423944.0
# ……
```

我们可以统计年度票房和月度票房，然后绘制对比图形。

```
# 由于2019年的月份数据不全，因此排除2019年的数据，只统计2008—2018年的数据
In: m = movie[movie.month.str[:4] != '2019']
# 按年度，str[:4]取出年份，以此分类统计，sort_index按索引年度顺序排列
In: ybox = m.groupby(m.month.str[:4]).boxoffice.sum().sort_index()
In: ybox[::-1]
Out:
month
2018    6069736
2017    5583126
2016    4552666
# 作图（图形将在第9章中介绍），如图8.3所示
In: import matplotlib.pyplot as plt
    plt.rcParams['font.sans-serif'] = 'SimHei'  # 中文黑体，确保中文显示正常
    # y轴不采用科学记数法
    plt.gca().get_yaxis().get_major_formatter().set_scientific(False)
    ybox.plot(title='年票房', marker='o', fontsize=14)  # 绘折线图

# 按月份，str[5:7]取出月份，以此分类统计
In: mbox = m.groupby(m.month.str[5:7]).boxoffice.sum().sort_index()
    plt.gca().get_yaxis().get_major_formatter().set_scientific(False)
    mbox.plot(title='月票房', marker='o', fontsize=14)    # 如图8.4所示
```

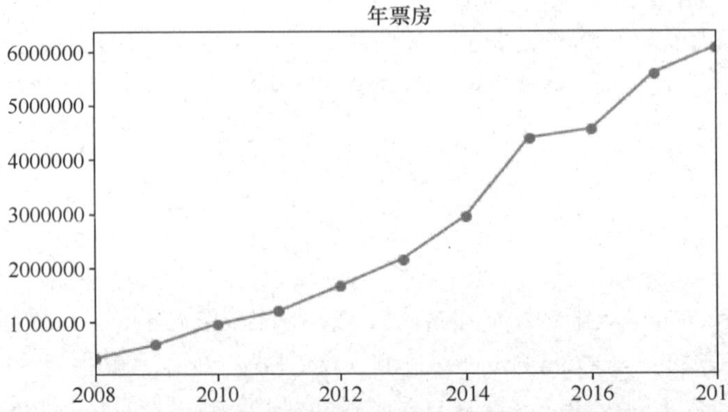

图8.3　2008—2018年电影年度票房对比图

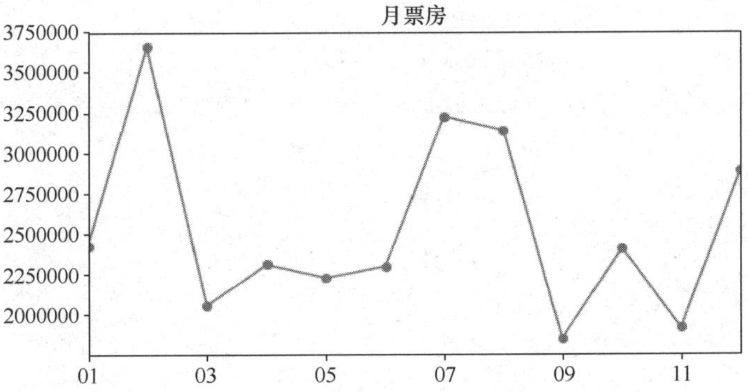

图8.4 电影月度票房对比图

从图8.3和图8.4可以看出，近十年的年度票房增长很快，呈现井喷势头：从2008年的约30亿元增加到了2018年的600亿元。电影月度消费差异很大，春节和暑假消费爆棚，所以这两个档期也是电影公司必争的黄金档期。

```
# 按年度统计观影人数，ascending=False降序
In: p = m.groupby(m.month.str[:4]).people.sum().sort_values(ascending=False)
Out:
2018    1718045678
2017    1622494840
# ... ...

# 计算年度人均票价“年度总票房（万元）/观影人数”，保留1位小数
In: np.round(ybox * 10000/p, 1)
Out:
2008    28.8
2009    30.8
2010    35.3
```

运算ybox*10000/p体现了Pandas索引运算的优势，两列统计数据都以年份为索引，在运算时自动按年份匹配。

8.8.3 足球比赛统计

文件football.xlsx中记录了约 4万场足球比赛的数据，数据截至2018年。各字段的含义如下：date，比赛日期；home_team，主队；away_team，客队；home_score，主队进球数；away_score，客队进球数；tournament，比赛类型；city，城市；country，比赛所在国家。

```
import pandas as pd
fb = pd.read_excel('data/football.xlsx')       # 读数据
print('数据规模:', fb.shape)
print(fb.iloc[:,:6].head(2))                   # 为便于排版，只显示前6列
```

输出内容如下：

```
数据规模: (38929, 8)
         date home_team away_team  home_score  away_score tournament
0  1872-11-30  Scotland   England           0           0   Friendly
1  1873-03-08   England  Scotland           4           2   Friendly
```

要求完成如下统计。

1. 有多少种比赛类型？各有多少场比赛？

```
print('比赛类型数:', fb.tournament.nunique())
print('每类比赛场次:\n', fb.tournament.value_counts())
```

输出内容如下：

```
比赛类型数: 95
每类比赛场次:
Friendly                                16382
FIFA World Cup qualification             7100
UEFA Euro qualification                  2332
African Cup of Nations qualification     1558
FIFA World Cup                            836
                                          ...
```

2. 世界杯相关比赛有多少场？世界杯正赛有多少场？注意，tournament含'FIFA'字样的即是世界杯相关比赛，共有两类：FIFA World Cup qualification（资格赛）和FIFA World Cup（正赛）。

```
print('世界杯相关比赛场次:', fb.tournament.str.contains('FIFA').sum())
print('世界杯正赛场次:', len(fb[fb.tournament=='FIFA World Cup']))
```

输出内容如下：

```
世界杯相关比赛场次: 7936
世界杯正赛场次: 836
```

后续统计都只针对tournament=='FIFA World Cup'的世界杯正赛。

3. 参加过世界杯正赛的共有多少个国家？世界杯比赛中获胜场次最多的是哪个队？统计比赛场次超过10场、胜率最高的前5球队。胜率 = 获胜场次/总场次。

首先筛选出所有正赛场次，保存为w数据框。w应采用copy()获得，这样得到的w和fb是独立的，避免后续修改w时弹出SettingWithCopyWarning警告。

```
w = fb[fb.tournament=='FIFA World Cup'].copy() # 只含世界杯正赛
s = pd.concat((w.home_team, w.away_team))      # 将主队和客队两列连接为一列
print('参加过世界杯的国家数量:', s.nunique())  # 唯一值个数

# 新增win列，记录胜方
w['win']=  np.where(w.home_score > w.away_score,  w.home_team,  w.away_team)
# 若是平局，则胜方为空值
w.loc[w.home_score == w.away_score,'win'] = np.nan
# 每个国家的获胜次数，该Series以国家名为索引
swin = w['win'].value_counts()     # 统计结果默认从大到小排序
print('获胜场次最多的球队:', swin.index[0], '胜次:',swin.iloc[0])

# 总场次
team = pd.concat([w.home_team, w.away_team],ignore_index=True)  # 主队 + 客队
sall= team.value_counts()              # 每个队的总场次，以国家名为索引
sten = sall[sall>=10]                  # 场次大等或等于10

# 胜率 = 获胜次数/总场次
winrate = swin / sten                  # 按国家名对齐索引，若有一方缺失，则为NaN
winrate.sort_values(ascending=False,inplace=True)  # 排序
print('场次超过10场，胜率最高的前5队:\n',winrate[:5])
```

输出内容如下：

```
参加过世界杯的国家数量: 79
获胜场次最多的球队: Brazil 胜次: 70
场次超过10场, 胜率最高的前5队:
Brazil          0.673077
Germany         0.622642
Argentina       0.545455
Italy           0.542169
Netherlands     0.540000
```

4. 各个国家在世界杯比赛上各自打入多少个球?

```
shome = w.groupby('home_team').home_score.sum()  # 按主队分组统计进球
saway = w.groupby('away_team').away_score.sum()  # 按客队分组统计进球
# 相加时国家名作为索引自动匹配，若有一方缺失，则视为0
scountry = shome.add(saway, fill_value=0).sort_values(ascending=False).astype('int')
print('各国家世界杯进球数:\n', scountry)
```

输出内容如下:

```
各国家世界杯进球数:
Germany                224
Brazil                 221
Argentina              131
Italy                  128
```

5. 按年份统计历届世界杯进球数。

```
# 新增score列，记录一场比赛的总进球数
w['score'] = w.home_score + w.away_score      # 主队进球+客队进球
# date.str[:4]取出前4位的年份，按年份分组统计总进球数
snum = w.groupby(w.date.str[:4]).score.sum().sort_index(ascending=False)
print('按年份统计历届世界杯进球数:\n', snum)
```

输出内容如下:

```
按年份统计历届世界杯进球数:
date
2014    171
2010    145
2006    147
        ...
```

8.9 本章小结

本章介绍了Python生态圈重要的数据分析包Pandas。与NumPy相比，Pandas增加了自定义标签支持，既可用整数索引访问，又可用标签访问。单独的一行或一列是Series，整个二维表是DataFrame，创建时可以将列表、字典作为参数传递。

df['列名']或df[['列1','列2']]访问列，df.iloc[整数索引]或df.loc['标签']访问行，df.loc[单行, 单列]访问单个数据。

pd.read_csv()和df.to_csv()存取CSV文件，pd.read_excel()和df.to_excel()存取Excel文件。读/写中文文件时注意encoding字符编码参数。

Pandas运算时默认忽略nan值，标签自动对齐运算。NumPy可使用的通用函数，Pandas都能使用。df.isnull()、df.notnull()用于nan值判断。reindex()用于索引整理，rename()用于重命名，

duplicated()用于重复值判断，sort_index()用于按索引排序，sort_values()用于按数据值排序。

pd.merge()实现数据框连接，pd.cut()实现数据分箱。df.groupby()实现数据分组，pivot_table()产生分组透视表。

Pandas在时间序列处理上很有优势。date_range()产生时间序列索引，resample()按时间频率重采样。

习题

1. Pandas最重要的两种基本数据结构是什么？试各用三种不同的方式创建这两类数据对象。
2. Series和NumPy数组的区别是什么？
3. 对于nan值，Pandas提供了哪些处理函数？
4. 举例说明reindex()、set_index()和reset_index()方法的作用。
5. 试举一例，演示数据框分组的各种操作。
6. Pandas在时间序列上提供哪些函数？
7. Pandas如何读/写CSV文件和Excel文件？
8. 构建两个具有相同字段名的数据框，用pd.merge()方法完成连接。
9. 构建含有1000个随机整数的Series，整数值在区间[1, 100]内，输出显示不重复的数据值，统计每个数据的出现次数。
10. 构建数据框，练习使用pivot_table()分组透视表。

第9章　Matplotlib绘图库

数据可视化是指以图形的方式展示数据。好的图表自己会“说话”，正所谓“一图抵千言”。人们在企业管理和科学研究中积累了大量的数据，这些数据在规模和维度上日益增长。为了揭示数据背后的深刻含义，我们需要对海量数据进行抽取、加工和提炼。前面介绍的NumPy和Pandas就是数据处理的好帮手。本章介绍的Matplotlib是Python平台下的绘图库，它为数据可视化提供了理想的解决方案。

9.1　Matplotlib简介

Matplotlib本是由John D. Hunter发起的一个开源项目，现在已逐步发展为Python生态圈中应用非常广泛的绘图库，它支持二维绘图和部分三维绘图。因为底层依赖于NumPy，所以必须安装NumPy才能使用Matplotlib。Matplotlib借鉴了MATLAB的设计理念，熟悉MATLAB的读者可以很快上手。对于新手，Matplotlib提供了非常丰富的文档和实例，方便用户学习该绘图库的各项功能与操作方法。

读者可在Matplotlib的官方示例网站上看到很多精彩的示例，体验其强大的绘图和数据展示能力。截至2023年10月，该绘图库的最新版本是3.8.1，本章代码在此版本下测试通过。

Matplotlib提供交互绘图方式，用户可在交互环境中执行命令来实时地绘制与修改图形。生成的图形可以保存为多种格式，如png、pdf、jpg、svg等。本章依旧在Anaconda平台的IPython环境下学习Matplotlib。

一般使用下面的命令导入Matplotlib库，本章后续都以plt指代pyplot模块。

```
import  matplotlib.pyplot  as  plt          # 导入pyplot模块并命名为plt
import matplotlib
print(matplotlib.__version__)               # 3.8.1
```

图形输出分为嵌入模式和独立窗口模式两种，在交互窗口中可用下面的两条命令控制图形的输出形式。嵌入模式在IPython的交互窗口中显示图形，图形显示后不能再修改。独立窗口模式将弹出一个窗口显示图形，图形可以放大、缩小和修改。

```
# 嵌入模式(在IPython或Jupyter Notebook内)显示图形
%matplotlib  inline
# 选择qt图形后台，以独立窗口模式显示图形
%matplotlib  qt
```

9.1.1　绘图示例

在IPython交互窗口中执行下面的魔法命令将图形输出设为独立窗口模式。

```
%matplotlib   qt
```

如下代码绘制一条简单曲线 $y = x^2$，如图9.1所示。软件绘图时仍然基于描点连线的原理，因此需要提供曲线上若干点的x坐标和y坐标，这些坐标可用NumPy的数组表达。

```
import  numpy  as  np
import  matplotlib.pyplot as plt                # 导入plt
x = np.linspace(-2, 2, 50)                      # 在区间[-2, 2]内等间距产生50个点
```

```
y = x**2                                              # 计算平方值
plt.plot(x,y,color='blue',ls='--',label='y=x^2')      # 绘制曲线并设定蓝色、破折线、图例
plt.xlabel('x', fontsize=14)                          # x轴标记字符x
plt.ylabel('y', fontsize=14)                          # y轴标记字符y
plt.title('Example', fontsize=18)                     # 设置标题
plt.legend()                                          # 显示图例
plt.show()                                            # 显示图形，见图9.1
```

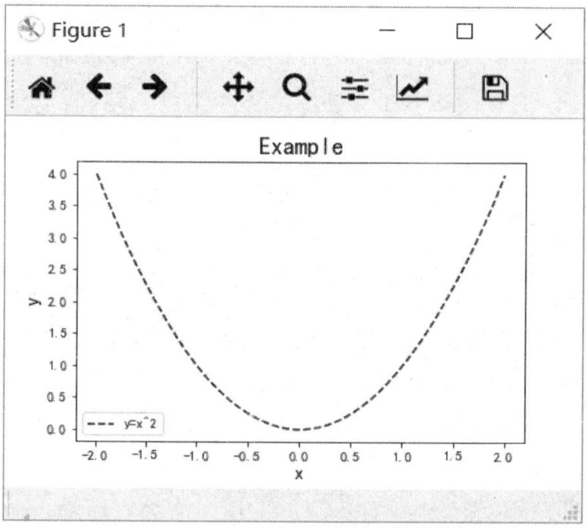

图9.1　$y = x^2$曲线图（独立窗口模式）

图9.1以独立窗口模式显示图形。程序中调用的命令形式皆为“plt.方法()”。每个方法中可指定不同的参数，用于设定线条颜色、线条形状、图例文字等格式信息。独立图形窗口可放大、缩小，并可将图形保存为多种图片格式，支持后续的交互式修改。

图形窗口顶部有8个按钮，具体如下：

- 重置视图：显示最初的视图
- 上一个视图
- 下一个视图
- 移动工具：用于拖动绘图的显示区域
- 缩放工具：可以拖曳出一个矩形窗口以放大选定的图形区域
- 配置子图
- 设置图形参数
- 保存图片

下面再以嵌入模式绘制一条直线 $y = 2x$。

```
%matplotlib  inline

import  matplotlib.pyplot as plt
y = 2*np.arange(10)
plt.plot(y, color='b', ls='-', linewidth=2) # 本例只提供了y值。蓝色、实线、线宽2
plt.title('y=2*x', fontsize=18)
plt.show()
```

绘制折线图时一般应提供x轴和y轴两组数据。若只提供一个序列的数据，则Matplotlib会假

定提供的是y轴数据，并从0开始自动生成x轴上的顺序整数值，所以x轴的数据值会是[0,1,2,…,len(y)-1]。在嵌入模式下，图形显示在IPython的交互窗口中，嵌入模式下的图形只能查看，不能放大和缩小，也不能再进行交互式修改，如图9.2所示。

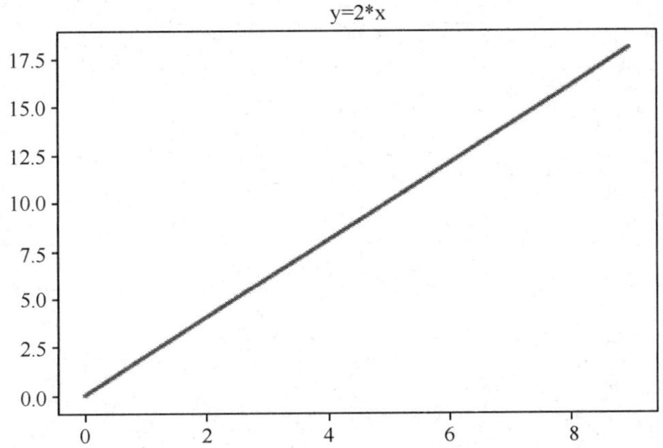

图9.2 $y = 2x$直线图（嵌入模式）

Matplotlib支持两种编程模式：一种是类MATLAB模式，主要通过命令“plt.方法()”绘图；另一种是面向对象编程模式，采用这种模式的等效代码如下。

```
import  matplotlib.pyplot as plt
y = 2*np.arange(10)
ax = plt.subplot()                          # 先生成一个axes子图对象
ax.plot(y)                                  # 然后在axes上绘图
ax.set_title('y=2*x', fontsize=18)          # 设置标题
```

本章后续代码兼用这两种模式。一般来说，plt方式更易掌握，适合初学者。若要做一些复杂的设置，则可采用面向对象模式。两种模式的一部分命令名是完全相同的，如上面的plot；另一部分命令是在plt命令的前面加上“set_”，如set_title( )。

9.1.2 颜色、线型和标记符号

作图时通常需要指定线条的颜色、线型、标记符号等参数，语句格式如下：

```
plt.plot(x, y, ls='线型', color='颜色', marker='标记')
```

常用的各种格式符号如表9.1、表9.2、表9.3所示。

表9.1 linestyle(ls)线型参数表

linestyle参数表	描　述	linestyle参数表	描　述
-	实线	:	虚线
--	破折线	None	空白（不画线）
-.	点画线		

表9.2 color(c)的常用参数表

颜色名称	简　写	描　述	颜色名称	简　写	描　述
red	r	红色	yellow	y	黄色
black	k	黑色	white	w	白色
blue	b	蓝色	green	g	绿色
cyan	c	青色			

表9.3 marker标记符号表

标　记	描　述	标　记	描　述
o	圆圈	s（小写）	正方形
.	点	*	星号
D	菱形	d	小菱形
+	加号	x	X号
v（小写）	一角朝下的三角形	<	一角朝左的三角形
>	一角朝右的三角形	^	一角朝上的三角形
None	空白		

标记符号有多种，读者可以用“plt.plot?”命令查看相关的文档。

```
x = np.arange(10)
y = x**2 + 2 * x + 5
plt.plot(x,y,c='r',ls=':',marker='o',markersize=10)  # 设置颜色、线型、标记符号及标记大小
plt.plot(x, y, 'ro:')                                  # 简写，效果同上条命令，见图9.3
```

上面两条plt.plot()命令设置了红色、虚线、圆圈标记符号，如图9.3所示。第二条画图命令采用了简写方式，将颜色、标记和线型缩写为一个字符串'ro:'。作折线图时如不设置格式符号，则默认的格式符号是'b-'，即蓝色实线，无标记点。

可以一次性传送多组数据和格式符号，以便在一幅图上绘出多条线，如图9.4所示。

```
x = np.arange(10)
y1 = x
y2 = x**2 + 3 * x + 4
y3 = 5 * x + 10
# 三组数据绘制三条线，返回由三条线（Line2D对象）构成的列表
lst = plt.plot(x, y1,'rs-', x, y2, 'b--', x, y3, 'go')
plt.legend(lst, ['Line1','Line2','Line3'])          # 设置列表中每条线的图例，见图9.4
```

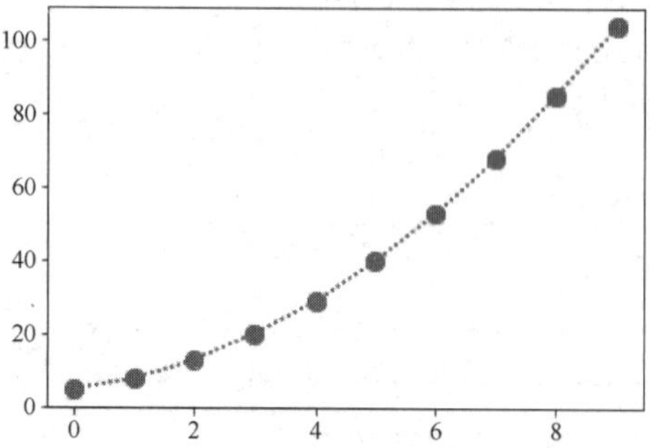

图9.3 红色虚线图

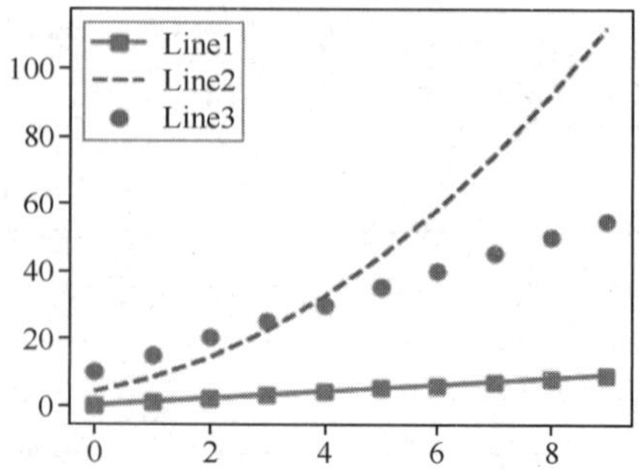

图9.4 一图绘制多条曲线

9.1.3 plt的常用命令

Matplotlib绘图命令的一般形式为“plt.方法(参数)”，如表9.4所示。下面解释其中的一些常用命令项。

表9.4 plt的常用方法表

方 法 示 例	解 释	方 法 示 例	解 释
plt.plot()	折线图	plt.grid(True/False)	显示/不显示网格
plt.xlim(0,5)	设置x轴范围	plt.ylim(0,8)	设置y轴范围
plt.axis('equal')	设置x/y轴单位长度相等	plt.axis('on/off')	显示/不显示坐标轴
plt.xlabel('x轴')	设置x轴标记文字	plt.ylabel('y轴')	设置y轴标记文字
plt.title('图标题')	设置图形标题	plt.legend()	显示图例
plt.text(x,y,'text')	在指定坐标处显示文字	plt.savefig('a.png')	保存图片
plt.figure(figsize=(m,n))	设置图形大小	plt.style.use('风格')	设置绘图风格

plt.title()用于设置图形的标题。如果想限制坐标轴的显示范围，那么可用plt.xlim()和plt.ylim()函数分别设置x轴和y轴的坐标显示区域。

```
plt.plot(np.arange(10))
plt.title('Graph Title', fontsize=18)     # 设置标题
plt.xlim(1, 5)                            # x轴显示范围[1,5]
plt.ylim(2, 6)                            # y轴显示范围[2,6]，图略
plt.axis((1, 5, 2, 6))                    # 同时设x和y轴范围，等同上两条命令
```

因为屏幕的横向和纵向分辨率不同，单位长度对应的横、纵屏幕点数也不同，所以在屏幕上显示一个圆时看起来像是椭圆。这时可用plt.axis('equal')将横、纵轴的屏幕单位长度设为相同。下面的语句是画一个半径为3的圆，其对比效果如图9.5和图9.6所示。

```
x = np.linspace(-3, 3, 100) # 在区间[-3, 3]内生成100个x值
y = np.sqrt(9 - x**2)  # 计算半径为3的圆上的点的y坐标
plt.plot(x, y, x, -y)  # 画半径为3的圆。2组数据，先画上半圆，再画下半圆，见图9.5
#plt.axis('equal')     # 设置x/y轴的单位长度相等。如取消本行注释，效果见图9.6
```

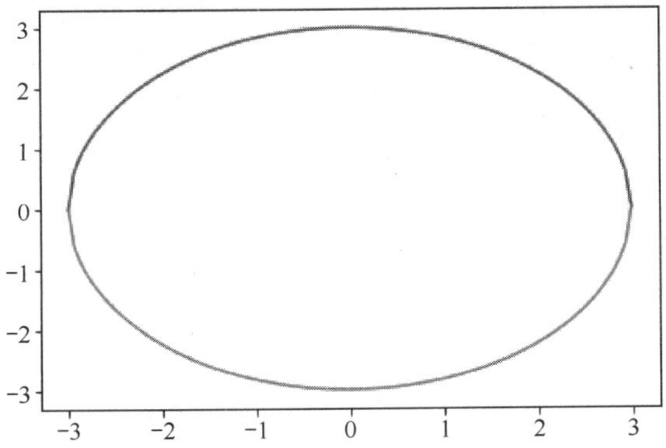

图9.5 未设置axis('equal')的圆

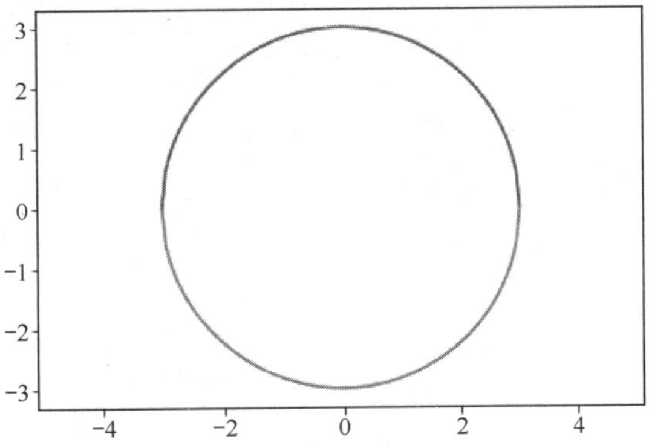

图9.6 已设置axis('equal')的圆

如果要突出图形而淡化其他内容，那么可用plt.axis('off')隐藏坐标轴。如果想更清楚地观察数据值，那么可以用plt.grid(True)显示网格线。

```
x = np.linspace(-3*np.pi, 3*np.pi, 100)   # 在区间[-3π,3π]内生成100个x值
y = np.sin(x)                             # 计算sin值
plt.plot(x, y)                            # 画正弦曲线图
plt.grid(True)                            # 显示网格线，见图9.7
plt.grid(axis='x')                        # 只显示垂直网格线
plt.grid(axis='y')                        # 只显示水平网格线
```

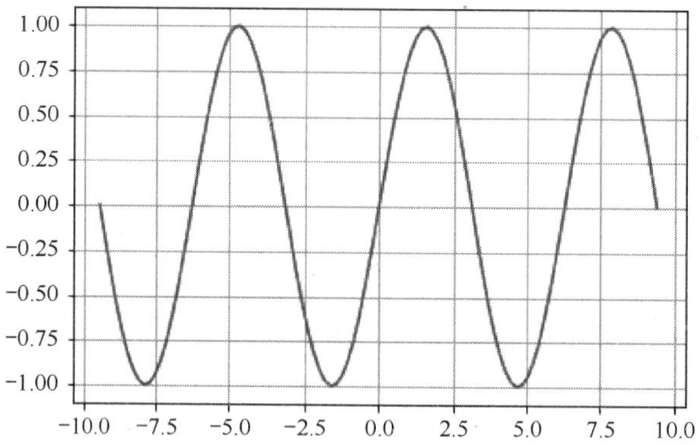

图9.7　设置了网格线的图形

一幅图中经常包含多个子图形，可用参数label='图例名'给各个子图加上图例说明，并用plt.legend()命令显示图例。

```
x = np.arange(10)
y1 = 3*x
y2 = 5*x
plt.plot(x, y1, label='Line1')              # label图例
plt.plot(x, y2, label='Line2')
plt.legend()                                # 按默认方式显示图例，见图9.8
# loc=8图例显示在下方并居中，frameon=False图例不显示外边框，ncol=2分2列
#plt.legend(loc=8, frameon=False, ncol=2) # 见图9.9
```

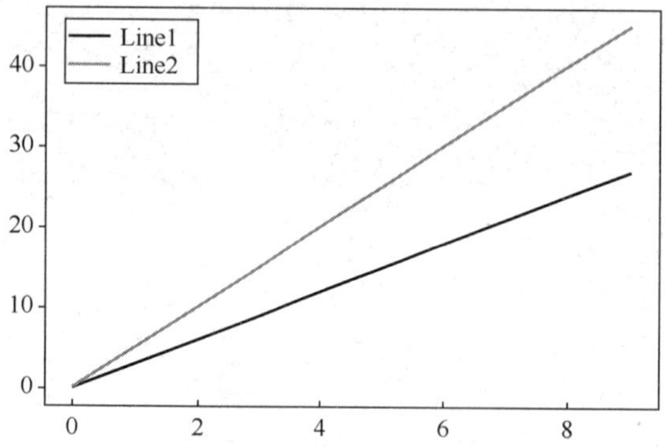

图9.8　图例在默认位置（loc='best'）

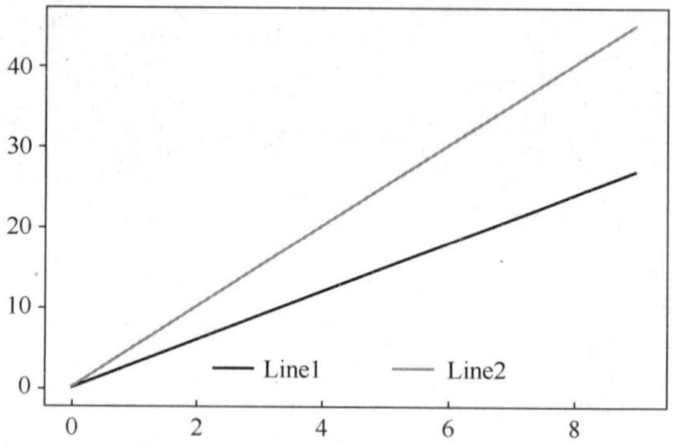

图9.9　图例在指定位置（loc=8）

plt.legend()用于显示图例，可用参数loc='位置'来规定图例的位置，参数值如表9.5所示。参数值用英文字符串('垂直方向 水平方向')或整数表达均可。plt.legend(loc='lower right')和plt.legend(loc=4)的效果相同，都将图例显示在右下角。

表9.5　plt.legend(loc='位置')参数值

位置字符串	整 数 值	位　置	位置字符串	整 数 值	位　置
best	0（默认值，自适应）	最佳	upper right	1	右上
upper left	2	左上	lower left	3	左下
lower right	4	右下	right	5	右
center left	6	左中	center right	7	右中
lower center	8	中下	upper center	9	中上
center	10	居中			

plt.figure(figsize=(6,4))可设置图形的大小，单位为英寸。

plt.savefig('fig.png', bbox_inches='tight')可保存图片，bbox_inches='tight'表示保存时剪除图形周围的空白部分。可用不同的扩展名.png、.jpg、.svg将绘制的图形保存为不同格式的图片。图片默认保存在当前工作目录中。

plt.style.use('风格')用于设置绘图风格，不同风格的图形显示视觉效果有差异。

```
plt.style.available                 # 显示可用的风格名称
plt.style.use('ggplot')             # 设置为ggplot绘图风格
plt.style.use('default')            # 恢复为默认风格
```

Matplotlib的默认配置无法正确显示中文，若在图形中设置了中文标题名，则中文将错误地显示为小方格。要正确显示中文，需要在程序头部做如下设置。

```
import  matplotlib.pyplot  as  plt
plt.rcParams['font.sans-serif'] = ['SimHei']   # 中文黑体，确保中文显示正常
plt.rcParams['axes.unicode_minus'] = False      # 确保负号显示正常
```

绘图库有很多配置项，设置这些选项可修改默认设置，影响之后的所有图形，示例如下。

```
plt.rcParams                             # 查看所有配置项
plt.rcParams['figure.figsize'] = (4,3)   # 设置图形为默认大小（4英寸宽，3英寸高）
plt.rcParams['font.size'] = 14           # 设置全局字号
plt.rcParams['xtick.labelsize'] = 15     # 设置x轴刻度的字号
plt.rcdefaults()                         # 恢复所有的默认参数
```

9.2　几种常见的图形

Matplotlib支持多种图形的绘制，如表9.6所示。前一节演示了折线图的画法，本节演示其他几种图形的画法。

表9.6　Matplotlib支持的常用图形类型

命　令　名	图 形 类 型	命　令　名	图 形 类 型
plt.plot()	折线图	plt.bar()	柱形图
plt.pie()	饼图	plt.barh()	水平条形图
plt.hist()	直方图	plt.scatter()	散点图
plt.boxplot()	箱线图		

表9.6中列出的图形和Excel中的统计图类似，但Matplotlib图形是用编程方式实现的，所以适合处理较大的数据量，且定制性更好。

9.2.1　柱形图

柱形图用于对一组数据值进行比较，是最常见的对比图形。纵置时称为柱形图，横置时称为条形图。

```
sign = list('abcde')
data = [0.2, 0.3, 0.4, 0.5, 0.1]
plt.bar(x=sign, height=data)     # 可简写为plt.bar(sign, data)
plt.ylim([0, 0.7])               # 设置y轴显示区域
# 标注数据值y，y+0.03表示比y值高0.03的位置，ha水平居中
for  x, y in enumerate(data):
    plt.text(x, y+0.03, y, ha='center', fontsize=14)     # 见图9.10
```

绘制柱形图时至少要提供x和height两组参数。如果x是字符型，则依次顺序排列柱形；如果x是数值型，则在x轴对应的位置上显示柱形。下面用面向对象风格绘制柱形图并设置每个柱子的颜色。

```
ax = plt.gca()                                   # 获取当前子图
# alpha透明度（取值为0～1，越接近1，颜色就越深），返回的patch代表所有柱子
patch = ax.bar(x=[0,1,2], height=[5,4,6], color=['r','g','b'], alpha=0.5)
ax.bar_label(patch, label_type='center')  # 标注数值的新方法，plt 3.5新增
ax.set_xticks([0,1,2],['红','绿','蓝'])   # x轴只显示0/1/2刻度，见图9.11
```

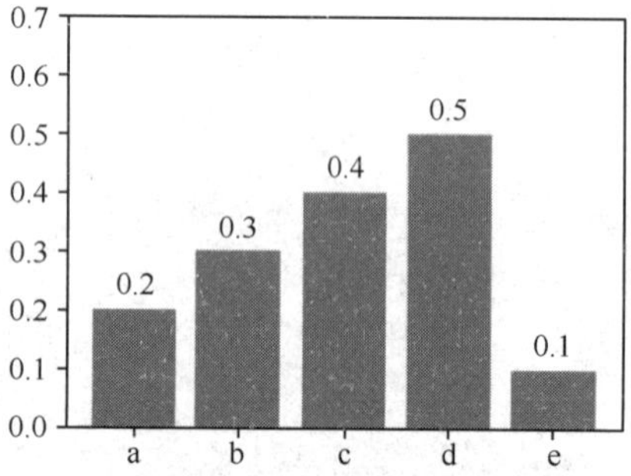

图9.10　柱形图

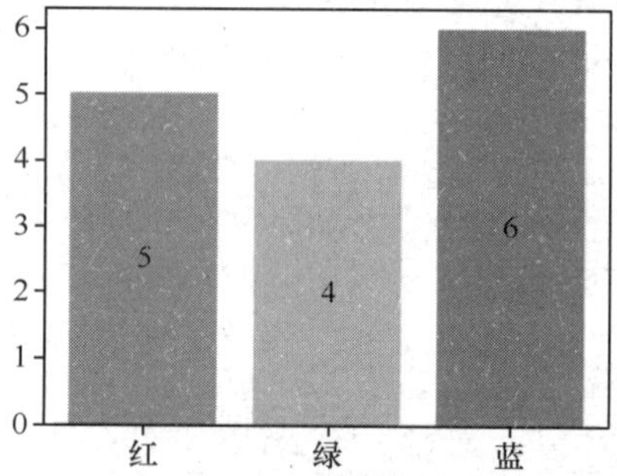

图9.11　柱形图设置颜色

柱形图有很多参数，详情可用命令“plt.bar?”查看。下面的示例演示了一些参数的效果。

```
position = np.arange(1, 4)
data1 = [0.2, 0.3, 0.4]
w = 0.3                                          # 宽度值
plt.bar(position, data1,
        width=w, color='grey',                   # 宽度，内部填充色
        edgecolor='r', hatch='/',                # 边缘颜色，内部填充图案/
        tick_label=['一月', '二月', '三月'],     # 坐标轴标记
        label='A')                               # 图例
data2 = [0.4, 0.2, 0.4]
plt.bar(position, data2, width=w,
        bottom=data1,                            # data2以data1为底部，产生堆积效果
        edgecolor='w', hatch='x', label='B')
plt.legend()                                     # 显示图例，见图9.12
```

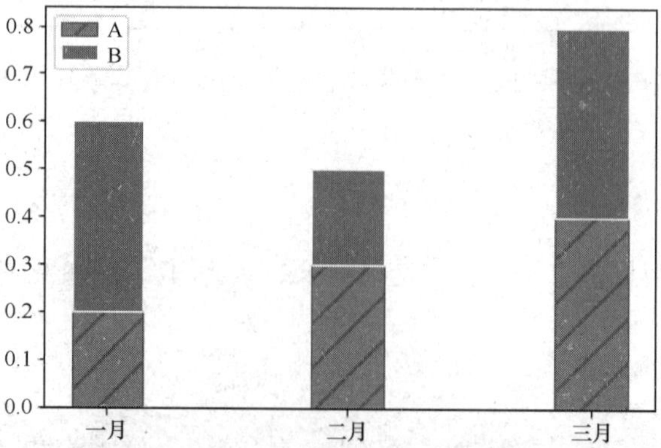

图9.12　堆积柱形图（两组数据堆积显示）

注意第二条绘图命令中的参数bottom=data1，该参数表示第二组柱形以第一组的数据为底，这样就构成了堆积柱形图。

```
# 簇状柱形图，注意水平位置的调整
position = np.arange(1, 4)
data1 = [0.2, 0.3, 0.4]
data2 = [0.4, 0.2, 0.3]
w = 0.3  # 柱宽
plt.bar(position, data1, width=w)
# +w 调整水平位置，簇状图
plt.bar(position + w, data2, width=w)
# 调整x轴刻度位于两个柱子的正中间
plt.xticks(position + w/2, ['A','B','C'])  # 见图9.13
```

注意上例第二条绘图命令中的参数position+w。加上w是为了调整柱子的位置，这样第二组柱子就紧邻在第一组的右侧，形成簇状柱形图。

除了绘制竖直柱形图，绘图库还提供水平条形图命令plt.barh()。下面对两组数据做水平条形图对比。

```
data1 = np.array([5, 10, 33, 21])
data2 = np.array([5, 15, 28, 18])
x = np.arange(4)
plt.barh(x, data1, hatch='x')          # 图9.14右半部分
plt.barh(x, -data2, hatch='/')         # 图9.14左半部分
```

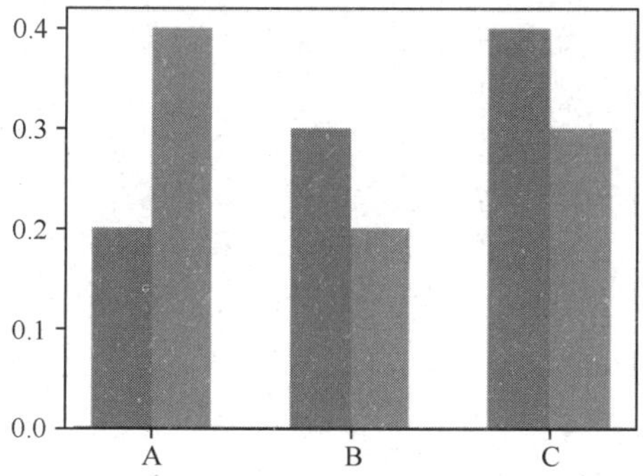

图9.13　簇状柱形图

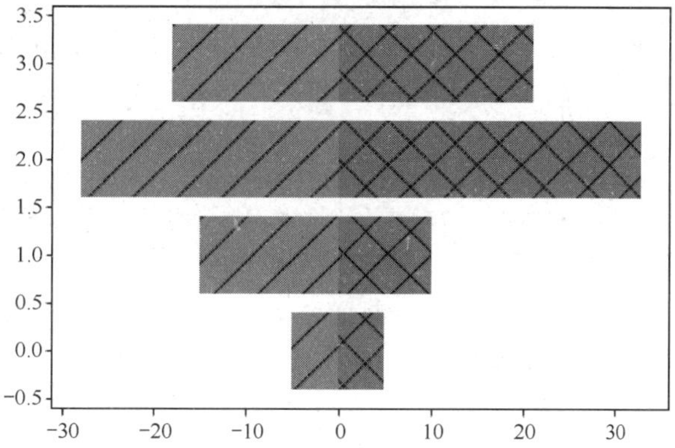

图9.14　水平对比条形图

水平条形图显示时将x轴、y轴交换，纵向是x轴，横向是y轴。将数据按从下往上的形式依次排列。本例中还使用了一个小技巧，即在绘制第二个水平条形图时提供的数据值是-data2，这样就在左侧的负半轴上显示出对比图形。

9.2.2 饼图

饼图用于显示数据集中各数据所占的百分比，它是最易理解的图形。最简单的饼图只需提供一组数值和标签，绘图库会自动计算各数值所占的比例。

```
rate = [1, 5, 3, 8]
labels = ['一月', '二月', '三月', '四月']
plt.pie(rate, labels=labels)                # labels用于设置标注文字
plt.show()                                  # 见图9.15
```

上面的简单饼图还不完善，如下代码可对其进一步加工以突出显示效果。

```
rate = [1, 5, 3, 8]
labels = ['一月', '二月', '三月', '四月']
```

```
plt.figure(figsize=(6,9))     # 设置图形大小
explode = (0.1, 0, 0, 0.05)  # explode设置各部分离圆心的距离
# patches扇形列表，ltext标注文字列表，ptext百分比文字列表
patches, ltext, ptext = plt.pie(rate, explode=explode, labels=labels,
                                autopct='%.1f%%', shadow=False,
                                startangle=90)
# autopct:百分比数字的显示格式，%.1f%%表示保留一位小数
# shadow :是否有阴影
# startangle:起始角度。默认从0度逆时针开始为第一块，此处选择从90度开始(一月数据)
plt.setp(patches, alpha=0.7) # 扇形透明度，利用plt.setp设置各图形对象
plt.setp(ltext, size=18)      # 外侧标注文字大小
plt.setp(ptext, size=16)      # 百分比文字大小
plt.legend(fontsize=16)       # 图例文字大小，见图9.16
```

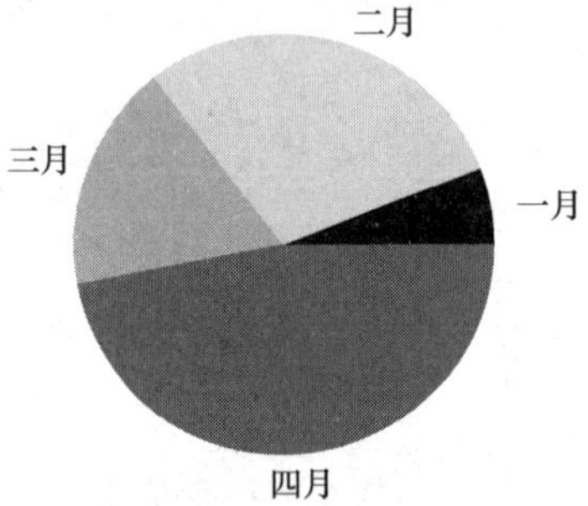

图9.15　饼图

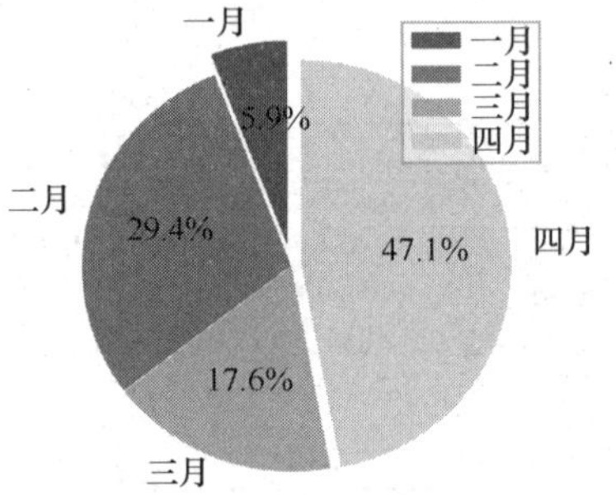

图9.16　修饰后的饼图

上例中需要注意的几个地方如下：

（1）语句explode = (0.1, 0, 0, 0.05)用于设置各部分从整圆中凸显的比例。这里设置“一月”数据凸显0.1，“四月”数据凸显0.05。

（2）语句patches, ltext, ptext=plt.pie()执行后返回一系列对象，其中ltext代表标注文字，ptext代表百分比文字。因为默认的文字较小，所以对返回的这些对象设定文字大小，如程序中的plt.setp语句所示。

通过设定不同的参数，还可绘出如下特殊的饼图。

```
# 饼图半径默认为1，设置圆环宽度0.4，绘环形饼图
plt.pie([1, 2, 3], wedgeprops={'width':0.4})
plt.text(0, 0, '环形饼图', fontsize=14, ha='center',va='center')  # 见图9.17

plt.figure()                              # 新建画布，避免覆盖上一图
# 各数据均小于1且总和小于1，可设置normalize=False参数绘出缺角饼图
plt.pie([0.1, 0.2, 0.5], normalize=False)
plt.text(0.3, -0.5, '缺角饼图')            # 见图9.18
```

图9.17　环形饼图

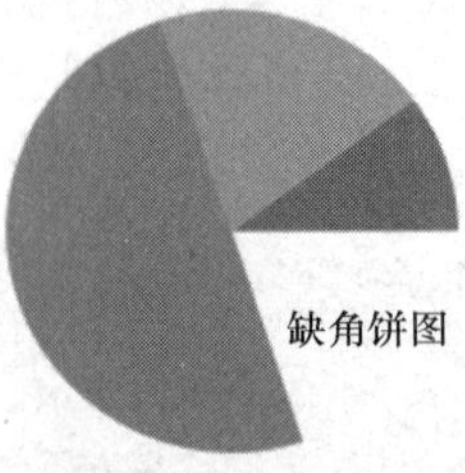

图9.18　缺角饼图

9.2.3　散点图

使用命令plt.scatter()绘制的散点图在图上标记出每个点，根据散点图可以初步判断数据点的关系，如是否是线性相关，如图9.19所示。

```
np.random.seed(7)                                  # 设置随机种子7
x = np.random.uniform(-2, 3, 20)
y1 = 3 * x + 1 + 2 * np.random.random(20) # 生成直线点并加入随机值干扰
plt.scatter(x, y1)                                  # 画原始数据的散点图，见图9.19
```

从图9.19可预见x和y是一次直线关系，因此下面用一次项拟合多项式。

```
arg = np.polyfit(x, y1, 1)           # 拟合直线，得到一次多项式的系数
f = np.poly1d(arg)                   # 利用系数构造拟合一次多项式
y2 = f(x)                            # 根据拟合的多项式计算y2值

plt.scatter(x, y1)                   # 先画原散点图
plt.plot(x, y2, color='r')           # 再画拟合直线
plt.text(0.7, 1, 'y=', fontsize=12)  # 图上输出'y='
plt.text(1, 1, f, fontsize=12)       # 在(1,1)处显示多项式f，见图9.20
```

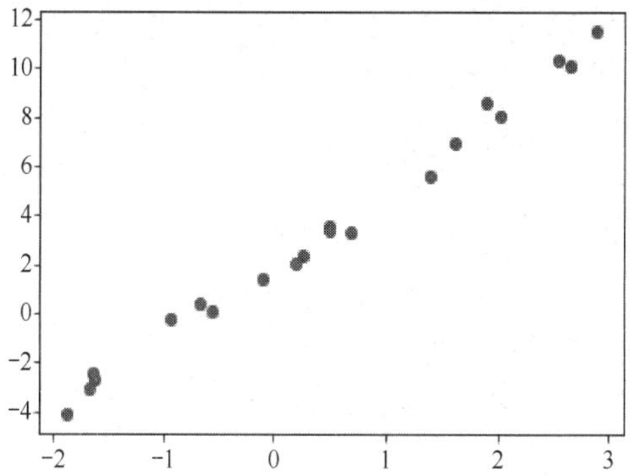

图9.19　散点图

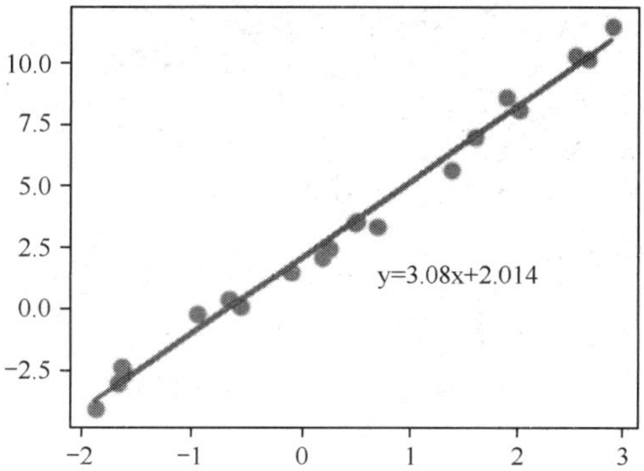

图9.20　含拟合直线的散点图

上例先画出散点图，观察发现这些点的分布类似直线，因此使用NumPy中的poly1d()方法拟合直线（见7.4.4节），拟合公式为$y = 3.08x + 2.014$。散点图适合数据量较小的情况，如果数据量很大，那么作图耗时会较长。

可以为散点图中的每个点单独设定颜色或大小，以便更好地区分数据。下面的代码将随机生成20个点，并赋予这些点不同的颜色和大小，如图9.21所示。设置时注意colors和sizes数组长度要和数据长度一致。代码中的alpha=0.5设置透明度，取值范围为[0,1]，1表示不透明，颜色最深。各点的颜色值是一个随机小数，通过cmap参数指定使用'viridis'颜色表，将数值映射为某种颜色。plt.colormaps()命令可列出各种可用的颜色映射表。

```
N = 20                               # 总点数
rng = np.random.RandomState(7)       # 一个随机种子为7的随机数生成器
x = rng.randn(N)                     # 生成N个标准正态分布小数
y = rng.randn(N)
colors = rng.rand(N)
sizes = 1000 * rng.rand(N)           # 点的大小为随机值
# 设置点的颜色、大小、透明度
plt.scatter(x, y, c=colors, s=sizes, alpha=0.5, cmap='viridis')
plt.colorbar()                       # 显示颜色条，见图9.21
```

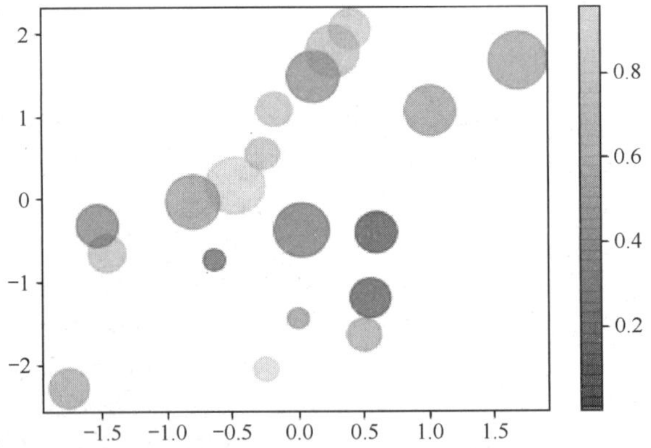

图9.21　设置了散点大小和颜色的散点图

下面用鸢尾花iris数据集绘制两个散点图。这个数据集有150条记录，每连续的50条记录对应一种鸢尾花，共三种。每条数据包含花萼（sepal）长度、宽度，花瓣（petal）长度、宽度，花的类型共5个数据项。机器学习中常用此数据集测试分类算法，计算机利用前4个数据项判断花的类型，然后用给定的花的类型校验，从而判断算法的优劣。

```
import pandas as pd
iris = pd.read_csv('data/iris.csv')          # 读iris.csv
print('数据规模:', iris.shape)
print('花的类型为:', iris.species.unique())   # 花的类型
print(iris.head(2))
```

输出信息如下：

```
数据规模: (150, 5)
花的类型为: ['setosa' 'versicolor' 'virginica']
   sepal_length  sepal_width  petal_length  petal_width species
0           5.1          3.5           1.4          0.2  setosa
1           4.9          3.0           1.4          0.2  setosaa
```

要判断花的类型，只能从给定的数据出发。我们可将长度、宽度作为一组数据，分别标记出三种花的花萼和花瓣长/宽对比散点图，看看图形能否提示判断依据。散点可用颜色区分，但考虑到本书是黑白印刷的，因此用三种散点区分不同的形状。因为plt.scatter()命令每次作图时只能使用相同的marker标记，所以下面的代码分三次画图，每次设定不同的marker。

```
# 产生形如 {'setosa':'^', 'versicolor':'v', 'virginica':'o'} 的字典
flowerdic ={flower:mark for flower,mark in  zip(iris.species.unique(),'^vo')}
for  x  in  [0,1]:                          # 循环2次，分别作出花萼、花瓣的散点图
    if  x == 0:
        s = '花萼'
    else:
        s = '花瓣'
    plt.figure(figsize=(6,4))               # 创建新图
    plt.title('鸢尾花' + s + '长度-宽度散点图', fontsize=18)
    plt.xlabel(s + '长度', fontsize=16)
    plt.ylabel(s + '宽度', fontsize=16)
    # 遍历字典，取出花的类型和对应的点的标记符号
    for  flower, m  in  flowerdic.items():
        d = iris[iris.species==flower]          # 每次筛选一种花，三次完成
        plt.scatter(d.iloc[:, 2*x], d.iloc[:, 2*x+1], marker=m, s=120, label=flower)
    plt.legend(fontsize=14)
```

绘图结果如图9.22和图9.23所示。

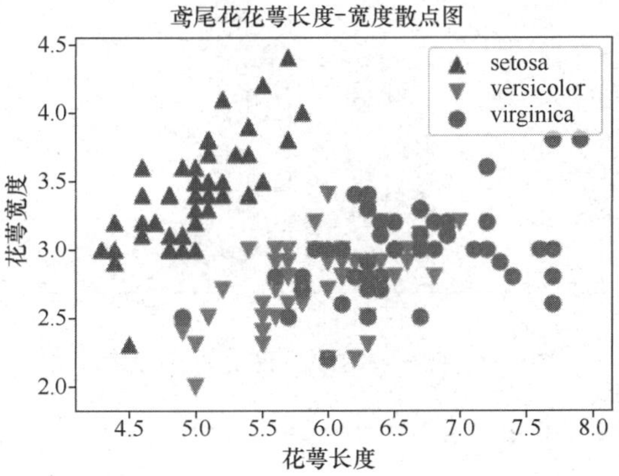

图9.22　花萼长/宽散点图

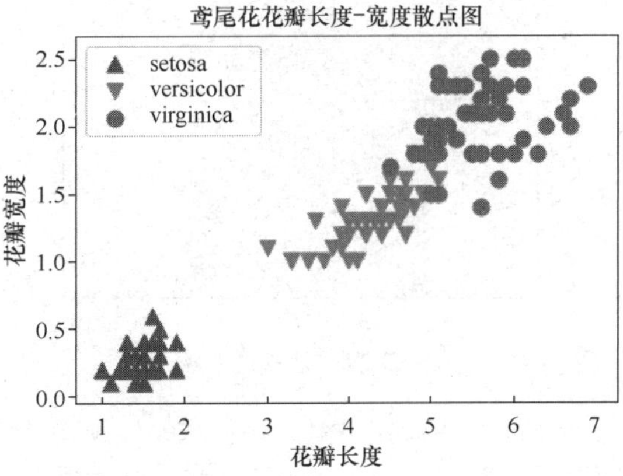

图9.23　花瓣长/宽散点图

从上面两图可以看出，三种花在图形上的区分度较大，尤其是花瓣散点图，这提示我们可以通过花瓣的长度、宽度判断花的类型。根据已知数据集计算出三类花的平均花瓣长度、宽度，以后遇到未知类型的数据时，与平均值比较即可以较高的正确率判断花的类型。

9.2.4 直方图

直方图（Histogram）又称质量分布图，它是统计学中常见的图形，主要用来表示数据的分布情况。图形的横轴表示数据区间段，纵轴表示每个区间段内数据的频数或频率。借助直方图可以看出数据分布的密集区间、稀疏区间，并猜测数据的可能分布。Matplotlib中绘制直方图的函数是plt.hist()。

```
np.random.seed(7)
arr = np.random.randn(1000)
# 返回： n频数，xbins区间段，patches所有柱体
n,xbins,patches = plt.hist(arr, edgecolor='w', alpha=0.4)
plt.bar_label(patches, label_type='edge')  # 柱体上标数值，plt 3.5可用
plt.ylim(0, n.max()+20);                   # 调整y轴范围，见图9.24
```

直方图的参数较多，只有第一个参数arr是必需的，后面的参数皆为可选参数。

- arr：用于绘制直方图的数组
- bins：直方图的柱数，默认为10
- density：0显示频数，1显示频率（即频数/数据总个数）
- edgecolor：柱子的边线颜色
- facecolor：直方图颜色
- alpha：透明度

参数表中的bins指定划分的区间段数量，默认是等间隔的10个区间段。plt按最小值到最大值等分为10个区间段，各个数据归类到对应的区间段，依此计算每个区间段的数据个数得到各区间段的频数。绘图时若density=1，则纵坐标是频率；若density=0，则纵坐标是频数。

```
# 自定义bins区间范围，延用前面的arr数组，见图9.25
plt.hist(arr,bins=[-4,-2,0,1,3],density=1,facecolor='cyan',edgecolor='b',alpha=0.8)
plt.xticks(range(-4,4))          # 设置x轴刻度
```

bins参数也可自定义区间，上例中的bins是[-4,-2,0,1,3]，系统将统计各个区间的频率并作图，从图中可以看出[0,1]区间内含有约35%的数据。

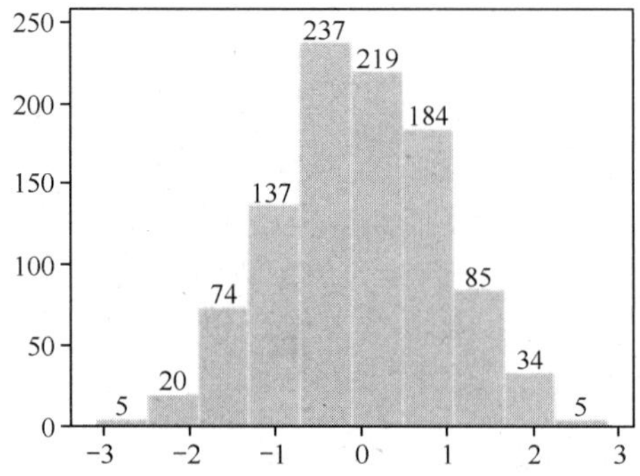

图9.24　频数直方图

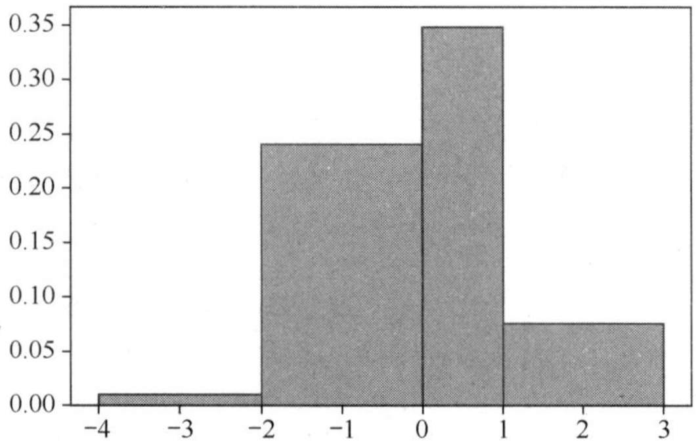

图9.25　频率直方图（自定义bins）

绘图时，若指定histtype='step'，则绘制阶梯直方图，若指定cumulative=True，则绘制累积直方图。

9.2.5　箱线图

箱线图（Box plot）又称盒式图或箱形图，也是统计学上的常见图形。该图用于反映数据的分布情况，一般包含若干关键的数值点，例如须线下限值、下四分位数（Q1）、中位数（median）、上四分位数（Q3）、须线上限值等。箱线图的详细解释请参阅统计学相关书籍，也可用命令“plt.boxplot?”查阅帮助文件。

```
arr = np.random.randn(150)          # 生成150个标准正态分布的随机小数
arr = np.append(arr, [-3.5, 4.1])   # 特意增加两个离群点
plt.boxplot(arr)                    # 画箱线图，见图9.26
```

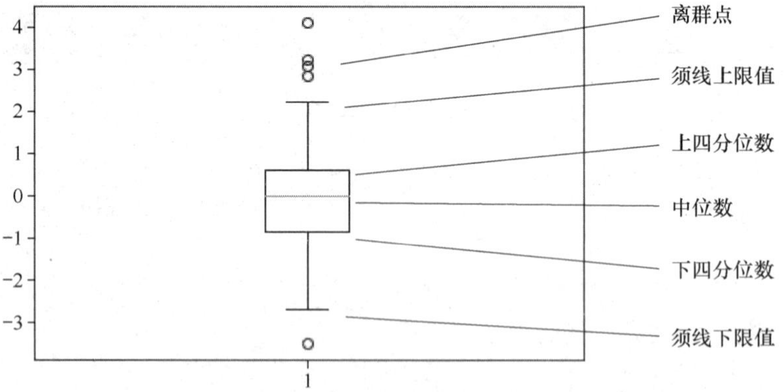

图9.26　箱线图

下四分位数（Q1）、中位数、上四分位数（Q3）组成一个盒子。四分位距IQR=Q3-Q1，即上四分位数与下四分位数之差构成盒子的长度，这个区间包含了50%的数据点分布。

箱线图中定义最小观测值min=Q1-1.5*IQR，最大观测值max=Q3+1.5*IQR。大多数正常数据都应分布在区间[min, max]内，统计学上将位于区间[min, max]外的数据点称为离群点（异常点）。因为离群点可能代表异常数据，所以在分析时要特别注意。

箱线图盒子中间的一条竖线被称为须线（whisker）。考察剔除离群点后的正常数据，须线的下限值取正常数据中的最小值，须线的上限值取正常数据中的最大值，上限值、下限值各用一短横线表示，离群点单独用小圆圈标记。下面再来看一个箱线图的例子。

```
arr = [-3, 0, 5, 5, 6, 7, 8, 9]
print(np.percentile(arr, [25, 50, 75]))   # 输出的分位值为[3.75  5.5  7.25]
plt.boxplot(arr, showmeans=True)          # True表示要显示平均值
plt.grid(axis='y')                        # 显示水平格线
plt.yticks(fontsize=14)                   # 设y轴刻度字号，见图9.27
```

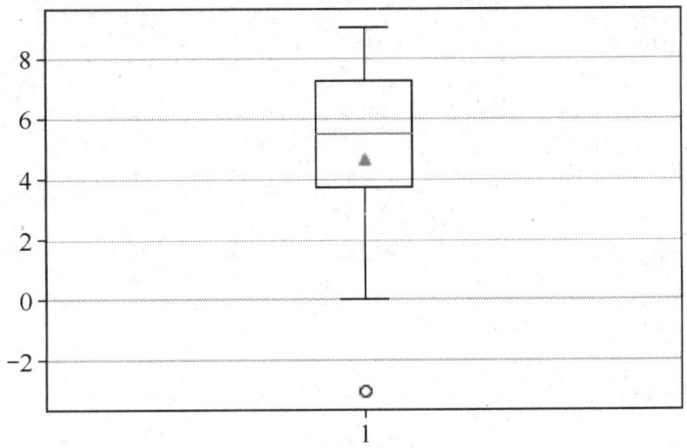

图9.27　箱线图（显示均值）

上例中，通过np.percentile(arr,[25,50,75])方法计算得到arr的25%、50%、75%分位点，即Q1、Q2、Q3，分别为3.75、5.5、7.25，计算如下：

```
IQR = Q3 - Q1 = 7.25 - 3.75 = 3.5
min = Q1 - 1.5*IQR = 3.75 - 5.25 = -1.5
max = Q3 + 1.5*IQR = 7.25 + 5.25 = 12.5
```

正常数据的范围是[-1.5,12.5]，数据中的-3是离群点，剔除-3后，正常的数据列表为[0,5,5,6,7,8,9]，所以须线的下限值为0，上限值为9。

作图时如果设置参数plt.boxplot(arr,vert=False)，那么可以得到水平箱线图。

分析数据时，箱线图能帮助我们识别数据的特征，可以直观地显示离群点，容易判断数据集的数据离散程度和偏向（观察盒子的长度、上下隔间的形状及须线的长度）。

9.2.6　其他图形

Matplotlib还提供众多绘制其他图形的函数。例如，

- plt.axhline()：绘制水平线
- plt.axvline()：绘制垂直线
- plt.axhspan()：绘制水平区间带
- plt.axvspan()：绘制垂直区间带

下面绘制水平线、垂直线、水平区间带、垂直区间带。

```
plt.xlim(0,1)                               # 设x轴坐标区域
plt.ylim(0,1)                               # 设y轴坐标区域
plt.axhline(y=0.2,  color='g')              # 水平绿线
plt.axhline(y=0.4, xmin=0.2, xmax=0.6, color='r')   # 水平红线，x轴范围[0.2, 0.6]
plt.axvline(x=0.85, color='r')                      # 垂直红线
plt.axvline(x=0.9, ymin=0.2, ymax=0.5, color='b')   # 垂直蓝线，y轴范围[0.2, 0.5]
plt.axhspan(ymin=0.6, ymax=0.8, xmin=0.1, xmax=0.5,fc='g') # 水平绿色区间带
plt.axvspan(xmin=0.7, xmax=0.8, ymin=0.6, ymax=0.9,fc='b',alpha=0.5)  # 垂直区间带
```

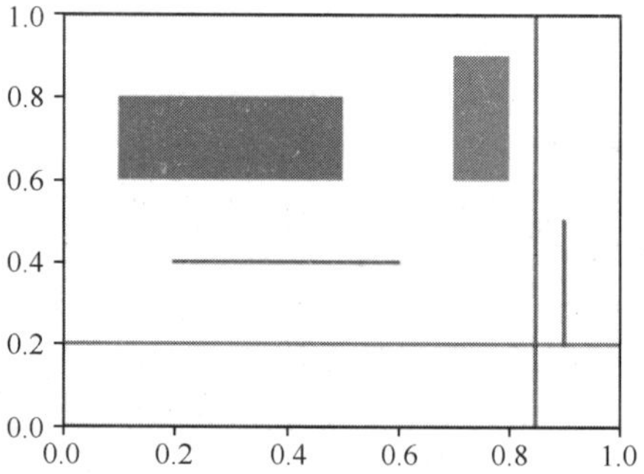

图9.28　水平线、垂直线、水平区间带、垂直区间带

9.3　多子图绘制

9.3.1　使用fig.add_subplot命令添加子图

使用plt绘图时默认有一张画布（Figure），画布上有一个默认的子图（Axes），图形即绘制在该子图上。简单绘图无须管理画布和子图，但若需要在一张画布上同时绘制多个子图以便进行对比，则需要自行管理子图。下面绘制一个包含4幅子图的图形，如图9.29所示。

```
x = np.arange(1,100)
fig = plt.figure()                  # 创建新画布，或fig = plt.gcf()返回默认画布
ax1 = fig.add_subplot(221)          # 2行x2列第一个子图，ax1=plt.subplot(221)亦可
ax1.plot(x, x)
ax2 = fig.add_subplot(222)          # 2行x2列第二个子图
ax2.plot(x, -x)
ax3 = fig.add_subplot(2, 2, 3)      # 2行x2列第三个子图
ax3.plot(x, x**2)
ax4 = fig.add_subplot(2, 2, 4)      # 2行x2列第四个子图
ax4.plot(x, np.log(x))
ax1.set_xlabel('x轴', fontsize=14)          # 子图设坐标轴文字
ax2.set_ylabel('y轴', fontsize=14)
ax3.set_title('$x^2$', fontsize=14)         # 子图设标题
ax4.set_title('log(x)', fontsize=14)
plt.tight_layout()                          # 自动调整子图间距，避免覆盖
plt.show()                                  # 见图9.29
```

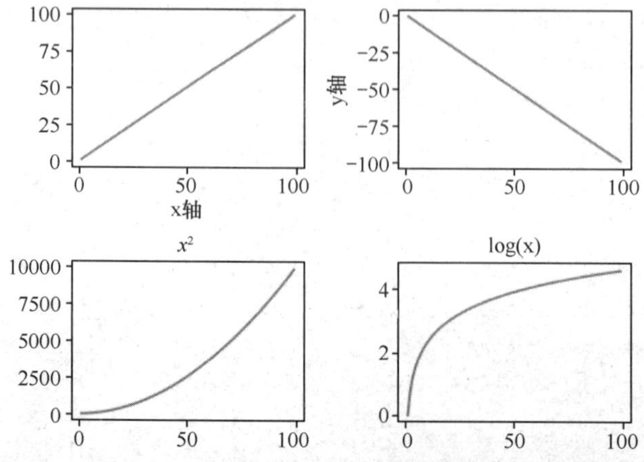

图9.29　2x2多子图示例

9.3.3 使用twinx()函数实现双*y*轴图形

有时候，我们需要在一幅图上展示两组量级或单位不同的数据。例如，下图需同时绘制降水量（mL）和温度（℃）的对比图形，这时可使用双y轴图形。

```
import pandas as pd
import matplotlib.pyplot as plt
plt.rcParams['font.sans-serif'] = ['SimHei']
df = pd.read_excel('data/温度降水量.xlsx')
plt.bar(df.月份, df.降水量, alpha=0.5, label='降水量')
plt.ylabel('降水量(mL)', fontsize=16)
plt.legend(loc='upper left')

# gca()返回当前子图，twinx()获取其孪生子图，axright使用右侧轴脊作为y轴
axright = plt.gca().twinx()
axright.plot(df.月份, df.温度, 'go-', label='温度')
axright.set_ylabel('温度($^\circ$C)', fontsize=16)  # $^\circ$ 温度符号°
axright.legend(loc='upper right')     # 见图9.33
```

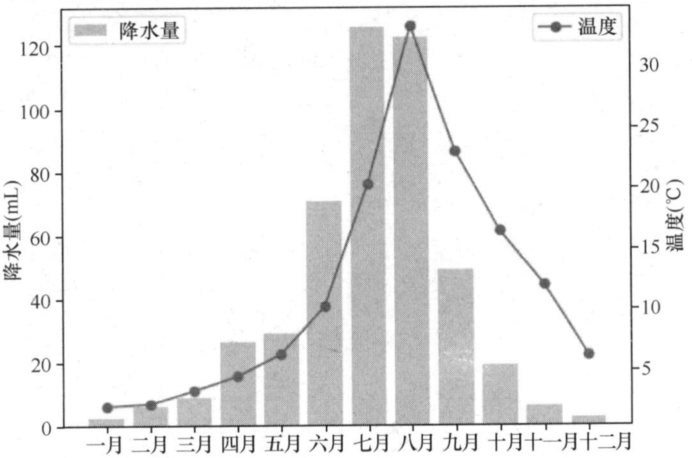

图9.33 双y轴图形

9.4 设置图形装饰项

Matplotlib的图形有很多装饰项，可以设置标题、刻度、坐标轴标签文字等。设置方法主要有两种：plt.方法(参数表)和axes.set_方法(参数表)。这些方法在调用时若不带参数，则返回当前的参数值，如plt.xlim()返回当前x轴的绘图范围；在调用时若带参数，则设置参数值，如plt.xlim(0,10)将x轴的显示范围设为0到10。

```
fig = plt.figure()
ax = fig.add_subplot(1, 1, 1)                  # 创建一个ax对象
ax.plot(np.random.randn(1000).cumsum())        # 随机数累加并绘制折线图
ticks  = ax.set_xticks([0, 250, 500])          # x轴上只显示0,250,500处的刻度
# 将三个刻度值用如下三个文字串显示
ax.set_xticklabels(['数据一', '数据二', '数据三'], rotation=30, fontsize=14)
ax.set_title('随机数累加', fontsize=18)
ax.set_xlabel('x轴', fontsize=18)
ax.set_ylabel('y轴', fontsize=18)              # 见图9.34
```

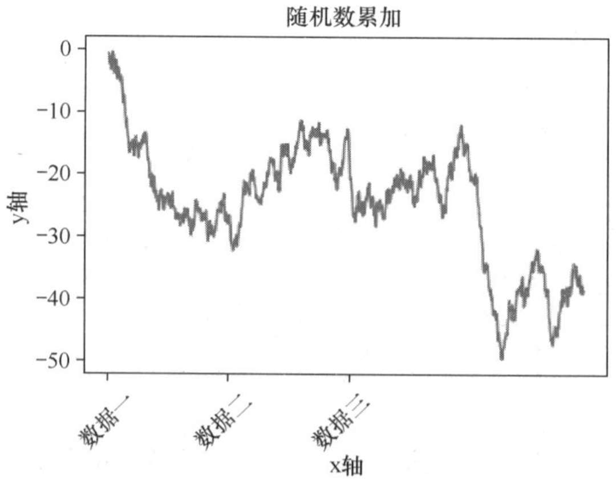

图9.34　设置图形装饰项

9.4.1　添加注解

可以使用plt.text()或plt.annotate()方法在图形上添加注解文字。plt.text()的使用语法为plt.text(x, y, '注解文字')，其中x和y是注解文字的坐标位置。

```
plt.axis([0, 5, 0, 20])                              # 设定显示范围x轴[0,5], y轴[0,20]
plt.plot([1, 2, 3, 4], [1, 4, 9, 16], 'ro')          # 绘制4个红点

# 在(1.1, 12)位置用LaTeX语法显示y=x^2
plt.text(1.1, 12, r'$y=x^2$', bbox={'facecolor':'yellow', 'alpha':0.2})
plt.text(1, 1.5, 'first')                            # 在(1, 1.5)处显示first
plt.text(2, 4.5, 'second')                           # 在(2, 4.5)处显示second

# 定义一个box修饰字典，设定各种格式（前景色、边线颜色、边框类型）
box = {'facecolor':'0.75', 'edgecolor':'k', 'boxstyle':'round'}
plt.text(3, 7.5, 'Third', bbox = box)                # 见图9.35
```

Matplotlib支持LaTeX排版标记语言，可以方便地显示分数、根号、极限等各种数学表达式。LaTeX标记由一对$符号前后包裹，内部以“\特殊字符串”的形式表达，详细情况可以访问网页https://www.latex-project.org/或https://matplotlib.org/users/mathtext.html。例如，$y=x^2$显示x的平方，$\frac{2}{3}$显示分数2/3。下面是一些LaTeX示例，如图9.36所示。

```
plt.axis([0, 10, 0, 10])  # 设定x和y轴范围
plt.text(1, 9, r'希腊字母$\alpha > \beta$', fontsize=14)      # LaTeX语法
plt.text(1, 7, r'下标$\alpha_i > \beta_i$', fontsize=14)
plt.text(1, 5, r'上标$s^2+y^3$', fontsize=14)
plt.text(1, 3, r'分数 $\frac{2}{3}$', fontsize=14)
plt.text(1, 1, r'平方根 $\sqrt{x^2 + y^2}$', fontsize=14)
plt.text(5, 9, r'求和符号$\sum_{i=0}^\infty x_i$', fontsize=12)
plt.text(5, 7, r'开n次方$\sqrt[3]{x}$', fontsize=16)
plt.text(5, 5, r'$sin(\frac{2\pi}{3})=\frac{\sqrt{3}}{2}$', fontsize=12)
plt.text(5, 3, r'积分$\int_a^b f(x)\mathrm{d}x$', fontsize=12)
# 前面的cos(x)是普通字符，后面的cos(x)经LaTex修饰，显示效果有差异
plt.text(5, 1,  'cos(x) -- $cos(x)$', fontsize=12)        # 见图9.36
```

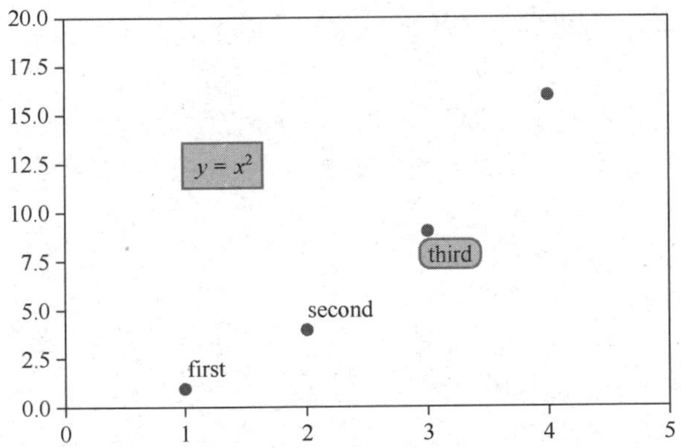

图9.35 plt.text()标注示例

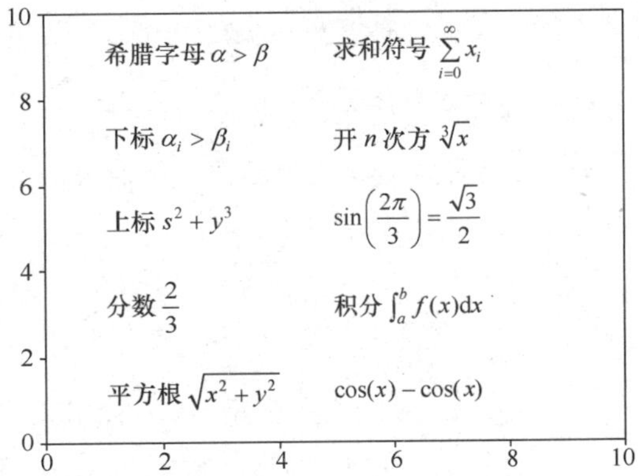

图9.36 LaTeX语法示例

除了plt.text()方法，plt.annotate()也可在指定坐标处添加注解，并可设定指向箭头。

```
x = [20, 15, 32, 63, 70]
y = [75, 90, 130, 100, 80]
plt.axis([0, 80, 60, 140])
labels = list('abcde')
plt.scatter(x, y)          # 绘制5个点
for label, xpos, ypos in zip(labels, x, y):  # 给每个点加文字标记
    plt.annotate(label, fontsize=16,
                 xy=(xpos, ypos),  # 箭头坐标(本例未绘箭头)
                 xytext=(6, -5),   # 文字坐标，相对xy轻微偏离：向右(6)，向下(-5)
                 textcoords='offset points')  # 此属性表示xytext是相对xy偏离的
```

再看一个plt.annotate()的例子，本例加上了箭头指示。

```
x = np.linspace(-np.pi*2, np.pi*2,100)
y = np.sin(x)
plt.plot(x, y)

plt.annotate('顶部', xy=(np.pi/2, 1), # 箭头坐标
    xytext = (3.5, 0.8), # 文字坐标
    # 箭头外观，rad箭头弯曲度(值越大越弯曲)，线条宽度
    arrowprops={'arrowstyle':'->','connectionstyle':'arc3, rad=0.3','lw':3} )

plt.annotate('底部', xy=(-np.pi/2, -1),
    xytext=(-np.pi/2, -0.5),
    # 箭头外观，shrink箭头距文字的收缩程度
    arrowprops={ 'facecolor' : 'blue', 'shrink' : 0.1} )  # 见图9.38
```

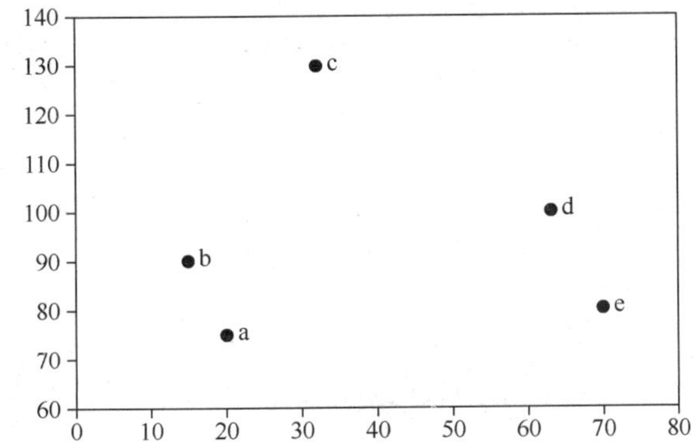

图9.37 plt.annotate()添加注解文字

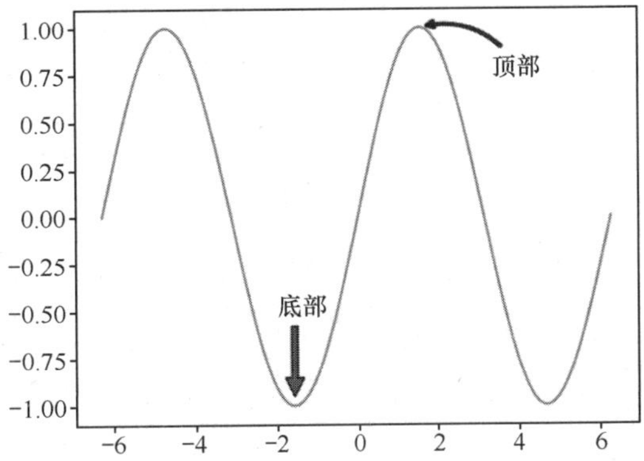

图9.38 plt.annotate()箭头标注示例

绘图命令含有很多的参数，部分参数用文字很难解释，读者动手试一试就会理解。

9.4.2 设置坐标轴

对坐标轴的修饰主要包括设置原点位置、设置坐标轴上的刻度间距、设置标记文字等。下面来看一个设置原点位置的例子。

```
def format_spines():  # 函数：将坐标轴原点设置在图中央
    ax = plt.gca()    # gca() 返回当前默认子图
    ax.spines['right'].set_color('none') # 隐藏右侧轴脊
    ax.spines['top'].set_color('none')   # 隐藏顶部轴脊
    ax.spines['bottom'].set_position(('data', 0)) # 下轴脊移到0位置，x轴
    ax.spines['left'].set_position(('data', 0))   # 左轴脊移到0位置，y轴

x = np.linspace(-np.pi, np.pi, 100)
plt.plot(x, np.sin(x), color='r', label='sin(x)')
plt.plot(x, np.cos(x), color='b', label='cos(x)')
xlabels = (r'$-\pi$',  r'$-\pi/2$',  r'$+\pi/2$',  r'$+\pi$') # LaTeX语法
plt.xticks((-np.pi, -np.pi/2, np.pi/2, np.pi), xlabels )      # 修改x轴刻度显示
plt.yticks([-1, -0.5, 0, 0.5, 1])

# x轴和y轴加上黑色箭头
plt.annotate('',xy=(np.pi+0.3,0),xytext=(np.pi+0.1,0),arrowprops={'color':'black'})
plt.annotate('',  xy=(0,1.1),  xytext=(0,1),  arrowprops={'color':'black'} )
plt.legend(loc='upper left')
plt.tick_params(axis='both', labelsize=14)  # 设定轴上刻度的文字大小
format_spines()                             # 用自定义函数修饰子图，见图9.39
```

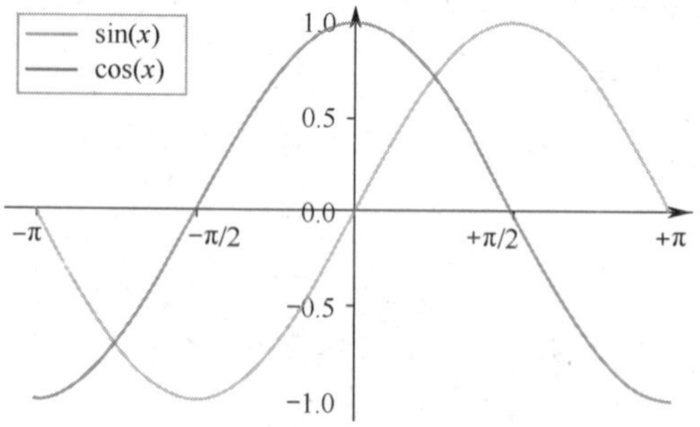

图 9.39 设置坐标原点位置的图形

图形默认的坐标原点在左下角。如果需要将原点放在图形中心，那么可以先将轴的右侧边线和顶部边线的颜色设为none（隐藏），再将左侧的边线（即y轴）移到0刻度位置，将底部的边线（即x轴）移到0刻度位置。

坐标轴上的刻度默认是数字，但可使用命令plt.xticks([坐标点], [标记文字])将对应的坐标点标识修改为需要显示的字符。例如，plt.xticks([2,5,6], ['A','B','C'])将x轴上的原来的数字标记全部清空，只在原来的位置2,5,6显示A,B,C。如调用时不提供标记文字，坐标轴上就只显示2,5,6。

坐标轴上的刻度可分为主刻度（major）和次刻度（minor），次刻度线默认不显示。例如，可设置0、1、2等整数为主刻度，设置0.5、1.5等小数为次刻度。刻度可通过定位器函数设定，同时还可自定义显示的格式，参见下例。

```
# 引入“定位器”和“刻度格式”两个函数
from matplotlib.ticker import MultipleLocator, FormatStrFormatter
t = np.arange(0.0, 100.0, 1)
```

```
s = np.sin(0.1*np.pi*t)*np.exp(-t*0.01)

ax = plt.gca()                                   # 获取当前子图
ax.plot(t,s,'--*')
ax.grid(True, linestyle = "--",color = "gray", linewidth = "0.5",axis = 'both')

xmajorLocator = MultipleLocator(10)              # 主刻度设为10的倍数
xmajorFormatter = FormatStrFormatter('%.0f')     # 刻度标签文本格式（取整）
xminorLocator   = MultipleLocator(5)             # 次刻度设为5的倍数
ax.xaxis.set_major_locator(xmajorLocator)        # x轴应用上面设置的主刻度定位器
ax.xaxis.set_major_formatter(xmajorFormatter)    # x轴主刻度格式
ax.xaxis.set_minor_locator(xminorLocator)        # 次刻度，执行此句才显示次刻度线

ymajorLocator = MultipleLocator(0.5)             # 主刻度标设为0.5的倍数
ymajorFormatter = FormatStrFormatter('%.2f')     # 刻度标签文本格式（2位小数）
yminorLocator   = MultipleLocator(0.1)           # 次刻度设为0.1的倍数
ax.yaxis.set_major_locator(ymajorLocator)        # y轴应用上面设置的主刻度定位器
ax.yaxis.set_major_formatter(ymajorFormatter)    # y轴主刻度格式
ax.yaxis.set_minor_locator(yminorLocator)        # y轴次刻度，见图9.40

# 如需清空坐标轴刻度，则可执行下面的语句
#ax.yaxis.set_major_locator(plt.NullLocator())
```

刻度定位器还可直接指定x轴的主刻度个数，当数据量较大，刻度标记相互重叠时，可以使用下面的语法设定仅显示数个主刻度。

```
from matplotlib.ticker import LinearLocator     # 定位器
import pandas as pd
dateindex = pd.date_range('2023-1-1', '2023-2-28')
y = np.random.randn(len(dateindex))
plt.plot(dateindex, y)
ax = plt.gca()
ax.xaxis.set_major_locator(LinearLocator(5))  # 设x轴的主刻度数为5个，见图9.41
```

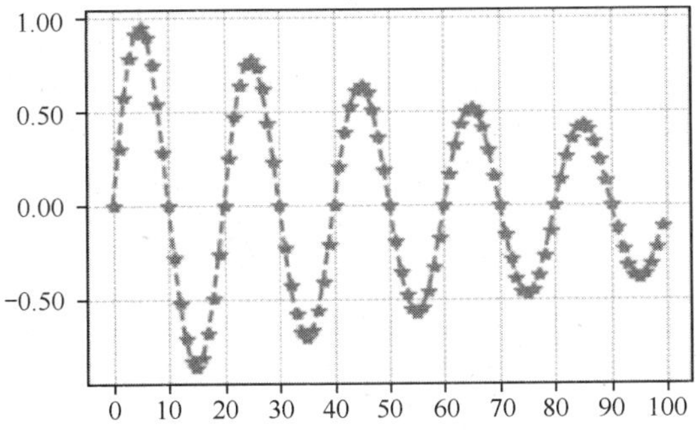

图9.40　坐标轴主/次刻度设置

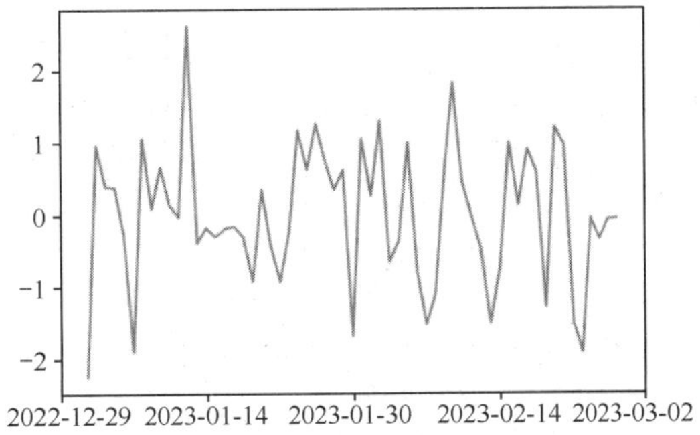

图9.41　坐标轴主刻度个数设置

9.4.3　填充颜色和显示图片

可以使用plt.fill_between()方法填充颜色以增强图形的视觉效果，如图9.42所示。

```
def  fill_sin():                                  # 自定义绘图函数
    n = 256
    X = np.linspace(-np.pi, np.pi, n)
    Y = np.sin(2 * X)
    plt.plot(X, Y + 1, color='b')                 # 上方的蓝色sin线
    # 表示在X范围内，[1,Y+1]这段Y轴填充颜色
    plt.fill_between(X, 1, Y + 1, color='b', alpha=0.3)
    plt.plot(X, Y - 1, color='k')                 # 下方的黑色sin线
    # 条件填充，(Y - 1) > -1时填蓝色
    plt.fill_between(X, -1, Y - 1, where=(Y - 1) > -1, color='b', alpha=0.3)
    # 条件填充，(Y - 1) < -1时填红色
    plt.fill_between(X, -1, Y - 1, where=(Y - 1) < -1, color='r', alpha=0.3)
    plt.xlim(-np.pi, np.pi)                       # 设定x轴范围
    plt.ylim(-2.5, 2.5)                           # 设定y轴范围
plt.figure(figsize=(5, 3))                        # 设图形大小，见图9.42
fill_sin()                                        # 调用自定义绘图函数
```

plt.fill_between()方法用于填充颜色，其参数形式为fill_between(x轴区域，y轴起点,y轴终点，color='填充色'，alpha=透明度)。该方法在指定的x轴范围内，从y轴起点填充到y轴终点，并可设定填充的条件，只有满足条件时才填充。

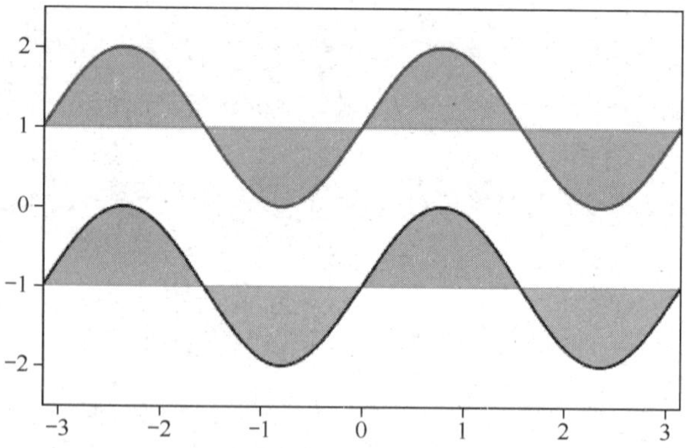

图9.42　fill_between填充图

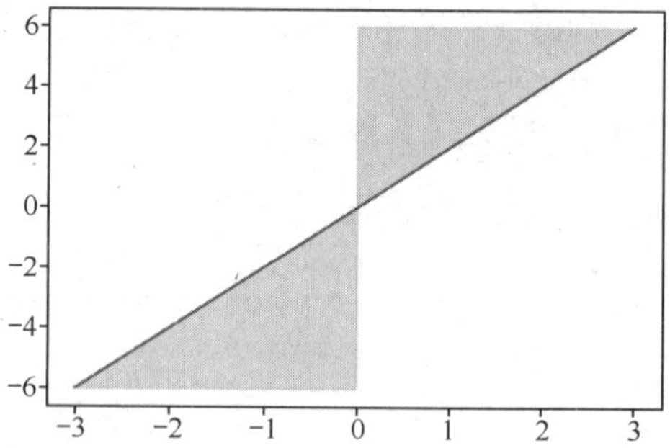

图9.43　fill_betweenx填充图

还可使用plt.fill_betweenx()填充命令。

```
x = np.linspace(-3, 3, 100)
y = 2*x
plt.plot(x, y, color='b')          # 见图9.43
plt.fill_betweenx(y, 0, x, color='g', alpha=0.3)  # 在y范围内，[0,x]之间填充
```

plt不仅可以绘制图形，而且可以显示图片文件。

```
import  matplotlib.pyplot  as plt
arr = plt.imread('pic/cat.jpg')  # 读入cat.jpg，返回np三维数组
for  axnum  in  [221, 224]:
    plt.subplot(axnum)                          # 新增子图
    plt.imshow(arr)                             # 显示图片
    plt.axis('off')                             # 隐藏坐标轴
plt.subplots_adjust(wspace=-0.2, hspace=0)      # 间距调整，wspace可为负数，见图9.44
```

图9.44 plt显示图片

9.5 使用Pandas绘图

第8章介绍的Pandas具备绘图功能，Series和DataFrame对象都带有一个plot绘图方法。Pandas绘图时实际上底层默认调用Matplotlib完成绘图。下面演示Pandas的作图方法。

```
import numpy as np
import pandas as pd
import matplotlib.pyplot as plt
np.random.seed(7)
x = np.arange(5)
df = pd.DataFrame(np.random.randint(1, 15, 12).reshape(4, 3), columns=list('ABC'))
df.index = ['一', '二', '三', '四']
print(df)
df.plot(kind='bar',rot=0, figsize=(5,3),alpha=0.6)  # rot=0 表示x轴刻度旋转0度
```

程序会产生12个随机整数，创建一个4×3的数据框，数据如下。

```
In:df
Out:
    A   B   C
一  5  10   7
二  4   4   8
三  8  13  10
四  8   9  10
```

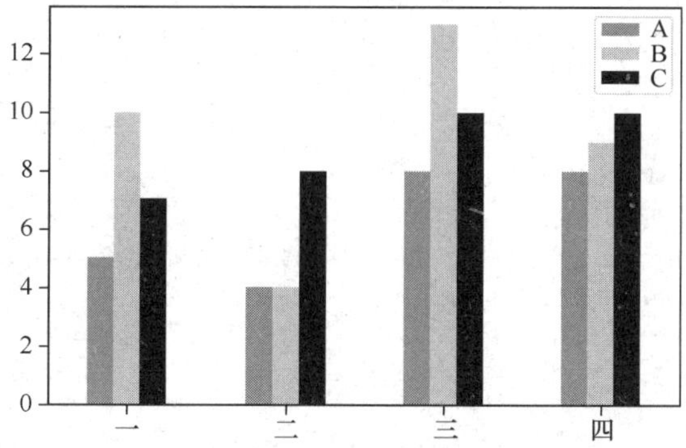

图9.45 Pandas绘制簇状柱形图

语句df.plot(kind='bar', rot=0)指定绘制一个柱形图。Pandas自动以每行为一组数据，每组数据中含3列数据，绘制4组柱形对比图。列索引名"ABC"成为图例，行索引"一二三四"成为x轴上的标记。rot=0指定标记文字旋转0度，若不设定此参数，则文字默认旋转90度。

参数kind='类型'用于指定作图的类型，常用的类型有line（折线图）、bar（柱形图）、barh（水平条形图）、pie（饼图）、kde（密度图）、hist（直方图）等。不指定类型时，默认为折线图。

下面再分别作一个饼图和一个堆积柱形图。

```
df.A.plot(kind='pie', title='A列数据', fontsize=16)    # A列数据作饼图，见图9.46
df.plot(kind='bar', stacked=True, rot=20)    # stacked=True堆积柱形图，见图9.47
```

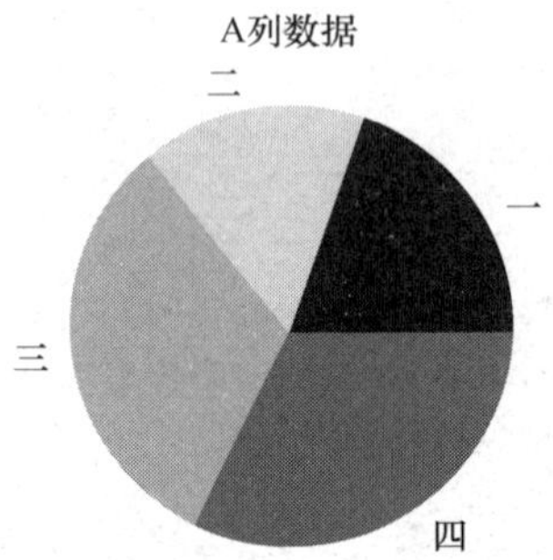

图9.46　Pandas绘制饼图

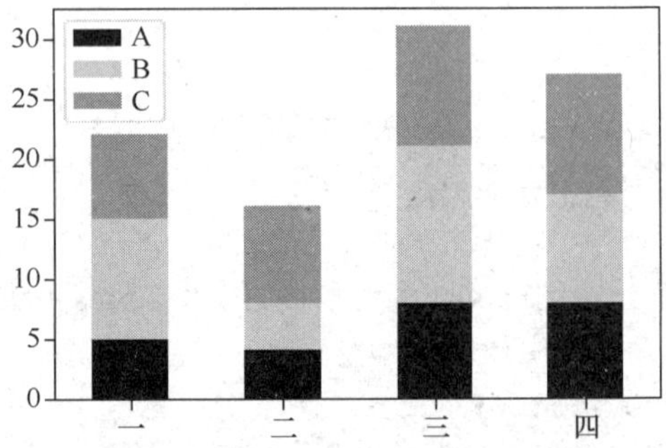

图9.47　Pandas绘制堆积柱形图

df.plot(kind='bar')也可写为df.plot.bar()，它们的效果相同。

df.plot()方法中有很多参数，类似前面介绍过的plt.plot()中的参数，如表9.7所示。

表9.7　df.plot()的常用参数表

参数名	描述	参数名	描述
label	标记文字	yticks	y轴上的刻度
style	格式符号，如'bo—'	xlim	x轴的显示范围，如[-2, 3]
alpha	透明度，取值(0,1)	ylim	y轴的显示范围
kind	图形类型（'area', 'bar', 'barh', 'density', 'hist', 'kde', 'line', 'pie'）	grid	显示网格（True/False）
rot	刻度标记旋转角度 0～360	use_index	是否使用索引作为标记
xticks	x轴上的刻度	title	图形的标题

文件s000001.txt存储股价数据，格式如下所示：

```
              开盘      最高      最低      收盘      成交额
交易日
2023-06-01    11.60     11.68     11.50     11.59     861646.489
2023-06-02    11.68     11.97     11.64     11.93     1446502.669
```

下面读取该文件，演示Pandas绘图。

```
fname = 'data/s000001.txt'
df = pd.read_csv(fname,parse_dates=['交易日'],index_col=0,encoding='GBK',sep= '\s+')
plt.figure(figsize=(10,4))
ax1 = plt.subplot(121)
df['收盘'].plot(label='收盘价',legend=True, ax=ax1)  # 设置图例

ax2 = plt.subplot(122)
df2 = df.resample('1M')['成交额'].sum()             # 按月采样
```

```
# 定义向量化转换函数，将日期转为"年-月"字符串
ym_only = np.vectorize(lambda s: s.strftime('%Y-%m')+'月')
# to_pydatetime() 将datetimeindex转为普通datetime，再用ym_only()得到"年-月"
df2.index = ym_only(df2.index.to_pydatetime())
df2.plot(kind='bar',rot=0,label='月成交额',legend=True, ax=ax2)  # 见图9.48
```

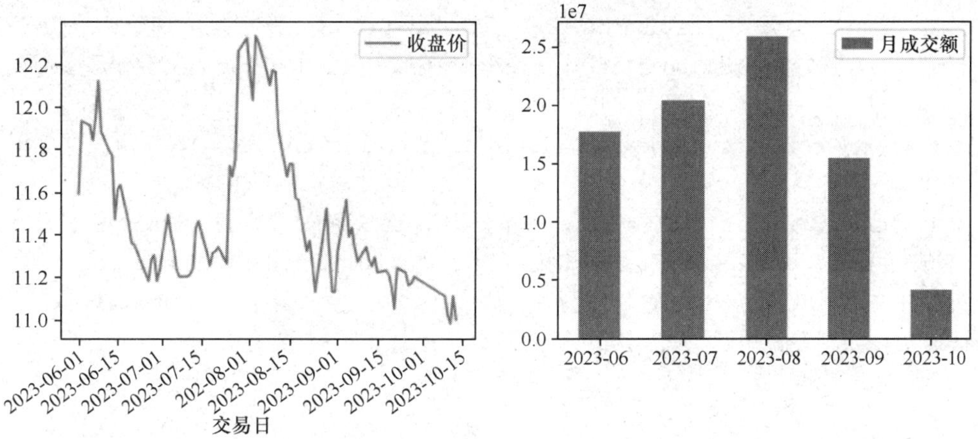

图9.48　收盘价和月成交额对比图

绘图时若y轴数值较大，则自动采用科学记数法，但可用下面的命令设置y轴禁用科学记数法。

```
plt.gca().get_yaxis().get_major_formatter().set_scientific(False)
```

当绘图的数据列较多时，Pandas也可采用多子图布局，如下所示。

```
df.iloc[:,:4].plot(style = '-',alpha = 0.4,grid = True,figsize = (9,6),
        subplots = True,sharex = True,
        layout = (2,2))  # layout：子图布局，将4条线分开绘制在2x2的子图上
plt.tight_layout()       # 见图9.49
```

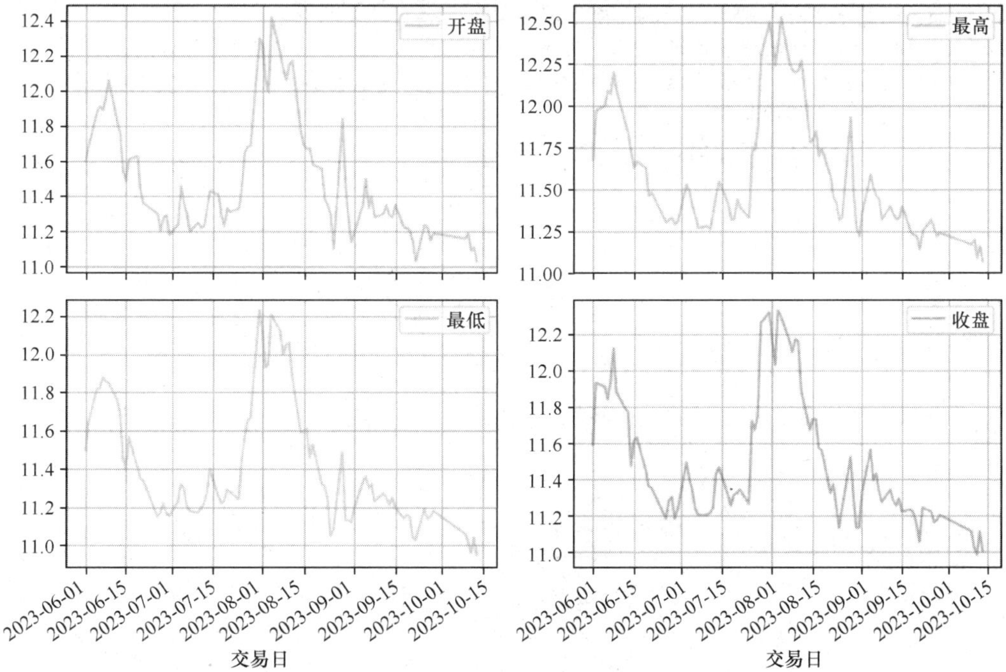

图9.49　Pandas子图布局

9.6 本章小结

本章介绍了Matplotlib绘图模块，语法格式分为“plt.方法(参数表)”和“ax.set_方法(参数表)”两种。图形显示模式有独立窗口模式和嵌入模式。常见的绘图命令及所绘图形类型如下：plt.plot()，折线图；plt.bar()，柱形图；plt.barh()，水平条形图；plt.pie()，饼图；plt.scatter()，散点图；plt.hist()，直方图；plt.boxplot()，箱线图。图形中要显示中文时，需要修改参数设定中文字体。

plt.plot(x,y,color='r',marker='o',ls=':')或plt.plot(x,y,'ro:')设置颜色、标记符号、线型等选项。

plt.title()设置标题，plt.xlim()设置x轴的范围，plt.xlabel()设置x轴的标识，plt.xticks()设置x轴的刻度标记，plt.legend()显示图例，fig.add_subplot()创建多个子图，plt.text()在指定坐标处标注文字，plt.annotate()标注箭头，plt.imshow()显示图片，plt.savefig()保存图片。

Pandas可以绘制各类图形，调用形式为df.plot(kind='图的类型')。

习题

1. 在同一幅图上绘制区间[-2π,2π]内的正弦曲线和余弦曲线。
2. 自行下载一个股票数据文件，用Pandas读入数据，绘制某段时间内的收盘价折线图。
3. 一幅图上分4个子图，分别绘制圆形、正方形、三角形和直线。
4. 随机产生一组具有线性关系的点的坐标，绘制散点图。
5. 用数据集[2,5,8,6]绘制饼图，要加上百分比，并凸显数据项8。
6. 绘制曲线 $y = x^2 + 2x + 1$，要求坐标原点在图形中央。
7. plt可以绘制哪些类型的图形？
8. 箱线图的须线上限值和下限值如何确定？
9. 如何绘制柱形图、水平条形图、堆积柱形图？
10. Matplotlib的图形输出有哪两种方式？
11. 写出plt命令，将x轴的显示范围设为[1,5]，将y轴的显示范围设为[0,10]，将标题设为“Title”，并且只显示水平网格线。
12. 中文和负号显示不正常时，应设置什么参数？

第10章　财经数据可视化

国家经济数据是经济活动状况的数字表现，是人们了解国家经济发展、研究各项经济政策的重要依据。采用适当的图表方式描述各类经济数据的发展状况和趋势，无疑有利于读者更直观地了解在一定时期内特定经济领域的发展水平，有利于不同领域的人员之间开展经济信息交流。本章首先介绍从互联网平台获取各类财经数据的基本方法，然后介绍Python程序实现不同种类财经数据可视化的方法。

10.1　财经数据获取

目前存在众多财经数据资源平台，其中Tushare、BaoStock、Akshare及世界银行公开数据平台等都是在国内比较容易访问的财经数据平台，它们或者提供内容丰富的Python程序接口，或者将数据以Python程序容易使用的文件格式存储。这些平台提供的财经数据种类繁多，涵盖我国宏观经济、货币供应、国际上各主要货币汇率、国内股票市场的各类指数、国内上市公司股票交易数据、定期财务报告等。世界银行公开数据网站提供的数据需要以文件下载方式保存到本地电脑，再供Python程序使用，而Tushare、BaoStock、Akshare平台提供的数据可在Python程序中在线获取，前提是在本地电脑中分别安装相应平台的程序工具包，即tushare包、baostock包和akshare包。建议读者参阅各个平台官网（见表10.1）上有关在线获取数据方法的介绍，详细了解平台财经数据接口参数及其使用方法。本节仅提供几个实例来简要说明从这些平台获取数据的基本方法。

表10.1　平台官网

平台名称	网　址
Tushare	https://www.tushare.pro/
BaoStock	http://www.baostock.com
Akshare	https://www.akshare.xyz
世界银行公开数据	https://data.worldbank.org.cn

10.1.1　通过Tushare获取股票行情数据

目前，Tushare要求用户在平台注册并设置用户凭证（token）才能获取数据。用户注册和设置凭证信息的步骤如下：

（1）在网页https://tushare.pro/register注册一个Tushare用户。

（2）登录后在页面右上角的用户名称位置单击下拉菜单中的“个人主页”进入“用户中心”，在“用户中心”页面中单击“接口TOKEN”选项卡，复制其中的token，此信息即为用户访问Tushare的凭证。

（3）安装tushare包，例如使用安装命令“`pip install tushare`”。

（4）导入tushare包并设置凭证。

```
import  tushare  as  ts
ts.set_token('你的token')   # 填入第2步获取的token，只需执行一次
pro = ts.pro_api()           # 初始化pro接口
```

（5）数据调取。用户完成前面的操作后，即可在Python环境下调用pro接口获取数据。

用户可从Tushare平台获取多种财经数据，如国内股票、期货、期权、外汇，以及港股和美国股票等行情数据。若在IPython操作界面执行如下操作，则可获取指定股票在给定期间内的日交易行情数据：

```
In: import tushare as ts
In: pro = ts.pro_api()
In: df = pro.daily(ts_code='000001.SZ', start_date='20230101', end_date='20231020')
In: df.to_excel('tmp/000001.xlsx')  # 保存数据
In: df.head()
```

其中，pro_api()是tushare包的内建函数接口，daily()是tushare包提供给用户获取股票日交易行情数据的内建函数。该函数返回的数据是DataFrame类的结构数据，变量df包含多行多列数据，其中每列对应一个数据指标项，每行表示同一天内对应各数据指标项的数据，如股票日交易当天出现的各种价格、涨跌幅及成交量等。执行df.head()命令可以显示df中的前5行数据，执行df.columns命令可以显示全部列名称。df中各指标项的含义说明如表10.2所示。

```
In: df.columns
Out:
Index(['ts_code', 'trade_date', 'open', 'high', 'low', 'close', 'pre_close',
       'change', 'pct_chg', 'vol', 'amount'], dtype='object')
```

表10.2　df中各指标项的含义

参 数 名 称	代表的内容	参 数 名 称	代表的内容
ts_code	股票代码	pre_close	昨日收价（前复权）
trade_date	交易日期	change	涨跌额
open	开盘价	pct_chg	涨跌幅度（亿元）
high	最高价	vol	成交量（手）
low	最低价	amount	成交额（千元）
close	收盘价		

Tushare平台提供多个周期（日、周、月）的股票行情数据，读者可以根据自己的需要选择合适的接口函数（tushare包的内建函数）获取数据，可选择各交易周期的复权或不复权行情数据。目前使用Tushare平台的最大障碍是获取各类数据都要求用户具备一定额度的积分，如果用户没有足够的积分，就无法获得平台数据。用户注册并完善个人信息后就有120积分，可以使用上述的pro.daily()等少量接口。关于充值获取积分的详情，请查阅网站。

10.1.2　通过BaoStock获取货币供应量

BaoStock是一个无须用户注册即可免费使用的证券数据平台，除了证券数据，它还提供我国货币供应量和存款贷款利率等历史数据。获取BaoStock平台数据的方法与获取Tushare平台数据的方法明显不同，在Python程序中要使用baostock包的内建函数login()登录BaoStock平台，程序等待接受登录是否成功的信息，只有成功登录到平台，才可执行相应的内建函数来获取相应的数据。下面的程序演示了获取BaoStock平台数据的基本过程：

```
import baostock as bs
import pandas as pd
lg = bs.login()   # 登录BaoStock平台系统
print('login respond error_code:'+lg.error_code)
print('login respond  error_msg:'+lg.error_msg)   # 显示登录返回信息，可免除显示
rs = bs.query_money_supply_data_month(start_date="2018-01", end_date=
"2022-06")   # 获取指定时期内的货币供应量
print('query_money_supply_data_month respond error_code:'+rs.error_code)
print('query_money_supply_data_month respond  error_msg:'+rs.error_msg)
data_list = []
while (rs.error_code == '0') & rs.next():
    data_list.append(rs.get_row_data())  # 获取一条记录，将数据合并成一个列表
df = pd.DataFrame(data_list, columns=rs.fields)  # 将数据格式化为Dataframe对象
bs.logout()     # 登出系统
df.to_excel('fin_data/货币供应量.xlsx')
```

其中，语句lg = bs.login()的作用是实现本机程序与BaoStock平台建立联系，程序中的4条print语句并不是必要的，只是用来方便用户了解程序访问BaoStock平台是否成功、是否成功获取平台的数据。注意，程序中的函数query_money_supply_data_month()是平台约定的接口函数，它从平台获取由一些变量和方法构成的对象（详细内容可在命令行执行help(rs)或者在运行变量表中打开rs进行查看），而while语句块中的get_row_data()是rs中的一个方法，其功能是提取本次从平台获取的货币供应量数据值。执行上述程序后，变量df中将保存2018年1月至2022年6月期间我国的货币供应数据，货币供应量函数输出参数如表10.3所示。

表10.3　货币供应量函数输出参数

参数名称	代表的内容	参数名称	代表的内容
statYear	统计年度	m1YOY	货币供应量m1(同比)
statMonth	统计月份	m1ChainRelative	货币供应量m1(环比)
m0Month	货币供应量m0(月)	m2Month	货币供应量m2(月)
m0YOY	货币供应量m0(同比)	m2YOY	货币供应量m2(同比)
m0ChainRelative	货币供应量m0(环比)	M2ChainRelative	货币供应量m2(环比)
m1Month	货币供应量m1(月)		

货币供应量是各国中央银行实施和公布的重要经济指标之一，但由于各国经济、金融发展和现实需要的不同，以及经济学家对货币定义解释的差别，各国中央银行公布的货币供应量指标的内涵也不尽相同。BaoStock平台提供的货币供应量是我国央行发布的货币供应量数据。

10.1.3　通过AKshare平台获取宏观杠杆率

宏观杠杆率是全国各部门（非金融企业部门、政府部门、居民部门等）的债务余额（社会融资规模）与年度名义GDP（国内生产物品和劳务以当年价格计算的全部最终产品的市场价值）之比。宏观杠杆率是衡量一个经济体金融稳定性的重要指标，债务水平越高，意味着全社会利息支付和本金偿付的压力越大，且过高的杠杆率极易引发债务危机。

用户无须注册就可免费获取AKshare平台的财经数据，如执行如下操作可获得我国自1992年至今的宏观杠杆率数据，其执行信息显示本操作的结果表明macro_cnbs()函数返回八个方面的宏观杠杆率水平值，共有122个时期（月份）的数据。

```
import akshare as ak
df = ak.macro_cnbs() # 从平台提供的接口获取宏观杠杆率数据
df.to_excel('fin_data/宏观杠杆率.xlsx')
df.info()
Out:
<class 'pandas.core.frame.DataFrame'>
RangeIndex: 122 entries, 0 to 121
Data columns (total 9 columns):
 #   Column    Non-Null Count  Dtype
---  ------    --------------  -----
 0   年份        122 non-null    object
 1   居民部门      122 non-null    float64
 2   非金融企业部门   122 non-null    float64
 3   政府部门      122 non-null    float64
 4   中央政府      122 non-null    float64
 5   地方政府      122 non-null    float64
 6   实体经济部门    122 non-null    float64
 7   金融部门资产方   122 non-null    float64
 8   金融部门负债方   122 non-null    float64
dtypes: float64(8), object(1)
memory usage: 8.7+ KB
```

10.1.4 通过世界银行公开数据平台获取数据

世界银行公开数据平台目前提供全球200多个国家和地区的各类发展指标数据。有些经济发展指标数据包括自1960年以来的数据，但早于1990年的数据可能不够完整，有些指标数据甚至仅包括自2000年至今的数据。采用表10.1中列出的域名打开世界银行公开数据平台网页，在图10.1中点击矩形标记内的“国家”或“指标”，便可进入相应的数据下载界面（详细操作流程请参阅本书实验12中的相关说明）。

图10.1　世界银行公开数据首页截图

根据世界银行公开数据平台的指引，平台提供CSV、XML和Excel三种格式的数据文件。从平台下载的文件实际上包含全球200多个国家和地区的同一个指标数据。通常下载的文件头部有一些说明行，在用Pandas读取时可设置skiprows参数跳过头部的说明行。例如，读取下载的各国GDP（2015不变价美元）数据文件KD_DS2_zh_csv_v2_5884476.csv:

```
df = pd.read_csv('fin_data/KD_DS2_zh_csv_v2_5884476.csv', skiprows=4)  # 跳过前4行
print(df.columns)
```

输出如下：

```
Index(['Country Name', 'Country Code', 'Indicator Name', 'Indicator Code',
       '1960', '1961', '1962', '1963', '1964', '1965', '1966', '1967', ...
```

其中，“Country Name”是国家名称，“Country Code”是国家代码，而自第5列开始是GDP数据的统计年份。目前下载的GDP数据是从1960年开始直到2022年的各年度数据，但有些国家或地区的GDP数据可能不完整，处理时应注意判别。

10.2　股票行情数据可视化

不同种类财经数据的结构与经济学特征是有差别的，描述不同数据特征的图表形式自然也会有不同。线图和点图是最常用的二维图，因为二维图较易展示金融数据的变化特征，且绘制方法也较简单。下面以绘制股票k线图（也称蜡烛图）为例介绍Python语言实现股票交易数据可视化的基本方法。

在Python运行环境下绘制股票k线图的过程主要包含如下三个步骤。

第1步是确定数据来源。本例选择从Tushare平台在线获取股票行情数据，利用tushare包的内建接口函数获取股票行情数据，所以首先要使用命令“import tushare”导入tushare包。

第2步是确定可视化的形式和实现工具。本例选择mplfinance作为绘制股票价格k线图的工具，使用命令“from mplfinance.original_flavor import candlestick_ochl”导入mplfinance中绘制k线图的子模块candlestick_ochl。

mplfinance包是从matplotlib中独立出来的图形包（可执行“pip install mplfinance”命令安装该包），利用它可以比较容易地绘制股票价格k线图。本例中利用tushare包的pro.daily()函数获取股票日线数据，根据mplfinance包的candlestick_ochl()函数的参数格式要求对行情数据的时间顺序进行调整。此外，输出图表中绘制的k线数量不宜太多，因为k线数量太多势必导致k线之间的距离太小而使得k线图不清晰或变形。

第3步是确定绘制图表的输出工具。本例选择图表绘制包matplotlib作为k线图的输出工具，因为matplotlib包提供了丰富的图表输出功能，可以比较容易地对图表的结构布局、颜色及坐标轴格式等诸多方面进行设置，容易输出比较清晰、美观的图表。

为便于直观地了解股票价格及其成交量在一定时间范围内的变化情况，可以绘制一张图表统一展示股票价格走势与同期成交量数据的变化。绘制股票行情数据组合图形的方式有多种，读者可以根据自己的兴趣尝试不同的方式，仔细比较这些方式的优劣。如下程序可以绘制股票的日线行情k线、收盘价移动平均线及日成交量的二维图，程序的输出如图10.2所示。

```
import tushare as ts
import pandas as pd
pro = ts.pro_api()
code = '600519'
df = pro.daily(ts_code=code+'.sh', start_date='20230101',end_date='20231031')
df = df.iloc[::-1]              # 原始数据按日期倒序，将其反过来，按日期增序
df.to_csv('fin_data/'+code+'_daily.csv',index=False) # 将数据保存为 600519_daily.csv
```

读取本地数据文件，绘制k线图。

```
import pandas as pd
import matplotlib.pyplot as plt
from matplotlib import ticker
from mplfinance.original_flavor import candlestick_ochl
```

```
from matplotlib.gridspec import GridSpec      # 控制子图

code = '600519'
df = pd.read_csv('fin_data/'+code+'_daily.csv') # 读本地数据文件
df['date_ord'] = np.arange(0, len(df))   # 设置序号0,1,2,…, 方便后期作图
# 计算10日/30日/60日移动平均线
df["10"] = df["close"].rolling(10).mean().round(2)
df["30"] = df["close"].rolling(30).mean().round(2)
df["60"] = df["close"].rolling(60).mean().round(2)

figure = plt.figure(figsize=(21, 11))
figure.suptitle(f"贵州茅台({code})2023年价格走势",fontsize=24,va='baseline', y=0.9)
gs = GridSpec(3, 1)         # 共3行
ax1 = plt.subplot(gs[:2])  # ax1占据前2行
ax2 = plt.subplot(gs[2])   # ax2占据第2行

candlestick_ochl(ax=ax1,quotes=df[['date_ord','open','close', 'high',
'low']].values, width=0.63, colorup='r', colordown='g', alpha=0.95)   # 绘制k线图
for ma in ['10', '30', '60']:  # 绘制均线
    ax1.plot(df['date_ord'], df[ma])

ax1.set_ylabel('交易价格', fontsize=20)
ax1.set_xticks(range(len(df)),df['trade_date'])
xmajorLocator = ticker.MultipleLocator(18)            # x轴主刻度为18的倍数
ax1.xaxis.set_major_locator(xmajorLocator)
ax1.tick_params(labelsize=22)                         # 刻度标记文字大小

# 下方的成交量柱状图
for index, row in df.iterrows():
    if (row['close'] >= row['open']):  # 绘制成交量
        ax2.bar(row['date_ord'], row['vol'], width=0.63, color='red') # 阳柱
    else:
        ax2.bar(row['date_ord'], row['vol'], width=0.63, color='green')  # 阴柱

ax2.set_ylabel("成交量（单位：手）", fontsize=20)
ax2.set_ylim(0, df['vol'].max()*1.2)  # 设置y轴范围
ax2.grid(True)
ax2.set_xticks(range(len(df)),df['trade_date'])
ax2.xaxis.set_major_locator(xmajorLocator)
ax2.tick_params(labelsize=22)
```

程序中对接口函数返回数据的日期进行了一些处理，目的是满足candlestick_ohlc()绘制图形所需的参数格式，同时消除因股票未发生交易的日期（公司停牌日）在图中出现k线缺失而形成的断点空白。要特别注意pro.daily()函数返回数据的排列及其数据列的名称，因为这些信息直接影响程序语句的实现。绘制k线的方法有多种，请读者尝试其他实现方法（创建一个完整的程序实现从数据获取到图表输出的全过程）。

一般而言，绘制包含多个子图的图形时要特别注意各子图的位置、画布的尺寸比例、坐标以及标签等，尽可能让图形整体结构协调、图元素清晰、图元素布局合理。因为k线图和成交量图

通常都是有红绿色彩标记的矩形，所以要根据数据可视化的清晰要求来设置画布的尺寸及k线规模。如果绘图空间不足以展示预期的数据规模，就要扩大画布尺寸或缩短时间长度以降低数据规模。如果要在同一个画布上绘制多个子图，就要仔细调整子图之间的数据匹配以及坐标刻度数据的匹配，避免日期、数值（价格、成交量）与图形出现错位。图10.2展示了股票k线、收盘价格的3条移动平均线及对应各交易日的成交量，为了避免坐标轴标签文本错位和过于密集，需要控制标签数量与排列形式，本例采用ticker模块中的`MultipleLocator()`函数设置横坐标轴的标签数量。

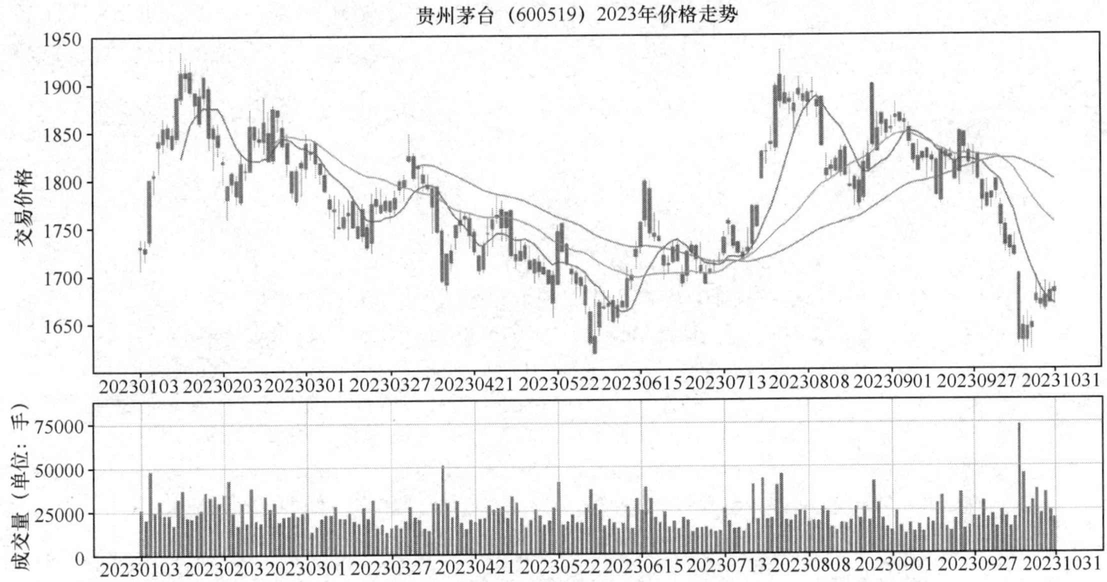

图10.2　股票k线、收盘价格的3条移动平均线及对应各交易日的成交量

此外，设计程序时要了解平台接口函数返回的数据列指标项。对于从Tushare平台获取的股票行情数据，并非所有接口函数返回的数据列指标项都相同，有些接口函数返回的数据本来就包含多个时间跨度收盘价移动平均值序列或成交量移动平均值序列（如10日、30日、60日移动平均值），而有些接口函数返回的数据并不包含移动平均值序列。本例使用`pro.daily()`函数返回的数据中没有日收盘价移动平均值序列，所以在程序中计算了多个移动平均值序列。

除日线外，Tushare平台还提供股票交易的周线行情数据和月线行情数据，读者可以根据自己的平台积分和需要选择合适的接口函数，其图形绘制方法大致与本例相同。

10.3　中国GDP数据可视化

国内生产总值（GDP）是指一个国家和地区所有常住单位在一定时期内生产活动的全部最终成果。国内生产总值有三种表现形式，即价值创造、收入形成和最终使用。从价值创造看，它是所有常住单位在一定时期内生产的全部货物和服务价值与同期投入的全部非固定资产货物和服务价值的差额，即所有常住单位的增加值之和。从收入形成看，它是所有常住单位在一定时期内形成的劳动者报酬、生产税净额、固定资产折旧、营业盈余等各项收入之和。从最终使用看，它是所有常住单位在一定时期内最终使用的货物和服务价值与货物和服务净出口价值之和。GDP是国际上通行的用于衡量一个国家或地区经济运行规模的宏观经济指标，其在政治、经济、外交、研究等领域具有广泛应用。

GDP反映一个国家或地区的经济发展规模，可用来判断一个国家或地区经济的总体实力和经济发展的速度。人均国内生产总值（PCAP）是用GDP除以年平均人口计算得到的人均指标，反映一个国家或地区的人均经济发展水平。本例以从世界银行公开数据平台下载的数据展示我国近20年来PCAP的变化情况，计价单位均为2015年不变价美元，即以2015年的单位美元价值作为基期价格。

假设从世界银行数据平台分别下载了人均国内生产总值（2015年不变价美元）和人均国内生产总值的年增长率数据，且分别存储在本地电脑中，文件名分别为如下程序中给出的CSV文件名，运行程序可以绘制出一个双坐标图形，以展示我国近20年的人均国内生产总值的变化情况，如图10.3所示。

```
import pandas as pd
import matplotlib.pyplot as plt
from matplotlib import ticker
plt.rcParams['font.sans-serif'] = ['SimHei']
plt.rcParams['axes.unicode_minus'] = False
# 读取本地文件，该文件包含全球200多个国家和地区的历史GDP数据
chgdp = pd.read_csv('fin_data/Pcap2015bubianDollar.csv', encoding="gbk")
chgdp = chgdp.loc[(chgdp["Country Name"] == "中国")]  # 选择中国的GDP数据
chgdp.reset_index(drop=True, inplace=True)  # 重置索引，消除数据行原来的索引
gdpvals = pd.DataFrame(chgdp.loc[0][4:])     # 从第4列开始提取GDP数值
gdpvals.reset_index(inplace=True)            # 设置新索引
gdpvals.columns = ["year", "PCAP"]           # 设置GDP序列名称为 values
# 读取本地文件,该文件包含全球200多个国家和地区的历史人均GDP数据
PcapZenglv = pd.read_csv("fin_data/Pcapyeargrowrate.csv", encoding="gbk")
pcapZZL = PcapZenglv.loc[(PcapZenglv["Country Name"] == "中国")]
pcapZZL.reset_index(drop=True, inplace=True) # 重置索引，消除数据行原来的索引
pcapZZL = pd.DataFrame(pcapZZL.loc[0][4:])   # 从第4列开始提取人均GDP数值
pcapZZL.reset_index(inplace=True)            # 设置新索引
pcapZZL.columns = ["year", "PCAP_gro_rate"]  # 设置GDP序列名称
fig, ax = plt.subplots(figsize=(16, 9))
plt.xticks(rotation=20)                      # 设置日期刻度旋转的角度
plt.title(r'人均GDP增长', fontsize=24)
xmajorLocator = ticker.MultipleLocator(5)    # 将x轴主刻度设置为5的倍数
ax.xaxis.set_major_locator(xmajorLocator)
ax.tick_params(labelsize=22)                 # 刻度标记文字大小
Lin1=ax.plot(gdpvals.year,gdpvals['PCAP'],'-ro',lw=1.2,label='PCAP(2015不变美元)')
ax.set_ylabel('PCAP2015不变美元（元）', fontdict={'size': 22})
ax2 = ax.twinx()  # 这是双坐标关键一步
ax2.tick_params(labelsize=22)  # 设置刻度标记文字大小
Lin2 = ax2.plot(pcapZZL.year, pcapZZL['PCAP_gro_rate'],
               '--gs', lw=1.2, label='PCAP增长率')
ax2.set_ylabel('PCAP增长率%', fontdict={'size': 22})
Lins = Lin1 + Lin2
Labs = [L.get_label() for L in Lins]
ax2.legend(Lins, Labs, loc=0, fontsize=20)  # 合并显示图例
plt.show()
```

绘制双纵坐标图形的关键是，确保两个数据序列的横坐标完全相同，对时间节点较多的数据序列需要合理设置时间坐标轴的标签间隔。在程序中，语句ax2=ax.twinx()的作用是建立双坐标之间的关系，表明ax2和ax两个坐标系共享一个横轴，语句ticker.MultipleLocator(5)的作用是设置横坐标刻度间隔为5个时间单位（年）。至于画布的尺寸、标签文字的字体、字号等，则根据实际需要进行个性化的参数设置。

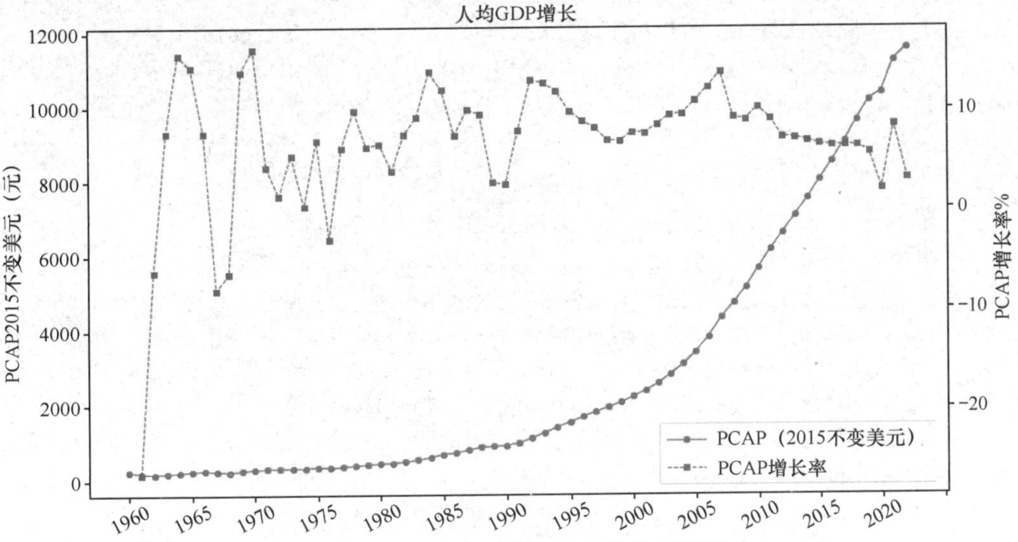

图10.3　我国人均国内生产总值发展状况

10.4　宏观杠杆率数据可视化

宏观杠杆率涉及多个部门的债务水平，其中居民部门、政府部门和非金融企业部门等三个部门的负债水平最为核心。通常将宏观杠杆率数据绘制成堆积柱形图，并标记各部分的实际数值。假设从AKshare平台获得的我国宏观杠杆率数据存储在本地电脑中，则如下程序可以绘制自2007年（数据最早是时间1992年）至今我国各年度的宏观杠杆率。

```
import pandas as pd
import matplotlib.pyplot as plt
plt.rcParams['font.sans-serif'] = ['SimHei']
plt.rcParams['axes.unicode_minus'] = False
mcl = pd.read_csv('fin_data/macro_cnbs.csv', encoding="gbk")
mcl["年度"] = pd.to_datetime(mcl["年份"]).dt.year
y_lv = pd.DataFrame()
y_lv["年度"] = pd.to_datetime(mcl["年份"]).dt.year
y_lv.drop_duplicates(inplace=True)
jm = '居民部门'
fjq = '非金融企业部门'
zf = '政府部门'
y_lv.reset_index(drop=True, inplace=True)  # 重置索引，消除数据行原来的索引
y_lv[jm] = mcl.groupby("年度")[jm].max().values
y_lv[fjq] = mcl.groupby("年度")[fjq].max().values
y_lv[zf] = mcl.groupby("年度")[zf].max().values
```

```
y_lv = y_lv.query('年度>=2007')              # 可根据需要选择起始年度
y_lv.reset_index(drop=True, inplace=True)  # 重置索引
fig, ax = plt.subplots(figsize=(24, 11))
plt.xticks(y_lv.index, y_lv['年度'], rotation=30)
ax.tick_params(labelsize=24)  # 设置刻度标记文字大小
ax.set_ylabel('宏观杠杆率 %', fontdict={'size': 24})
plt.bar(y_lv.index, y_lv[jm], width=0.5, color='grey',
        tick_label=y_lv['年度'], hatch='/', label=jm, edgecolor='w')
plt.bar(y_lv.index, y_lv[fjq], width=0.5, color='blue', tick_label=y_lv['年度'],
        edgecolor='w', hatch='X', label=fjq, bottom=y_lv[jm])
plt.bar(y_lv.index, y_lv[zf], width=0.5, color='red', tick_label=y_lv['年度'],
        edgecolor='w', hatch='//', label=zf, bottom=y_lv[jm] + y_lv[fjq])
plt.legend([jm, fjq, zf], loc='upper left',
           prop=None, fontsize=22, ncol=3)  # 设置图例
plt.title('我国宏观杠杆率',  fontsize=24, va='bottom')
for x, y1, y2, y3 in zip(y_lv.index, y_lv[jm], y_lv[fjq], y_lv[zf]):
    ax.text(x, y1/2, y1, ha='right', fontsize=22)
    ax.text(x, y1+y2/2, y2, ha='right', fontsize=22)
    ax.text(x, y1+y2+y3/2, y3, ha='right', fontsize=22)
plt.show()
```

程序运行结果如图10.4所示。

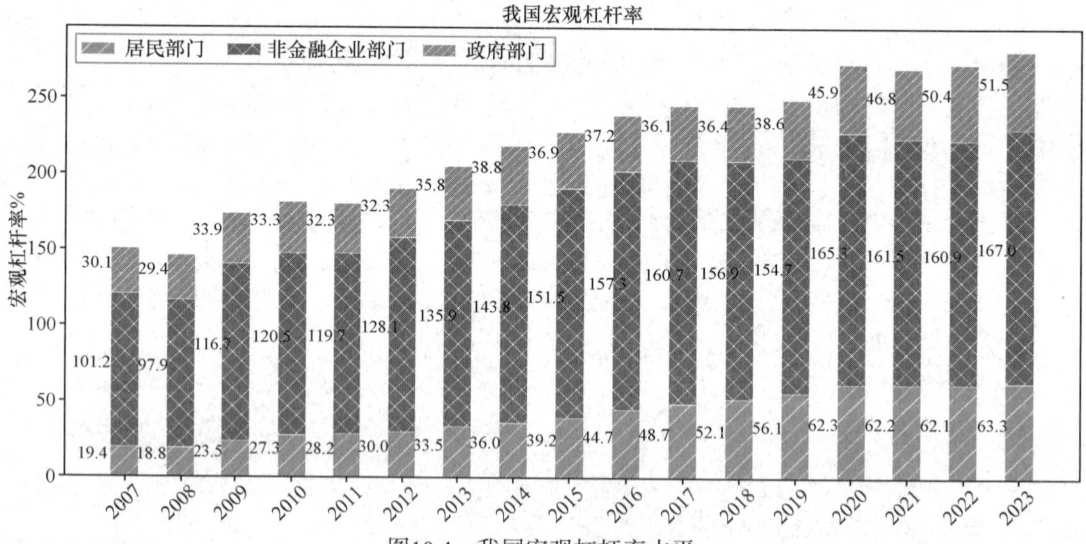

图10.4　我国宏观杠杆率水平

从平台获得的原始数据文件的年度序列并不方便直接用于图形输出年度杠杆率（数据是分季度发布的，如果只关注5年内各季度的数据输出，那么可以直接输出原始数据文件的各项值），需要利用Pandas提取各年度的杠杆率信息。我国的宏观杠杆率数据每季度发布一次，为简要展示多年的宏观杠杆率水平，本程序采用年度内最高的杠杆率值作为年度杠杆率值。

程序中分别采用不同的颜色和标记区分不同部门的杠杆率水平（百分数），从图10.4来看，我国自2007年以来，整体上宏观杠杆率呈逐年上升趋势，特别是居民部门的杠杆率稳步上升，且上升幅度显著。2023年上半年三个部门的宏观杠杆率累计超过250%，其中居民部门的宏观杠杆率达到63.3%，处于警戒区域，非金融企业部门的杠杆率超过167%。鉴于宏观杠杆率有上升容易

但下降很难的特点，政府需要密切关注各部门的杠杆率及其变化趋势。

绘制堆积柱形图时，要特别注意提升不同数据序列的区分度。如果用彩色绘制堆积柱形图，那么不同数据序列用不同颜色就比较容易区分各部分数据，但如果用黑白打印堆积图，就要设法用不同标记区分不同的数据序列，且要控制柱形图宽度和注释位置，以避免注释数字被柱形图覆盖。

10.5 货币供应量可视化

货币供应量是各国中央银行编制和公布的主要经济统计指标之一，指某一时点流通中的现金量和存款量之和，也称货币存量、货币供应。由于各国经济、金融发展和现实情况不同，以及经济学家对货币定义解释的不同，各国中央银行公布的货币供应量指标也不尽相同。我国的货币供应量统计以天为基本单位，所谓某年某月某日的货币量，实际上是吞吐货币的银行当日营业结束之际的数量。在此基础上，月货币量如果指的是月平均量，就可以是全月每天货币量的平均，也可以是月初、月末两个货币存量数的平均。年平均货币量的计算同样如此。对有些问题的分析，也可用月末、季末、年末货币余额这样的数字。

货币供应量可以按照货币流动性的强弱划分为不同的层次，通常划分为M0、M1、M2、M3、M4等。我国现行货币统计制度将货币供应量划分为三个层次：① 流通中现金（M0），指单位库存现金和居民手持现金之和，其中“单位”指银行体系以外的企业、机关、团体、部队、学校等单位。② 狭义货币供应量（M1），指M0加上单位在银行的可开支票进行支付的活期存款。③ 广义货币供应量（M2），指M1加上单位在银行的定期存款和城乡居民个人在银行的各项储蓄存款以及证券公司的客户保证金。

我国货币供应量与经济增长之间有较强的相关性，货币供应量也具有可控性。BaoStock平台提供我国自1992年以来的货币供应量数据，且自1992年12月以来的数据都十分详尽。鉴于我国货币供应量的层次划分，选择折线图或簇状柱形图都可以比较容易展示我国多年货币供应量各层次的规模。假设从BaoStock平台获取的货币供应量数据存储在本地电脑中，则如下程序可以利用该数据文件绘制我国自2007年至2022年的货币供应量簇状柱形图（见图10.5）。

```
import pandas as pd
import matplotlib.pyplot as plt
plt.rcParams['font.sans-serif'] = ['SimHei']
msp = pd.read_csv('fin_data/money_supply_data_month.csv', encoding="gbk")
mspy = pd.DataFrame()
mspy['m0Year'] = msp.groupby('statYear')['m0Month'].max()/10000
mspy['m1Year'] = msp.groupby('statYear')['m1Month'].max().values/10000
mspy['m2Year'] = msp.groupby('statYear')['m2Month'].max().values/10000
mspy = mspy.round({'m0Year': 1, 'm1Year': 1, 'm2Year': 2})
mspy = mspy.reset_index()                        # 重新设置索引
mspy = mspy.query('statYear>=2007')
mspy.reset_index(drop=True, inplace=True)  # 重置索引
fig, ax = plt.subplots(figsize=(21, 11))
w = 0.27
plt.xticks(mspy.index, mspy['statYear'].values)
ax.tick_params(labelsize=24)                    # 设刻度标记文字大小
ax.set_ylabel('年度货币供应量', fontdict={'size': 24})
```

```
    ax.tick_params(axis='x', width=3)
    plt.bar(mspy.index-w, mspy['m0Year'], width=0.27,
            color='tomato', tick_label=mspy['statYear'].values,
            hatch='/', label='m0Month', edgecolor='darkgreen')
    plt.bar(mspy.index, mspy['m1Year'], width=0.27,
            color='purple', tick_label=mspy['statYear'].values,
            hatch='\\', label='m0Month', edgecolor='w')
    plt.bar(mspy.index+w, mspy['m2Year'], width=0.27,
            color='deeppink', tick_label=mspy['statYear'].values,
            hatch='X', label='m0Month', edgecolor='yellow')
    for x,y1,y2,y3 in zip(mspy.index, mspy['m0Year'],
                          mspy['m1Year'], mspy['m2Year']):
        ax.text(x-w, y1+2, y1, ha='center', fontsize=22)
        ax.text(x, y2+2, y2, ha='center', fontsize=22)
        ax.text(x+w, y3+2, y3, ha='center', fontsize=22)
    plt.title('我国货币供应量',  fontsize=24, va='bottom')
    plt.legend(['M0(万亿)', 'M1(万亿)', 'M2(万亿)'], loc='upper left', prop=None,
               fontsize=22, ncol=3)  # 设置图例
    plt.show()
```

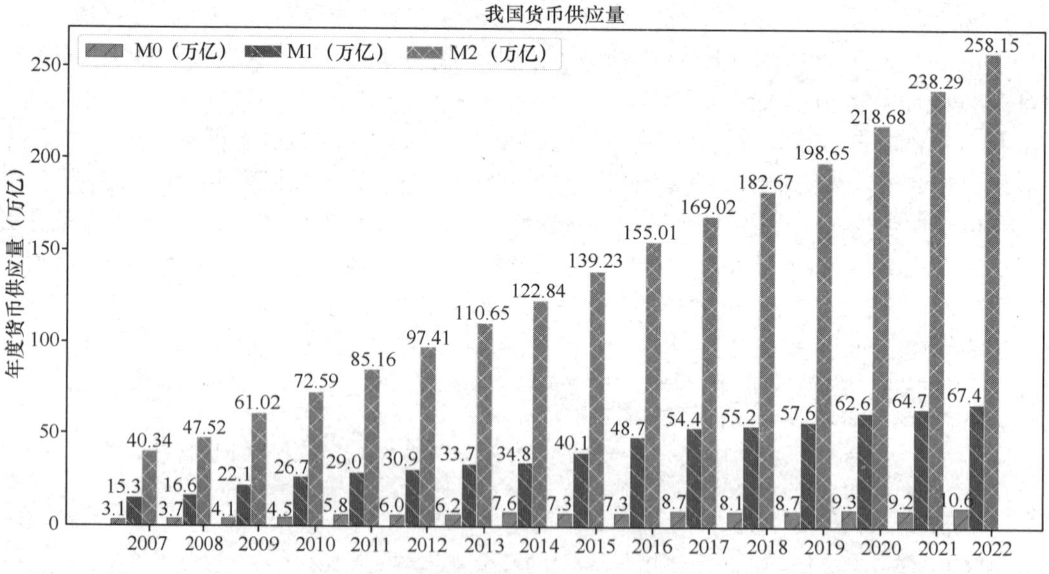

图10.5　我国货币供应量

从图10.5容易看出，我国自2007年以来的货币供应量逐年显著增加，到2022年底，基础货币M0增加3.3倍多，M1增加4.2倍多，M2增加6.4倍多，反映出我国货币供应量与国内生产总值的增长有很强的相关性，且M2的增长幅度是M0的近2倍。

绘制簇柱形图要仔细设置簇间的距离，簇内的不同柱体也可设置易于辨识的标志。当簇数较多时，宜适当缩小柱体宽度，或者扩大画布宽度。如果柱体对应的数据值较大，那么可以适当增大纵坐标刻度的单位值（增大数据序列的单位数量级），使得图形整体协调、图中各元素简洁易懂。本例中的货币供应量数值较大，为了使柱体注释内容简洁，在数据序列中采用较大的单位数量级，且仅保留2位小数。

10.6　本章小结

数据可视化是一项非常有意义的工作，美观、清晰、简洁的图形有利于直观展示财经数据规模及其变化趋势的特征，有利于提升财经信息交流的质量和效率。本章介绍了从多个财经数据平台获取数据并绘制能够反映数据的经济或金融特征的可视化实例，展示了使用Python语言及绘图工具包实现可视化设计的常用方法。可视化的实现方法多种多样，可视化结果务必要满足工作实践的需要。

习题

1. 获取我国自2008年以来各年度的货币供应量数据，比较货币供应量M2的增长速度与我国GDP同期的增长速度（图表输出）。
2. 设计一个程序，以股票价格的日线数据为基础分别绘制周k线和月k线图，要求在图形中不出现股票停牌交易日产生的k线位置空缺。
3. 设计一个程序，分别绘制上证综合指数和深证成分指数的60日、120日及250日价格移动平均线。要求：如果行情数据涵盖的时间小于120日，那么仅绘制k线图；如果行情数据涵盖的时间大于2年，那么在输出图形中不绘制k线，但需要绘制收盘价移动均线图；否则，在程序的输出图形需要绘制k线、移动平均线和每日成交量。
4. 设计一个程序，利用世界银行公开数据平台提供的宏观经济数据，比较最近40年间中国与美国的人均国内生产总值的增长率（图表输出）。

第11章　Python金融分析应用

Python凭借其种类丰富且功能强大的金融计算工具包，为金融数据分析人员开发应用程序提供了极大的便利。本章首先介绍numpy_financial包中关于分期投资与贷款相关的金融函数及其使用方法，然后以股票收益率和波动率的计算为例介绍金融时间序列数据分析方法，接着介绍股票价格技术分析指标MACD和KDJ等的Python实现方法。

11.1　实用NumPy金融函数

NumPy是一个涉及诸多应用领域的计算工具包，其中Numpy financial Python库包含各种基础财务计算功能函数，为金融数据分析程序开发人员提供了诸多便捷的实用函数。本节介绍几个与人们日常生活关系比较密切的numpy_financial金融函数（见表11.1）的功能及其使用方法。

表11.1　几个与人们日常生活关系比较密切的numpy_financial金融函数

函 数 名 称	功 能 说 明
fv(rate,nper,pmt,pv[,when])	计算金融资产在未来某一时间点的价值，或称终值、未来值
pv(rate,nper,pmt,fv[,when])	计算金融资产当前的价值，或称现值
pmt(rate,nper, pv, fv[,when])	计算每期需支付借款的金额
nper(rate,pmt,pv,fv[,when])	计算定期付款的期数

要使用这些金融函数，就要在本地电脑中安装numpy_financial包（在安装界面执行pip命令“pip install numpy_financial”），然后在程序中利用导入命令import 导入该工具包模块，或者在Python行命令操作环境下执行import操作，导入该包模块。例如，在IPython行命令操作界面执行导入numpy_financial操作后，就可在操作界面使用这些函数：

```
In: import numpy_financial as npf
```

（1）终值函数fv(rate, nper, pmt, pv[,when])

终值函数fv()以固定利率计算一项投资或贷款在未来某一时间点的价值（金额），也称“未来值”，它体现了货币的时间价值。函数的参数rate表示存款或贷款每期的利率（在终止时间点之前，利率维持不变），nper表示期间发生的存款或贷款总期数（存、贷款次数），pmt表示存款或贷款每期支付的金额，pv表示当前（首期）的存款或贷款金额，参数when是可选项，when='begin'或1表示在每一期的期初进行交付款，when='end'或0表示在期末进行交付款，缺省when参数时，表示在期末进行交付款。使用终值函数fv()时要注意三点：计算中的利息是复利利息；pv可以是0，但不可缺省；如果参数pv不等于0，那么when=1表示首期产生的金额，when=0表示末期产生的金额。

以银行的零存整取业务为例，客户自办理该业务首日存入一定金额，往后每月在同日存入等额钱款M元（每期存款额相等），一年到期后（最后一笔存款存满一个月），可提取的现金总额就是该项存款的终值fv。fv的复利计算如下：

$$\mathrm{fv} = M\left\{(1+r)^{12}+(1+r)^{11}+\cdots+(1+r)\right\} = M\cdot\frac{(1+r)^{13}-(1+r)}{r}$$

式中，首期存款日为每月的存款日（等价于终值函数fv()中的参数when=1），每期的利率r等于年利率除以12。

【例1】王女士今天去银行办理了一项3年期月存1万元的零存整取存款业务，且另加存10万元。假设以年利率1.45%连续存3年，那么3年后（最后一笔存款1万元存满一月的最后一天）王女士的存款总额是多少？

根据题设，这项存款计划未来3年的年利率保持为1.45%，先后共存入36次1万元，即存款期数为36，且首期额外存款为10万元，根据终值函数可计算3年后可支取（期末支取）的存款总额：

```
In: npf.fv(rate = 0.0145/12, nper = 36, pmt = -10000, pv = -100000, when = 1)
Out: 472605.37865279283
In:npf.fv(rate = 0.0145/12, nper = 36,pmt = -10000,pv = -100000)
Out: 472161.0529822912
```

其中，pmt和pv为负值时表示支出款项（如银行存款），要表示收入款项（如银行贷款、股息），则列为正数。pv是首期（当前）完成的附加现金交易额，终值包括pv按月复利计算利息后的价值额度。如果不分多期存入本金（pmt=0），而只是一次性存入10万元本金，那么3年后的终值为

```
In:npf.fv(rate = 0.0145/12, nper = 36, pmt = 0, pv = -100000)
Out: 104443.25670501706
```

【例2】生活中有些资产是每年贬值的，例如家电、汽车、飞机、机床等资产会逐年贬值。现假设花20万元买了一辆新车，每年贬值10%（等价于利率为-10%），那么计算5年后这辆汽车的终值（金额）如下：

```
In: npf.fv(rate = -0.1, nper = 5, pmt = 0, pv = -200000)
Out: 118098.00000000001
```

上述二例表明，终值函数fv(rate,nper,pmt,pv[,when])计算的是以规模为pmt的资金在给定利率rate的情况下重复累计nper次形成的复利计息总价值。

函数fv()的各项参数数据之间的关系如下：

```
fv + pv*(1+rate)**nper + pmt*(1 + rate*when)/rate*((1 + rate)**nper - 1) = 0
```

式中，when=0或1。从这个关系式比较容易理解在现金流入情况下pv应该取正值，在现金流出情况下pv应该取负值。

（2）现值函数pv(rate, nper, pmt ,fv)

现值函数pv()是指资产（表示未来价值金额）在当前时刻的价值（金额）。pv()函数需要利率、期数、每期支付金额和未来某时间点的预期金额（终值）作为参数，函数的返回结果为现值（初期的价值金额）。现值函数pv()和终值函数fv()是对称的。

【例3】假设零存整取存款的年利率为1.45%，王女士希望5年后可以得到存款50万元，并计划每月存5000元，那么首笔存款金额应该是多少？

根据题设，需要计算这项存款计划之初应该存入银行多少钱才能达到预期的50万元存款。用pv()函数求解的参数设置如下：

```
In: npf.pv(rate = 0.0145/12, nper = 60, pmt = -5000, fv = 500000)
Out: -175838.55195212134
```

函数参数列表中的利率需要化成月利率，5年共有60个月，即需要分60次存入5000元，预期存款总额就是这项存款计划可以产生的终值。将这个计算结果-175838.55（舍入到分）应用到终值函数fv()有

```
In: npf.fv(rate = 0.0145/12, nper = 60, pmt = -5000, pv = -175838.55)
Out: 499999.997901185
```

这个结果也体现了终值函数fv()和现值函数pv()之间的对称关系。

函数pv()的参数pmt也可以等于零。例如，假设年均通货膨胀率为2%，计算5年后的10万元等于当前的现金额：

```
In: npf.pv(rate = 0.02, nper = 5, pmt = 0, fv = 100000)
Out: -90573.08098299158
```

（3）年金函数pmt(rate, nper, pv, fv)

年金函数pmt()计算以固定利率和等额本息方式每期支付给银行的款项（包含本金和利息）。函数的利率参数rate是根据年利率计算的期利率，若按月还款，则为年利率除以12，若按季度还款，则为年利率除以4。参数nper是整项贷款需要偿还的期数，参数pv是从银行获得贷款的总金额。

【例4】李先生计划从银行贷款100万元买房子，贷款利率为5.5%，若计划分15年还清全部贷款，那么每月需要还贷多少金额？

用pmt()函数计算每月的按揭额度：

```
In: npf.pmt(rate = 0.055/12, nper = 15*12, fv = 0, pv = 1000000)
Out: -8170.834546211335
```

（4）分期函数nper(rate, pmt, pv, fv)

分期函数nper()计算固定利率月等额本息还款方式定期付款的期数。函数的参数rate是存款或贷款每期的利率，pmt是存款或贷款每期需要支付的金额，pv是存款或贷款金额现值，fv是存款或贷款终值（若是贷款，则终值为0；若是存款，则终值为本息和）。

【例5】张先生计划从银行贷款100万元投资养殖，贷款利率为6.5%，每月还贷1万元，那么共需要多久才能还清全部贷款？

因为目前银行通常要求客户按月还款，所以需要计算还款的总月份数：

```
In: npf.nper(rate = 0.065/12, pmt = -10000, pv = 1000000, fv = 0)
Out: 145.0
```

无论是投资还是贷款计划，利用这些金融函数都能简单方便地计算不同利率、期限、分期、额度等情况下的收益或成本。如下程序是计算商业房贷和公积金房贷的还款金额差异，其中计算按揭总款终值时使用的是人民银行总行2023年9月25日开始执行的5年以上住房贷款利率，在具体应用中需要调整为具体贷款银行可以设定的利率。

```
import numpy as np
import numpy_financial as npf
import matplotlib.pyplot as plt
plt.rcParams['font.sans-serif'] = ['SimHei']
plt.rcParams.update({'axes.labelsize': 12, 'axes.titlesize': 12, 'font.size': 12})
dp_rate = 0.0165         # 2023年9月中国工商银行发布的1年期存款利率
rates = [0.049, 0.0325]  # 5年以上的商业房贷利率和公积金房贷利率
loan_pv = [50, 100, 150, 200]   # 贷款，单位：万元
loan_nper = [5, 10, 15, 20]     # 期限，单位：年
repay_fv = np.zeros((len(rates), len(loan_pv), len(loan_nper))) # fv初始化
for r in range(len(rates)):
    for p in range(len(loan_pv)):
        for n in range(len(loan_nper)):
            pmt = npf.pmt(rates[r]/12, loan_nper[n]*12, loan_pv[p], fv=0) # 每期按揭
            # 计算此条件下：利率，期数，pmt对应的终值 （未考虑首付因素pv=0）
            repay_fv[r][p][n] = round(
```

```
                    npf.fv(dp_rate/12, loan_nper[n]*12, pmt, pv=0), 2)
fig, axes = plt.subplots(2, 2, figsize=(12, 7))  # 2x2子图
fig.suptitle('商业房贷与公积金房贷偿还终值(fv)比较', fontsize=18, y=0.93)
fig.subplots_adjust(wspace=0.35, hspace=0.35)  # 设置子图间距
for index, money in enumerate(loan_pv):         # 共4种不同贷款额
    row = index // 2
    col = index % 2
    shang = '商业房贷'+str(money)+'万元'
    gong = '公积金房贷'+str(money)+'万元'
    ylabel = str(money)+'万元按揭终值'
    axes[row, col].plot(loan_nper, repay_fv[0][index], '--o', label=shang)
    axes[row, col].plot(loan_nper, repay_fv[1][index], marker='s', label=gong)
    axes[row, col].set(xticks=loan_nper, xlabel='还款年限', ylabel=ylabel)
    axes[row, col].legend()
plt.show()
```

由两种贷款利率的差别导致的按揭款终值差异如图11.1所示，图中两条线段变化的趋势表明，还款总额随贷款额度或贷款年限的增加而显著增加。此外，因商业贷款利率通常明显高于公积金贷款利率，所以同样还款期数的商业贷款按揭还款总额远高于公积金贷款按揭的还款总额。另一方面，按揭时间越长（还款期数越多），导致偿还的资金总额越多（终值越大）。

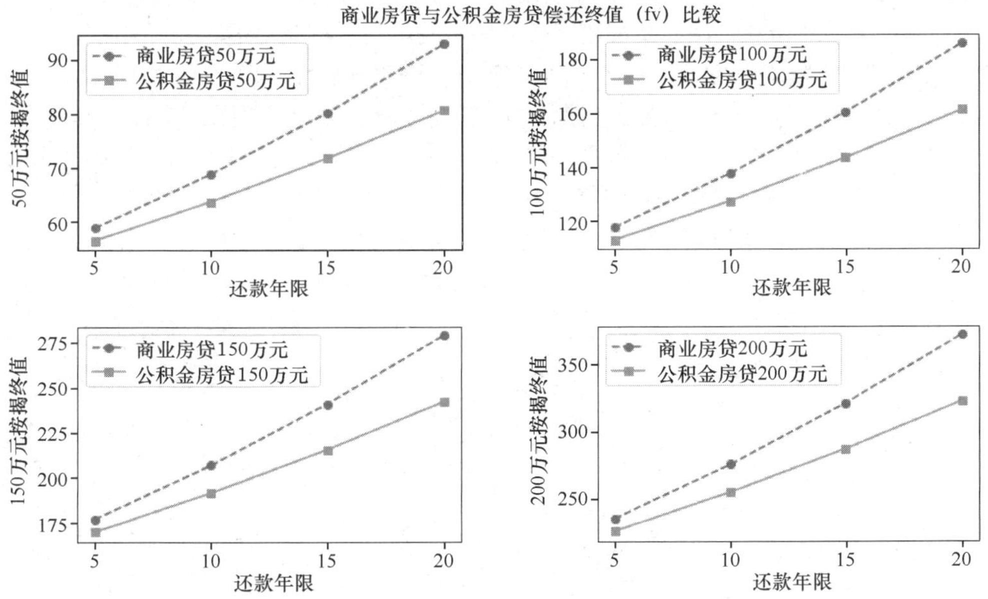

图11.1　由两种贷款利率的差别导致的按揭款终值差异

11.2 股票的收益率和波动率

股票收益是指股票投资者以买卖股票方式所取得的收益（包含股票分红）。股票收益率是反映股票收益水平的指标，股票价格涨跌、公司分配的股份红利、公司配送的新增股份、交易手续费及印花税等都会影响股票收益率。本节讨论的收益率仅考虑股票购买者持有股票期间因股票价格涨跌产生的收益率，而不考虑其他因素对收益率的影响。

根据计算方法的不同，股票收益率分为简单收益率（也称百分比收益率、算术收益率）和对数收益率。简单收益率是指相邻两个价格之间的变化率，例如两个连续交易日的后一个交易日收盘价相对前一个交易日收盘价涨跌额与前一个交易日收盘价的比率（百分比）。对数收益率是指相邻两个价格之比的对数值。在金融领域计算跨期复合收益率时要求收益率具有对称性和时序可加性等统计性质，更多情况下会采用对数收益率。

11.2.1 收益率计算

本节计算股票收益率的时间周期是交易日，以各交易日收盘价格作为交易价格（投资者买入股票的价格是买入日的收盘价格，卖出股票的价格是卖出日的收盘价格），并且假设投资者自买入日到卖出日一直持有相同数量的股票。

设投资者持有的某只股票在第i个交易日的收盘价为P_i，在第$i+1$个交易日的收盘价为P_{i+1}，那么该只股票第$i+1$个交易日相对第 i个交易日的简单收益率为

$$r_s = (P_{i+1} - P_i)/P_i$$

而相应的对数收益率为

$$r_e = \ln\frac{P_{i+1}}{P_i}$$

这两个收益率的最大差别是，n个交易日的累计对数收益率等于这n个交易日中每个交易日的对数收益率之和，但n个交易日的累计简单收益率并不等于这n个交易日中每个交易日的简单收益率之和。这是因为股票价格上涨与下降相同数值所对应的简单收益率不对称。例如，假设某只股票在第i个交易日的收盘价格是10元，在第$i+1$个交易日的收盘价格为11元，而在第$i+2$个交易日的收盘价格是10元。股票价格虽然经过两个交易日后依然是10元，但在第$i+1$个交易日的简单收益率是10%，而在第$i+2$个交易日的简单收益率是-9.1%，所以这两个收益率之和并不等于零，但对应这两个交易日的对数收益率之和等于零。

根据需要计算的收益率周期（日、周、月、季、年）确定获取合适周期的股票行情数据，尽管利用日线行情数据也可以计算周、月、季度或年等时间周期的收益率，但如果可以获取股票的对应收益率周期的行情数据，就可以明显减少计算量。如下程序采用股票日线行情数据来计算指定时间内各交易日的简单收益率与对数收益率。

```
import tushare as ts
import numpy as np
import pandas as pd
import matplotlib.pyplot as plt
from matplotlib import ticker
plt.rcParams['font.sans-serif'] = ['SimHei']
plt.rcParams['axes.unicode_minus'] = False
plt.rcParams.update({'axes.labelsize': 18, 'axes.titlesize': 19, 'font.size': 16})
code = '601318.sh'
df = pd.read_csv("fin_data/st_"+code[:6] + "_daily.csv", encoding="gbk")
df = df.sort_values(by='trade_date', ascending=True)  # 重排为按日期升序
df['bfb_ret'] = (df['close']-df['close'].shift(1))/df['close'].shift(1)*100
df['log_price'] = np.log(df['close'])
df['log_ret'] = df['log_price'].diff(1)*100  # 计算对数收益率
df['bfb_ret_cum'] = df['bfb_ret'].cumsum() # 计算累积对数收益率
```

```
    df['log_ret_cum'] = df['log_ret'].cumsum()
    df = df.dropna()  # 消除第一行无效数据
    data = {'date': pd.Series(df['trade_date'].values),
            'close': pd.Series(df['close'].values),
            'bfb_ret_cum': pd.Series(df['bfb_ret_cum'].values),
            'log_ret_cum': pd.Series(df['log_ret_cum'].values)
            }
    df2 = pd.DataFrame(data)  # 重新编排索引，用于设置坐标刻度

    def format_date(x, pos):
        if x < 0 or x > len(date_tickers)-1:
            return ('')
        return (date_tickers[int(x)])

    date_tickers = df2['date'].values  # 生成横轴的刻度名字
    fig, ax = plt.subplots(figsize=(16, 9))
    fig.subplots_adjust(bottom=0.2)
    ymajorFormatter = ticker.FormatStrFormatter('%.1f%%')  # 设置y轴标签文本的格式
    ax.yaxis.set_major_formatter(ymajorFormatter)  # 显示百分比
    ax.set_xlim([0, len(date_tickers)+1])
    ax.xaxis.set_major_formatter(ticker.FuncFormatter(format_date))
    ax.xaxis.set_major_locator(ticker.LinearLocator(22))  # 横轴绘制22个标记
    plt.setp(plt.gca().get_xticklabels(), rotation=20, ha='right')
    ax.plot(df2['bfb_ret_cum'], '-r', label='百分比收益率')
    ax.plot(df2['log_ret_cum'], '--g', label='对数收益率')
    ax.legend(loc='upper left', fontsize=16)
    ax.set_title("股票("+code+")累计收益率", fontsize=20, va='bottom')
    plt.ylabel('收益率')
    ax.grid(True)
    plt.show()
```

为了直观地比较两种收益率数值的差别，程序绘制出同一时期内两种累计收益率的变化情况，如图11.2所示。从图容易看出，简单累计收益率和对数累计收益率的整体走势尽管非常相近，但简单收益率在数值上比对数收益率值要明显大一些，且在股票价格振荡频率较高的时间段，这两种收益率数值的差别更大。这是因为对数收益率具有对称性而简单收益率不具有对称性，累计简单收益率 r_s 与累计对数收益率 r_e 在数值上满足关系式 $r_e = \ln(r_s + 1)$ 。

程序中利用tushare包的pro.daily()接口函数获取的行情数据已经包含日涨跌幅数据项（简单收益率），所以在程序中本可省略简单收益率的计算过程，但为了便于灵活选择两种收益率数据序列的时间起点，本程序选择从设定的起始交易日开始分别计算简单收益率和对数收益率。程序中利用NumPy的diff()函数计算股票差价是因为diff()函数可以用数组后一个位置上的数据减去当前位置的数据之差作为结果数组中该位置上的数据。此外，要使用log()函数计算每个交易日收盘价的对数收益率，就应该检查变量df中的收盘价格数据列，如果存在空值等无效数据，则要用合适的数据进行填充，避免出现零或负值。

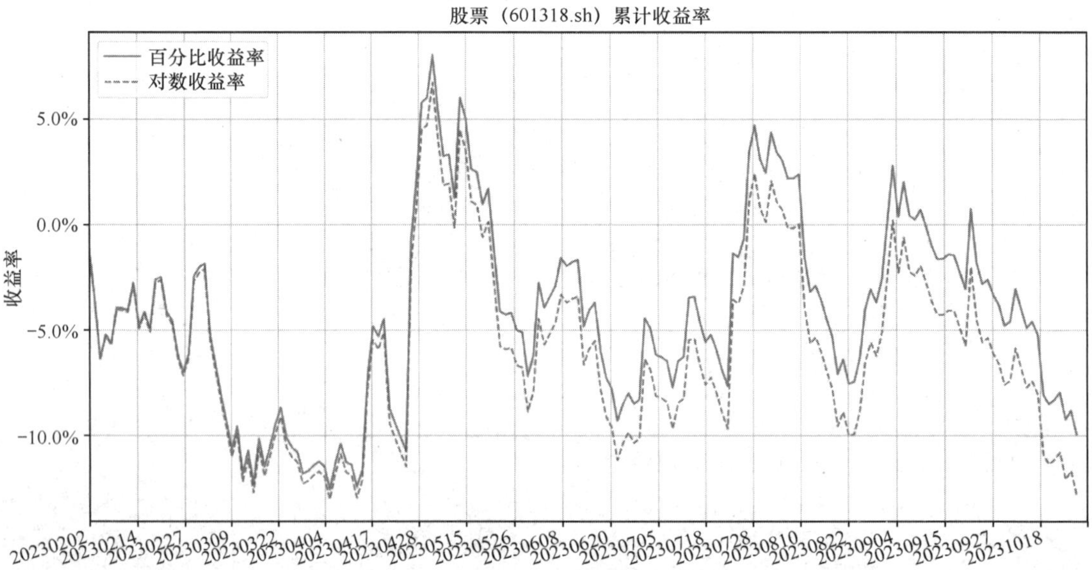

图11.2　股票日累计收益率

11.2.2　单只股票和市场平均收益率比较

股票市场的平均收益率通常是指股票价格指数（不同指数所涵盖的股票对象有差别）的收益率。我国设置的A股指数有几十种之多，其中比较重要的指数有上证指数、深圳成分指数、沪深300指数、中证100指数、上证180指数等。如果要比较单只股票收益率与市场平均收益率，就可以根据研究目的选择合适的市场指数作为比较对象。例如，股票中国平安（股票代码：601318）是沪深300指数的成分股，本节选择股票中国平安与沪深300（指数代码：sh.000300）进行收益率比较，但仅比较中国平安与沪深300近3年的月累计收益率。

第1步：获取股票和指数的月线行情数据。Tushare平台和BaoStock平台都提供股票和指数的月交易行情数据，其中Tushare平台要求用户的积分值大于2000分才能获取数据，而用户可自由获取BaoStock平台的股票和指数月交易行情数据。因此，本节选择从BaoStock平台获取股票和指数月线行情数据，程序段如下：

```
import baostock as bs
import pandas as pd
lg = bs.login()
code = "sh.601318”
rs = bs.query_history_k_data_plus(code,
        "date,code,open,high,low,close,volume,amount,adjustflag,turn,pctChg",
            start_date='2015-01-01', end_date='2023-10-01',
                                 frequency="m", adjustflag="2")
data_list = []
while (rs.error_code == '0') & rs.next():  # 获取一条记录，将记录合并在一起
        data_list.append(rs.get_row_data())
df = pd.DataFrame(data_list, columns=rs.fields)
df.to_csv("fin_data/history_"+code[3:]+”_data.csv", index=False) #数据存入csv文件
bs.logout()
```

程序将获取的月行情数据保存到本地电脑中（文件名称和存储位置根据电脑实际情况设定）。

类似地，可以从BaoStock平台获取沪深300指数的月线数据。

第2步：合并沪深300指数和中国平安股票的数据。因为单只股票存在停牌的情况，因此应该以沪深300指数的交易日为基准来合并两者的数据序列，如果出现股票因停牌而缺失部分月行情数据的情况，就要填充缺失数据项。假设df1和df2分别保存了自BaoStock平台获取的中国平安和沪深300指数的月行情数据，且两者的起止日期相同，则如下程序可实现两者同期月度收盘价格序列的合并：

```
df = df2[['date', 'close']].copy()
df.rename(columns={'close': 'indclose'}, inplace=True)
df = pd.merge(df[['date', 'indclose']],df1[['date', 'close']], on='date', how='left')
```

根据沪深300指数df2生成一个新的DataFrame对象df，为避免在同一个对象中出现列名称冲突，合并前将df的close列名称更改为indclose，再将df1的close列合并到df中。

若单只股票因停牌造成数据项缺失，则采用缺失数据项最近的前或后的有效数据填充各缺失数据项。如果在数据序列首项出现缺失值，就采用距离缺失数据项最近的有效数据向前填充。

第3步：分别计算中国平安股票和指数的月收益率及其累计收益率。因为从BaoStock获取的行情数据对象的各列数据类型为字符串类型，所以在计算收益率之前需要将两列收盘价强制转换成数值类型（float64）。

```
df['close'] = pd.to_numeric(df['close'])
df['indclose'] = pd.to_numeric(df['indclose'])
df['stk_log_ret'] = np.round(np.log(df['close']/df['close'].shift(1)), 4)
df['ind_log_ret'] = np.round(np.log(df['indclose']/df['indclose'].shift(1)), 4)
df['stk_log_ret_cum'] = df['stk_log_ret'].cumsum()
df['ind_log_ret_cum'] = df['ind_log_ret'].cumsum()
```

第4步：绘制图形分别输出中国平安股票与沪深300指数的月累计收益率。考虑到图形横坐标数据量较多，坐标点ticks标签需要有所限制，且适当倾斜。绘制图表输出时，对各序列数据点线图的颜色和线型参数进行明确设置，以增强图形的可辨识性。

如下程序实现指定时段内中国平安股票和沪深300指数的复权月行情数据，并分别保存为CSV文件。

```
import baostock as bs
import pandas as pd
stcode = "sh.601318"
indcode = "sh.000300"
stadt = '2009-01-01'
enddt = '2023-10-20'
fids = "date,code,open,high,low,close,volume,amount,adjustflag,turn,pctChg"
lg = bs.login()
rs = bs.query_history_k_data_plus(
    stcode, fids, start_date=stadt, end_date=enddt, frequency="m", adjustflag="2")
data_list = []
while (rs.error_code == '0') & rs.next():  # 获取一条记录，将记录合并在一起
    data_list.append(rs.get_row_data())
df1 = pd.DataFrame(data_list, columns=rs.fields)
# 结果数据保存到CSV文件
df1.to_csv("fin_data/history_"+stcode[3:]+"_data.csv", index=False)
```

```
rs = bs.query_history_k_data_plus(
    indcode, fids, start_date=stadt, end_date=enddt, frequency="m", adjustflag="2")
data_list = []
while (rs.error_code == '0') & rs.next():  # 获取一条记录，将记录合并在一起
    data_list.append(rs.get_row_data())
df2 = pd.DataFrame(data_list, columns=rs.fields)
# 结果数据保存到csv文件
df2.to_csv("fin_data/history_ind"+indcode[3:]+"_data.csv", index=False)
bs.logout()
```

如下程序绘制自2009年1月1日至2023年8月31日期间中国平安股票和沪深300指数两者的月累计收益率的折线图，结果如图11.3所示。

```
import pandas as pd
import numpy as np
import matplotlib.pyplot as plt
from matplotlib import ticker
plt.rcParams['font.sans-serif'] = ['SimHei']
plt.rcParams['axes.unicode_minus'] = False
stcode = "sh.601318"
indcode = "sh.000300"
df1 = pd.read_csv('fin_data/history_'+stcode[3:]+'_data.csv', encoding="gbk")
df2 = pd.read_csv('fin_data/history_ind'+indcode[3:]+'_data.csv', encoding="gbk")
df = df2[['date', 'close']].copy()
df.rename(columns={'close': 'indclose'}, inplace=True)
df = pd.merge(df, df1[['date', 'close']], on='date', how='left')
df.fillna(method='bfill', inplace=True)  # 填充空值项
df['close'] = pd.to_numeric(df['close'])
df['indclose'] = pd.to_numeric(df['indclose'])
df['st_lg_ret'] = np.round(np.log(df['close']/df['close'].shift(1)), 4)
df['ind_lg_ret'] = np.round(np.log(df['indclose']/df['indclose'].shift(1)), 4)
df['slgrcum'] = df['st_lg_ret'].cumsum()  # 计算月收益率和累计收益率
df['idlgrcum'] = df['ind_lg_ret'].cumsum()
plt.rcParams.update({'axes.labelsize': 18, 'font.size': 18})
fig, ax = plt.subplots(figsize=(16, 9))
fig.suptitle('个股与指数月累计收益率比较', fontsize=20, va='baseline', y=0.9)
ymajorFormatter = ticker.FormatStrFormatter('%.1f%%')  # 设置y轴标签的格式
ax.yaxis.set_major_formatter(ymajorFormatter)  # 显示百分比
ax.xaxis.set_major_locator(ticker.LinearLocator(20))  # 横轴绘制20个标记
plt.setp(plt.gca().get_xticklabels(), rotation=45, ha='right')
ax.plot(df.date, df['slgrcum']*100, '-rs', lw=1.5, label=stcode+' 累计收益率')
ax.plot(df.date, df['idlgrcum']*100, '--gd', lw=1.5, label='沪深300指数累计收益率')
plt.legend(loc='upper left', fontsize=16)
plt.ylabel('累计月收益率')
plt.grid(True)
plt.show()
```

图11.3　单只股票收益率与同期市场平均收益率比较

11.2.3　历史波动率计算

股票的波动率常被用来度量股票收益的不确定性（也称风险），其值越大，表示未来价格的波动幅度越大，也就表示收益的不确定性越大。根据股票对数收益率服从正态分布的规律，可以利用股票的期望收益率和年波动率估计该股票价格在未来某个时间内的变化区间。股票的历史波动率是指股票收益率在过去一段时间内所表现出来的不确定性水平，其计算模型有传统波动率模型、高低价波动模型、R&S模型、G&K模型和GARCH模型等，其中传统波动率模型为历史波动率模型的基础模型，是应用比较广泛的波动率模型。

计算传统波动率时，首先，要确定股票价格的观察区间（如日、周、月等），这个观察区间就是计算收益率的时间单位，也就是说，用日收益率计算日波动率，用周收益率计算周波动率，用月收益率计算月波动率。其次，须确定样本观测次数（连续的观察区间数量：日、周、月等）。目前，还没有统一的样本观测次数设定标准，但对日波动率计算通常采用最近90～180天内每天的收盘价格作为样本数据，以此估计日收益率的标准差。最后，须将日收益率标准差乘以$\sqrt{250}$（因为我国股票市场每年有250个交易日）得到观测期内日波动率的年化估计值；若以周为观察区间，则在周收益率基础上计算的标准差应该乘以$\sqrt{52}$；若以月为观察区间，则标准差应该乘以$\sqrt{12}$。

计算日波动率曲线的三个主要步骤如下。

第1步：获得股票的日线行情数据，计算每天的对数收益率［利用NumPy的内建自然对数函数`log()`］。根据相关研究发现对数收益率服从正态分布，日收益率的标准差需要利用连续数日的对数收益率进行计算。

第2步：计算90日对数收益率标准差。由于目前还没有严格的理论确定最优观测期n（样本数量），本节选择90天作为计算日波动率的观测期，并计算持续观察一段较长时间内的波动率变化情况，因此可以利用对数收益率的移动平均值来计算收益率的标准差估计值。

第3步：计算观测区间的样本价格标准差。利用NumPy的内建标准差函数`std()`计算连续90日对数收益率的样本标准差，因此，函数`std()`中的参数`ddof`设为1。将样本标准差乘以$\sqrt{250}$即可获得观测日的年化波动率。

```
import tushare as ts
import numpy as np
import pandas as pd
import matplotlib.pyplot as plt
from matplotlib import ticker
plt.rcParams['font.sans-serif'] = ['SimHei']
plt.rcParams['axes.unicode_minus'] = False
plt.rcParams.update({'axes.labelsize': 18, 'axes.titlesize': 18, 'font.size': 20})
code = '601318.sh'
df = pd.read_csv('fin_data/'+code[:6]+'_daily.csv', encoding="gbk")
df = df.sort_values(by='trade_date', ascending=True)  # 原数据按日期降序,重排为升序
df['log_ret'] = np.round(np.log(df['close']/df['pre_close']), 6)  # 计算对数收益率
df['volatility'] = np.round(df['log_ret'].rolling(
    window=90, center=False).std(ddof=1)*np.sqrt(250), 4)
df.dropna(inplace=True)  # 删除包含空值的行
df.reset_index(drop=True, inplace=True)

def format_date(x, pos):
    if x < 0 or x > len(date_tickers)-1:
        return ('')
    return (date_tickers[int(x)])

date_tickers = df['trade_date'].values  # 生成收盘价横轴的刻度名字
fig = plt.figure(figsize=(16, 9))
ax1 = fig.add_subplot(2, 1, 1)  # 第一个子图绘制波动率
ax1.plot(df['volatility']*100)
ymajorFormatter = ticker.FormatStrFormatter('%.0f%%')  # 设置y轴标签的格式
ax1.yaxis.set_major_formatter(ymajorFormatter)  # 显示百分比
ax1.set_xlim([0, len(date_tickers)+15])
ax1.xaxis.set_major_formatter(ticker.FuncFormatter(format_date))
ax1.xaxis.set_major_locator(ticker.LinearLocator(15))
plt.setp(plt.gca().get_xticklabels(), rotation=20, ha='right')
plt.subplots_adjust(hspace=0.3)  # 设置子图间距
ax1.grid(True)
plt.ylabel('波动率')
plt.title('股票('+code+")波动率曲线")
ax2 = fig.add_subplot(2, 1, 2)  # 第二个子图绘制收盘价
ax2.plot(df['close'])
ax2.set_xlim([0, len(date_tickers)+15])
ax2.xaxis.set_major_formatter(ticker.FuncFormatter(format_date))
ax2.xaxis.set_major_locator(ticker.LinearLocator(15))
plt.setp(plt.gca().get_xticklabels(), rotation=20, ha='right')
ax2.grid(True)
plt.ylabel('交易价格')
plt.show()
```

图11.4所示的波动率曲线是中国平安股票自2017年1月1日至2023年9月28日期间的波动率变

化曲线，程序是在线获取股票日线行情数据并选择90天作为观察区间来计算出移动波动率的，是历史波动率曲线（日波动率曲线）。

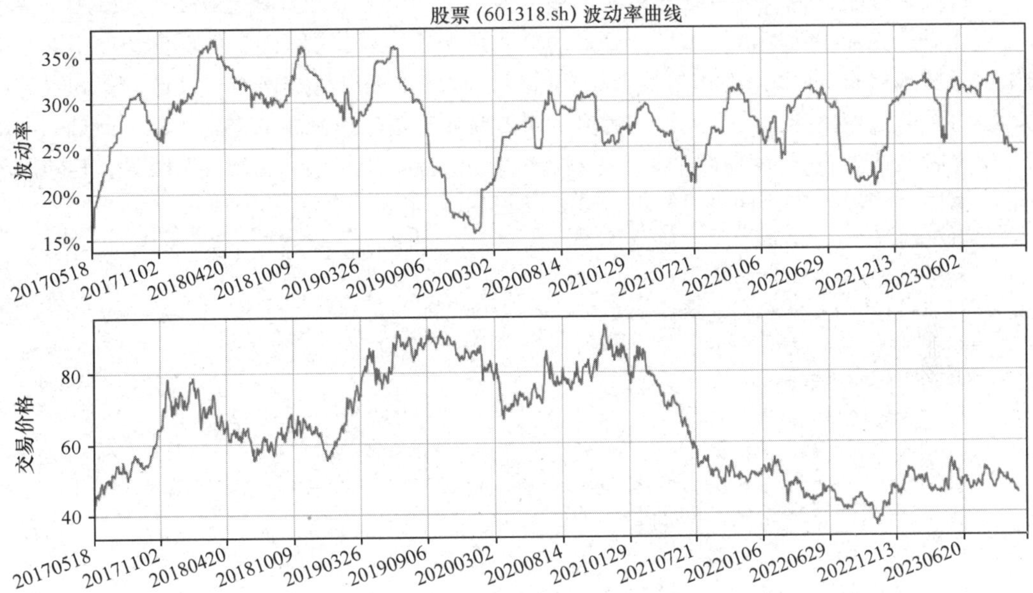

图11.4 股票价格历史波动率曲线

波动率本是一个观察时点的数据，选择不同的观察区间来计算波动率的结果往往不一样，但它们体现市场波动的性质一致，指导意义相似，都可用来预测资产价格未来变动的不确定性水平。

11.2.4 股票收益率相关性分析

同一个市场中不同股票的涨跌幅度总会有或大或小的差异，即使是在牛市（整个股票市场的股票平均价格发生较长时间和较大幅度的上涨阶段）中也有价格大幅度下跌的股票，在熊市（整个股票市场的股票平均价格发生较长时间和较大幅度的下跌阶段）中也有价格大幅度上涨的股票。不同股票的价格涨跌差异性自然会增加股票投资者获取收益的难度。理论分析和实践经验都已表明，股票投资组合中的个股之间的相关性（股票收益率的相关性）越低，该投资组合抵抗市场风险的能力就越强。

相关系数是用来评价两个数据序列相关性的关键指标，其值域是[−1, 1]。当相关系数等于0时，表示两个数据序列不相关；当相关系数小于0时，表示两个序列存在负相关性；当相关系数大于0时，表明两个序列存在正相关性。相关系数的绝对值越大（越接近1），两个序列的相关性越强。特别地，当相关系数的绝对值等于1时，称这两个序列是线性相关的。

股票价格指数主要用来表明若干只股票价格的加权和数。在我国特别受到股票市场参与者关注的指数包括上证指数、深证成分指数、创业板指数和科创板，它们堪称我国股票市场的“温度计”，有经验的股票交易者通常会根据这些指数的变化趋势来寻找股票交易机会。本节给出上证指数、深证成分指数、创业板指数之间的收益率相关性计算程序，绘制三大指数的累计对数收益率的变化走势图，并计算多只股票之间和各指数间的相关系数。

为了增强相关系数的可信度，在计算不同股票收益率相关系数时，使用的行情数据需要体现分红配股产生的影响，即通常所说的股票价格复权。目前，可以从BaoStock平台获取股票复权数据，在平台数据获取函数query_history_k_data_plus()中设置参数：adjustflag = 1表示后复权，adjustflag = 2表示前复权。

如下程序可以根据需要计算任意给定的多只股票（用列表列出股票代码）之间的相关系数，并可将累计对数收益率绘制成二维图形以展示其收益率的变化情况。为了体现自2015年上半年出现的牛市行情和最近3年多的熊市行情数据相关性，程序中可以将2014年1月1日设置为数据起始日期，但为了增强输出图形的可读性，起始日期需要显著延后以减少数据输出量。此外，考虑到个别股票停牌造成的数据序列日期不一致，程序以上证指数的日期为基准交易日期，其他股票或指数的数据序列均以基准日期进行数据校准，然后用0填充停牌期间的空值。

```
import baostock as bs
import pandas as pd
st_list=["sh.000001", "sz.399001", "sz.399006","sh.601398", "sz.000002", "sz.300014"]
# st_name = ["上证综指", "深圳成指", "创业板指", "工商银行",  "万科A", "亿纬锂能"]
st_df = pd.DataFrame()
lg = bs.login()
i = 1
stfds = "date,code,open,high,low,close,preclose,volume,amount,adjustflag,"
stfds = stfds+"turn,tradestatus,pctChg,isST"
for code in st_list:
    data_list = []
    rs = bs.query_history_k_data_plus(
        code, stfds, start_date='2022-01-01', end_date='2023-09-01',
        frequency="d", adjustflag="2")  # 股票价格前复权
    while (rs.error_code == '0') & rs.next():  # 获取一条记录，将记录合并在一起
        data_list.append(rs.get_row_data())
    df = pd.DataFrame(data_list, columns=rs.fields)
    df['close'] = np.round(pd.to_numeric(df['close']), 2)
    df['preclose'] = np.round(pd.to_numeric(df['preclose']), 2)
    df["lgret"] = np.round(np.log(df["close"]/df["preclose"]), 4)
    if i == 1:
        st_df = df["date"]
        i = i+1
    st_df = pd.merge(st_df, df[['date', "lgret"]], on='date', how='left')
    st_df.rename(columns={"lgret": code}, inplace=True)
bs.logout()
st_df.to_csv('fin_data/xianggx_daily.csv',encoding="gbk", index=False)  # 保存数据
```

下面读取数据并作图。

```
import matplotlib.pyplot as plt
from matplotlib import ticker
plt.rcParams['font.sans-serif'] = ['SimHei']
plt.rcParams['axes.unicode_minus'] = False
plt.rcParams.update({'axes.labelsize': 19, 'font.size': 19})
st_df=pd.read_csv('fin_data/xianggx_daily.csv',encoding="gbk") # 读本地文件
st_df.fillna(0, inplace=True)  # 将空值填充为0

def cumulative_returns_plot(name_list):
    if len(name_list) == 0:
```

```
            print('没有绘图数据')
            return
        else:
            CYld = pd.DataFrame()
            for name in name_list:
                CYld[name] = np.round(st_df[name].cumsum()*100, 2)

        fig, ax = plt.subplots(figsize=(16, 9))
        fig.suptitle('A股三大指数累计月收益率', fontsize=20, va='baseline', y=0.9)
        ymajorFormatter = ticker.FormatStrFormatter('%.1f%%')  # 设置y轴标签格式
        ax.yaxis.set_major_formatter(ymajorFormatter)  # 显示百分比
        ax.xaxis.set_major_locator(ticker.LinearLocator(20))  # 横轴绘制20个标记
        plt.setp(plt.gca().get_xticklabels(), rotation=40, ha='right')
        lines = ["--r", "-g", "-.m*"]
        i = 0
        for code in name_list:
            ax.plot(st_df.date, CYld[code], lines[i], lw=1.5, label=code+' 累计收益率')
            i = i+1
        plt.legend(loc='lower center', fontsize=17)
        ax.grid(True)
        plt.show()

    cumulative_returns_plot(['sh.000001', 'sz.399001', "sz.399006"])
    st_df.drop(columns=["date"], inplace=True)
    correlation_matrix = np.round(st_df.corr(), 4)  # 计算相关系数矩阵
    correlation_matrix.to_excel('fin_data/hushenxgjuzhen.xlsx')
    print(correlation_matrix)
```

相关矩阵可另存为文件，也可仅在屏幕上输出，本程序的相关系数矩阵数据如表11.3所示。从表11.3可以看出，上证指数和深证成指之间的相关性较强，创业板指与深证成指之间的相关性显著高于创业板指与上证指数之间的相关性。上海证券交易所交易的股票（股票编号以60开头）与上证指数之间的相关性未必比该股与深证成指、创业板指之间的相关性强，而深圳交易所交易的股票（股票编号以00或30开头）与深证成指之间的相关性，也未必比它与上证指数之间的相关性强。图11.5所示的三大指数的月累计收益率走势表明，深圳成指和创业板指数都显著弱于上证指数，且深圳成指与创业板指的走势比较同步，它们的振幅也相对于上证指数明显大一些。

表11.3　相关系数矩阵数据

	sh.000001	sz.399001	sz.399006	sh.601398	sz.000002	sz.300014
sh.000001	1	0.9131	0.7637	0.304	0.5015	0.4929
sz.399001	0.9131	1	0.9319	0.036	0.3703	0.6491
sz.399006	0.7637	0.9319	1	-0.0881	0.2046	0.7643
sh.601398	0.304	0.036	-0.0881	1	0.3487	-0.1098
sz.000002	0.5015	0.3703	0.2046	0.3487	1	0.0727
sz.300014	0.4929	0.6491	0.7643	-0.1098	0.0727	1

图11.5所示的月累计收益率是对数收益率，在数值上和同期的简单收益率差别较大，读者可以根据需要绘制多只股票的简单累计收益率走势。

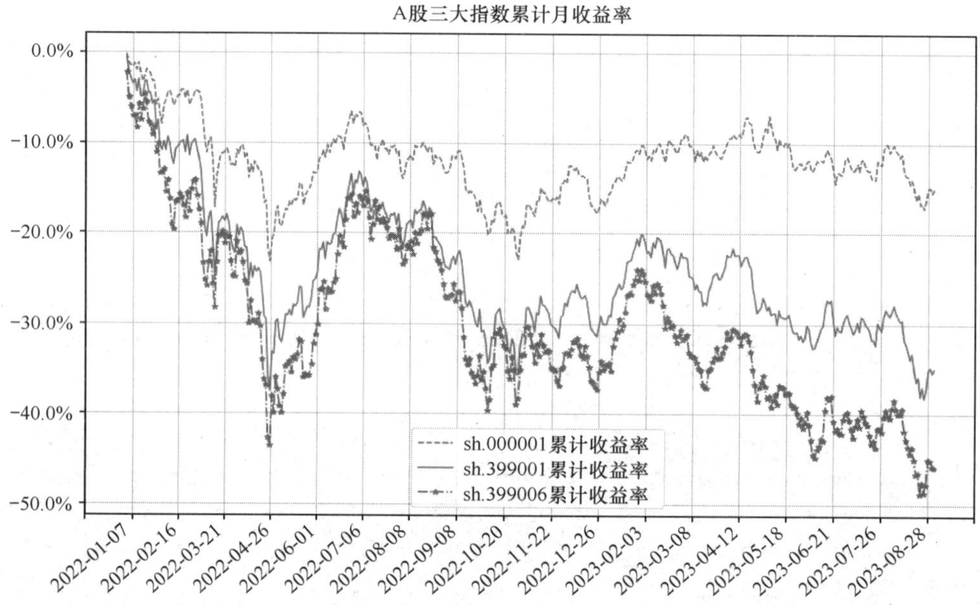

图11.5　A股指数累计收益率对比

11.3　股票技术指标计算

股票技术指标是相对于公司基本面指标而言的股票价格走势评估指标。基本面分析着重于对上市公司的财务质量和成长能力等生产经营状况、行业发展趋势等因素进行（定性与定量）分析，并以此来判断公司股票的投资价值。技术分析则通过股票价格走势图表或与股票价格变化相关联的技术指标值来评估股票价格的未来走势，通过量化技术指标来推测股票价格的变动方向。目前，比较通用的技术指标大多是由股票历史价格序列和成交量序列等数据计算而来的。

11.3.1　价格趋势分析

股票价格移动平均线是一种反映股票价格走势的曲线段，在实际使用中往往承担着股票价格支撑线和压力线的作用，因此可以作为股价走势的指引。当股票价格变动具有明显趋势时，移动平均线的趋势指引意义相当显著，且移动平均线的周期越长，它代表的价格走势时间也越长。相对简单移动平均线而言，异同移动平均线（MACD）对股票价格趋势变动的反映更有效，因为它吸收了简单移动平均线的趋势性优点，克服了简单移动平均线假信号频繁的缺陷，通过MACD趋势的走向及背离的强弱，可以判断未来股价走势变动的可能性。

在实际应用中，MACD首先需要根据股票收盘价格计算出一条快速移动平均线（EMA1）和一条慢速移动平均线（EMA2），再计算这两条平均线对应时点的数值（快线、慢线）之间的离差值（DIF），最后计算DIF的N周期平滑移动平均线DEA（也称MACD、DEM）线。

EMA是指数移动平均值，它是以指数式递减加权计算的移动平均值，其一般表达式为

$$\text{EMA}_{\text{today}} = \alpha\,\text{Price}_{\text{today}} + (1-\alpha)\,\text{EMA}_{\text{yesterday}}$$

式中，α 是平滑指数，一般取值为 $2/(N+1)$。

计算MACD指标时，最常见的EMA计算中N选取12和26分别作为快线和慢线的时间长度，因此α 相应为2/13和2/27。在EMA指标计算公式中，每天价格的权重系数以指数等比关系缩小，越靠近当前时刻的价格，其对应的权重越大，说明EMA函数更及时地反映了近期价格的变动。

以EMA1的参数为12（日）、EMA2的参数为26（日）、DIF的参数为9（日）为例，MACD指标的计算过程如下。

① 计算移动平均值（EMA）：

$$\text{EMA}(12) = \text{今日收盘价} \times 2/13 + \text{昨日EMA}(12) \times 11/13$$

$$\text{EMA}(26) = \text{今日收盘价} \times 2/27 + \text{昨日EMA}(26) \times 25/27$$

② 计算离差值（DIF）：

$$\text{DIF} = \text{今日EMA}(12) - \text{今日EMA}(26)$$

③ 计算DIF的9日EMA：

$$\text{今日DEA(MACD)} = \text{今日DIF} \times 2/10 + \text{昨日DEA} \times 8/10$$

计算EMA时，股票第一天的EMA值应设为零，于是对应同日的DIF和DEA也为零。为了和股票交易软件上相同日期的MACD值相同，需要从股票IPO（公司首次向社会公众公开招股的发行方式）上市之日开始计算MACD。目前，可以从AKshare平台上获取我国每只股票的IPO日期信息，但该日期信息是以整数形式返回的，而从BaoStock平台获取复权的股票行情数据时，需要提供的日期参数是字符串类型，所以需要将整数型的日期信息转换成字符串型的日期信息。

绘制MACD指标时，还要体现DIF与EMA之间的差值变化，常以柱状线（BAR）长度表示差值的大小，以在零轴上和下表示差值的正负，其计算公式为

$$\text{BAR} = 2(\text{DIF} - \text{DEA})$$

其中，用2乘以差值仅仅是为了让差值在图形上更容易被识读，所以这个倍数值可以自由设置，而不会对MACD指标指引意义产生任何影响。

假设指定股票的前复权日线行情数据已存储在本地，程序的主要工作是计算自股票IPO日开始至今的MACD值，根据输出MACD图的清晰程度确定合适的MACD数据输出的规模。如下程序以中国平安股票（编码：sh.601318）为例，计算其MACD数据并输出如图11.6所示的股票MACD走势图。

```
import pandas as pd
import numpy as np
import copy
import matplotlib.pyplot as plt
from matplotlib import ticker
plt.rcParams['font.sans-serif'] = ['SimHei']
plt.rcParams['axes.unicode_minus'] = False
plt.rcParams.update({'axes.labelsize': 18, 'axes.titlesize': 20, 'font.size': 18})
code = "sh.601318"
df = pd.read_csv('fin_data/adj_'+code[3:]+'_daily.csv', encoding="gbk")
df['close'] = np.round(pd.to_numeric(df['close']), 2)
df['preclose'] = np.round(pd.to_numeric(df['preclose']), 2)

def df_EMA(prices, N):
    ema = [0]
    k = len(prices)
```

```
    if k > 0:
        for i in range(1, k):
            ema.append((2*prices[i]+(N-1)*ema[i-1])/(N+1))
    return (ema)

def df_MACD(df, short=12, long=26, M=9):
    fast = df_EMA(df['close'].values, short)
    slow = df_EMA(df['close'].values, long)
    if len(fast) > 0:  # & len(slow)>0:
        df['Fast'] = np.round(np.array(fast), 2)
        df['Slow'] = np.round(np.array(slow), 2)
        df['DIF'] = df['Fast']-df['Slow']
        df['DEA'] = np.round(np.array(df_EMA(df['DIF'].values, M)), 2)
        df['MACD'] = np.round(2*(df['DIF']-df['DEA']), 4)
    else:
        print('no data,no MACD')

df_MACD(df, 12, 26, 9)
date_begin = '2023-04-01'
df2 = copy.copy(df[df.date > date_begin])  # 产生一个新的dataframe df2
df2.reset_index(drop=True, inplace=True)
date_tickers = df2['date'].values  # 生成收盘价横轴的刻度名字
df2['up'] = df2['MACD'] >= 0
fig, ax = plt.subplots(figsize=(16, 9))
ax.set_xlim([0, len(date_tickers)+1])
ax.plot(df2['DIF'], '-b', label='DIF')
ax.plot(df2['DEA'], '--b', label='DEA')
ax.grid(True)
plt.ylabel('MACD')
for index, row in df2.iterrows():
    if row['up']:
        ax.bar(row['date'], row['MACD'], width=0.63, color='red')
    else:
        ax.bar(row['date'], row['MACD'], width=0.63, color='green')
plt.title('股票('+code+" )MACD 走势")
ax.xaxis.set_major_locator(ticker.LinearLocator(20))
plt.setp(plt.gca().get_xticklabels(), rotation=30, ha='right')
plt.legend(loc='upper left', fontsize=17)
plt.show()
```

理论上说，如果股票价格在持续的涨势中12日EMA线在26日 EMA线之上，那么其间的正离差值（+DIF）会越来越大（对应的MACD红色柱体越长）；反之，在跌势中离差值可能变为负数（-DIF），且会负得越来越大（对应的MACD绿色柱体越长），而在行情开始转向时正负离差值将会缩小。指标MACD利用正负离差值（±DIF）与离差值的*N*日平均线（*N*日EMA）的交叉来表达行情变化节点，即以快速、慢速移动线的交叉原理来界定买入和卖出股票的信号。从实践上看，快线从下往上穿越慢线时可视为买入信号，快线从上往下穿越慢线时可视为卖出信号，但股票价格的涨跌在大多数期间内是在某个价格中枢上下振荡的，快线、慢线的交叉频率比较高，且不同周期（日、周、月等）下的MACD指标会出现较大的不一致性，因此其买卖信号的指导意义会降低。

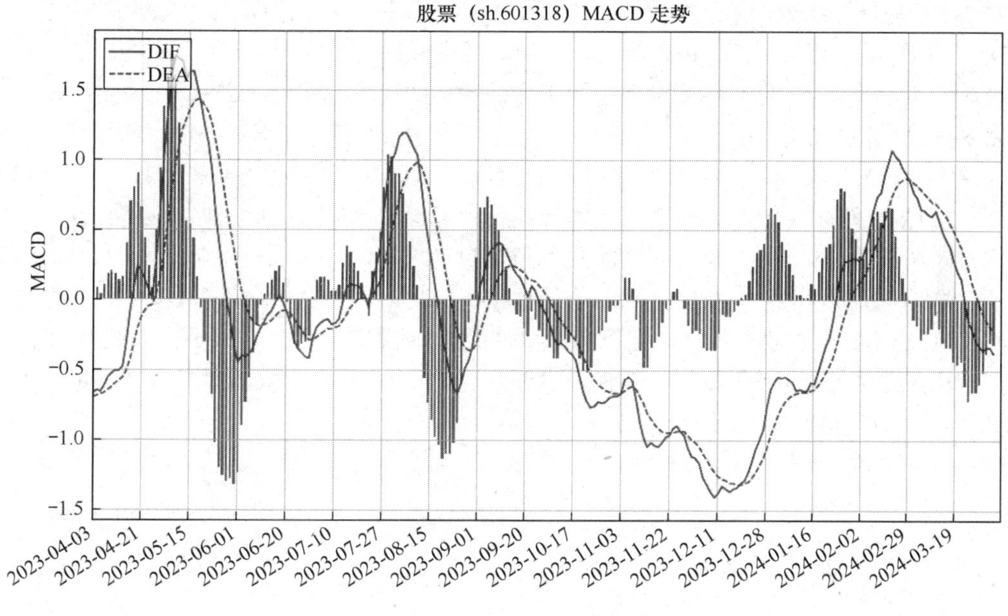

图11.6　股票MACD走势图

11.3.2　超卖超买分析

人们习惯称股市中某只股票的过度买入为超买，称某只股票的过度卖出为超卖。股市经常会出现因某种消息的传播而使投资者对股票市场做出强烈的反应，以致整个股市或单只股票价格出现过度偏离公司价值的上升或下降而产生超买超卖现象。当投资者的情绪平静下来后，超买超卖所造成的影响将逐渐得到适当修复。因此，超买之后股价会出现一段时间的回落，超卖之后股价则会出现一波相当程度的回升。

随机指数（KDJ）是投资者经常用来测算超买超卖现象的技术指标，由K、D、J 三条曲线组成。随机指数综合了动量指标、强弱指数和移动平均线的一些优点，反映了股票价格走势的强弱与波段的趋势。

指标KDJ的计算包括两个步骤。

（1）计算周期（n日、n周等）内的未成熟随机指标值RSV：

$$\mathrm{RSV}=(C_n-L_n)/(H_n-L_n)\times 100$$

式中，C_n为第n日（周、月等）的收盘价；L_n为n日（周、月等）内的最低价；H_n为n日（周、月等）内的最高价。因为同周期内的收盘价C_n不可能大于最高价H_n，但C_n有可能等于L_n，所以RSV值始终在0和100之间波动。

（2）计算K值、D值、J值：

$$当日K值 = 2/3\times 前一日K值 + 1/3\times 当日\mathrm{RSV}$$

$$当日D值 = 2/3\times 前一日D值 + 1/3\times 当日K值$$

$$当日J值 = 3\times 当日K值 - 2\times 当日D值$$

若无前一日的K值与D值，则可分别用50来代替。式中的平滑因子1/3和2/3可以自由选定，不过目前已经约定俗成地选定为1/3和2/3。根据选用计算周期的不同，KDJ指标包括日KDJ指标、周KDJ指标、月KDJ指标、年KDJ指标和分钟KDJ指标等类型，其中日KDJ指标和周KDJ指标的指引意义相对较强。

KDJ指标的指引规则如下：当指标线D小于20时表示进入超卖区间，被视为买入信号。当指标线D大于80时进入超买区间，被视为卖出信号。当指标线K自下向上突破指标线D时，形成KDJ指标金叉（买入信号），当指标线K自上向下穿破指标线D时，形成KDJ指标死叉（卖出信号）。

如下程序计算的是周期$n = 9$（连续9日内的波动价格）的KDJ指标。考虑到股票分红配股以及停牌重组等对价格波动造成的显著影响，程序使用前复权的日线行情数据计算各项指标值。起始日的K、D指标值设为50，这会造成不同起始日计算出来的KDJ指标线略有不同。程序执行的输出结果如图11.7所示，各交易日的KDJ指标值与目前常见的交易软件提供的KDJ指标值存在差异，因为交易软件提供的KDJ指标是从对应股票IPO日开始计算出的数值，而本程序从IPO日后第9日才开始计算指标值。此外，首个计算指标值使用的K值和D值也是一个不统一的值，即使是同一个交易软件提供的KDJ初始值，对所有股票也不是一致的，理论上介于1和100之间的值都可以，但初值会对KDJ指标值产生长期影响。

```
import pandas as pd
import numpy as np
import copy
import matplotlib.pyplot as plt
from matplotlib import ticker
plt.rcParams['font.sans-serif'] = ['SimHei']  # 用来正常显示中文标签
plt.rcParams['axes.unicode_minus'] = False  # 坐标轴为负时显示负号
plt.rcParams.update({'axes.labelsize': 18, 'axes.titlesize': 20, 'font.size': 18})
code = "sh.601318"
df = pd.read_csv('./fin_data/history_d'+code[3:]+'.csv', encoding="gbk")
df['close'] = np.round(pd.to_numeric(df['close']), 2)
df['high'] = np.round(pd.to_numeric(df['high']), 2)
df['low'] = np.round(pd.to_numeric(df['low']), 2)
df['preclose'] = np.round(pd.to_numeric(df['preclose']), 2)
df.drop(df[(df.close == df.high) and (df.high == df.preclose)].index, inplace=True)
# 删除全部停牌日数据
df.reset_index(drop=True, inplace=True)
n = 9
df['minlow'] = df['low'].rolling(window=n).min()
df['maxhigh'] = df['high'].rolling(window=n).max()
for i in range(n-1):
    df.loc[i, ['minlow']] = min(df.loc[0:i+1, ['low']].low)
    df.loc[i, ['maxhigh']] = max(df.loc[0:i+1, ['high']].high)
df['K'] = 50
df['D'] = 50
df['J'] = 0
df['RSV'] = round(((df['close']-df['minlow']) /
                  (df['maxhigh']-df['minlow']))*100, 2)
df2 = copy.copy(df.loc[0:, ['date', 'RSV', 'K', 'D', 'J']])
```

```
for i in range(1, len(df2)):
    df2.loc[i, 'K'] = round((2*df2.loc[i-1, 'K']+df2.loc[i, 'RSV'])/3, 2)
    df2.loc[i, 'D'] = round((2*df2.loc[i-1, 'D']+df2.loc[i, 'K'])/3, 2)
df2['J'] = np.round(3*df2['K']-2*df2['D'], 2)
date_begin = '2023-06-01'
df3 = copy.copy(df2[df2.date >= date_begin])  # 产生一个新的 dataframe df3
df3.reset_index(drop=True, inplace=True)
date_tickers = df3['date'].values  # 生成收盘价横轴的刻度名字
figure, ax = plt.subplots(figsize=(21, 11))
ax.set_xlim([0, len(date_tickers)+1])
# ax.xaxis.set_major_formatter(ticker.FuncFormatter(format_date))
ax.xaxis.set_major_locator(ticker.LinearLocator(15))
ax.plot(df3.date, df3['K'], '-r', lw=1.5, label='K')
ax.plot(df3.date, df3['D'], '--m', lw=1.5, label='D')
ax.plot(df3.date, df3['J'], '-.b', lw=1.5, label='J')
ax.set_title("股票("+code+")KDJ 指标", fontsize=20)
plt.xticks(rotation=30)
ax.legend(loc='upper left', fontsize=17, ncol=3)
ax.grid(True)
plt.show()
```

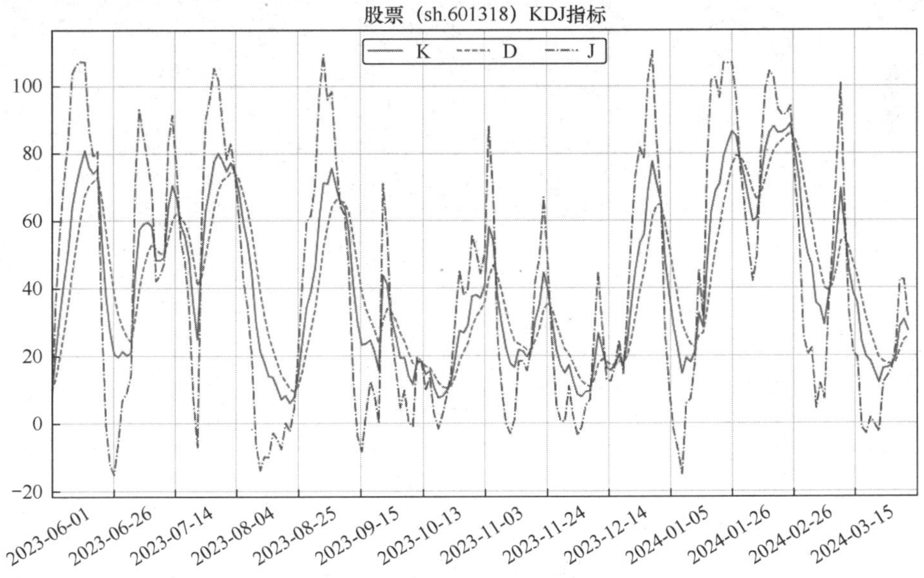

图11.7 超买超卖KDJ指标

以上两个关于股票技术分析指标（MACD和KDJ）的计算仅展示了Python语言的实际应用。虽然股票市场的程序化交易研究与实践方兴未艾，但开发设计一个成功率较高的交易系统是非常复杂的，随着市场运行的政策环境和市场参与者群体交易情绪特征的变化，需要不断更新指标及其参数设置。

11.4 本章小结

本章首先介绍了几个彼此间有一定关联性的金融函数，并利用这些函数分析了不同利率、不同贷款额度情况下分期按揭贷款偿还资金的终值差别，然后利用股票行情数据分别计算了股票收益率、股票历史波动率、多只股票交易价格变化以及多个市场指数涨跌的相关性、股票技术指标MACD和KDJ等常见金融数据评估指标。为计算各指标所编写的Python程序均比较简洁，且可拓展用于求解类似的问题。本章计算的MACD和KDJ指标的数值虽然与各证券交易软件提供的相同股票所对应的同期指标数值并不完全相同，但它们的计算方法与证券交易软件所采用的计算方法是一致的。

习题

1. 设计一个程序，比较在相同贷款额度（如100万元）但不同按揭（月）额度（至少计算三种按揭额度）情况下各自还款总额的变化趋势。
2. 设计一个程序，计算股票的季收益率和年收益率，并计算单只股票收益率相对同一时期股票市场平均收益率的超额收益率（相对收益率）。
3. 设计一个程序，利用世界银行公开的数据分析我国近30年来按消费者价格指数衡量的通货膨胀（年通胀率）的变化情况（图表输出）。
4. 设计一个程序，计算一年内以MACD指标为买入信号、卖出信号进行股票交易而产生的收益。MACD交易信号为：快线从下往上穿越慢线是当天的买入信号，快线从上往下穿越慢线是当天的卖出信号。假设买入和卖出价格为发出交易信号当天的收盘价格。

第12章　配套实验

实验1　Python和内置函数

一、实验目的

（1）学习Python开发包的下载、安装和IDLE的使用。

（2）学习安装Anaconda开发平台，学习使用pip工具。

（3）学习IPython开发工具的使用。

（4）学习内置函数的使用。

二、实验内容

1．Python开发包安装和IDLE使用

（1）在Python官网下载Python安装程序，本书使用3.9～3.12版均可。网站的Downloads栏中包括Windows和Mac OS等操作系统的Python开发包，可以根据需要选择下载。

（2）鼠标双击已下载的Python安装程序进入安装向导，屏幕上显示如图12.1所示Python安装方式选择界面。

（3）为便于在命令行中启动各种Python工具，建议在图12.1中选中Add python.exe to PATH选项。

（4）单击Install Now链接进行安装，屏幕上将显示Python安装进度界面，系统最后显示安装成功的界面。

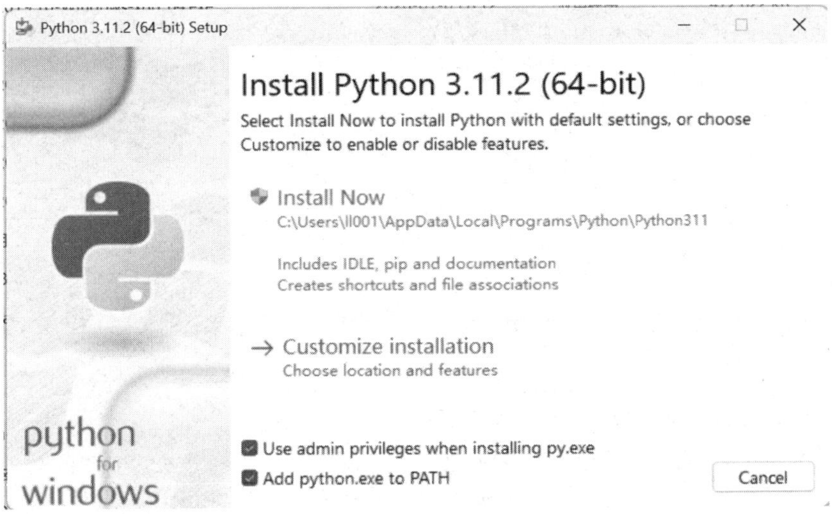

图12.1　Python安装方式选择界面

安装Python后，可启动“Python程序组”中的IDLE，完成下列基本语句的练习。练习时注意

“>>>”是IDLE的提示符，输入语句时，语句和提示符之间不能有空格。语句中的符号都应是英文字符，不要误输中文标点符号。

```
>>>1+2
>>>10+30.5
>>>10-30.5
>>>10*30.5
>>>x=14; y=4              # 定义两个变量x,y。同一行内的多条语句间用分号;隔开
>>>x/y                    # 普通除法，结果为3.5
>>>x//y                   # //是整除，只保留商的整数部分，结果为3
>>>2**4                   # **次方运算
>>>3**0.5                 # 3开根号
>>>10**1000               # 10的1000次方，表明Python可容纳很大的整数
>>>5%2                    # %求余数，余数为1
>>>4%2                    # 余数为0
>>>23%5                   # 余数为3
>>>print(x, y)            # 输出函数
>>>'x={} y={}'.format(x,y)  # 格式化输出，'{}'.format是一种字符串格式化方法

>>>x=14; y=4; z=2
>>>x>y                    # True，表示结果为真
>>>x<y                    # False，表示结果为假
>>>x==y                   # 相等比较，注意相等比较是两个“=”
>>>4==4                   # True相等
>>>4=='4'                 # False不等，整数4和字符串'4'是不等的
>>>x!=y                   # 不相等比较
>>>4+'4'                  # 报错，表明整数和字符串不能相加
TypeError: unsupported operand type(s) for +: 'int' and 'str'
>>>4+int('4')             # 正确，用int函数将字符串转换为整数

>>>abs(-10)               # 绝对值
>>>help(abs)              # 显示abs函数的帮助说明
>>>round(3.1415)          # 四舍五入取整
>>>round(3.1415, 2)       # 四舍五入，保留2位小数，3.14
>>>round(3.1415, 3)       # 3.142

>>>2**5                   # 2的5次方
>>>pow(2, 5)              # pow次方函数
>>>pow(2, 1/3)            # 2开3次方
```

2．Anaconda的下载与安装

（1）单击相关链接下载Anaconda安装程序。

（2）双击Anaconda安装程序进入安装向导，显示如图12.2所示Anaconda安装欢迎界面。

（3）单击Next按钮进入图12.3所示的安装类型选择界面，选中Just Me选项。

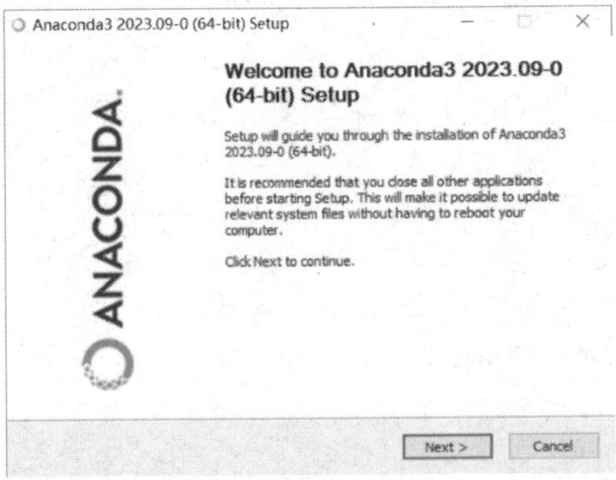

图12.2　Anaconda安装欢迎界面

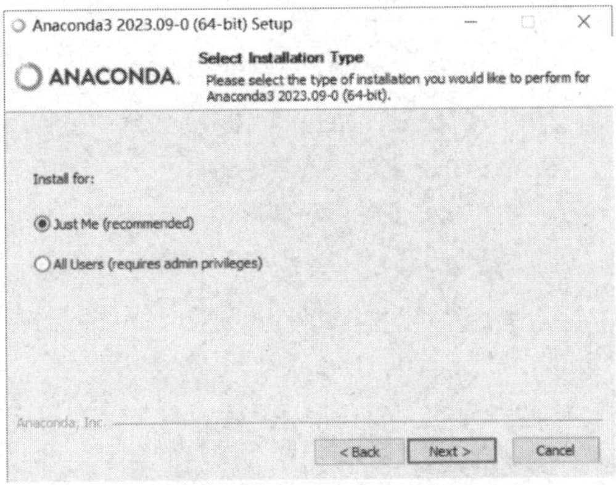

图12.3　Anaconda安装类型界面

（4）单击Next按钮进入Anaconda安装路径设定界面，如图12.4所示，设置Anaconda的安装目录。注意，用户名为中文的用户应修改默认的目录路径，确保安装路径中不含中文。

（5）单击Next按钮进入图12.5所示的界面，选中Add Anaconda3 to my PATH选项，以方便以后在命令行界面使用Python和Jupyter Notebook。后续界面一路向下，直至安装结束。

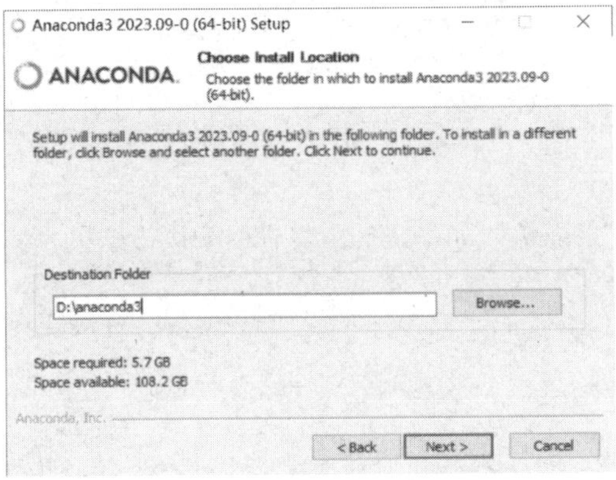

图12.4　Anaconda安装路径设置界面

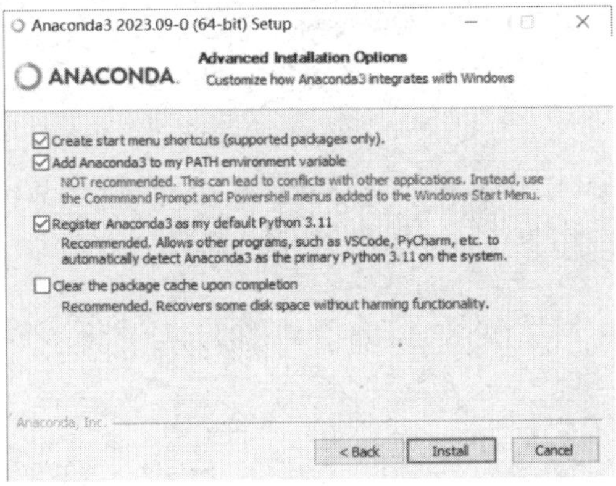

图12.5　Add to my Path界面

3．pip工具

（1）pip是软件包管理工具。首先单击Anaconda程序组中的Anaconda Prompt程序项，打开如图12.6所示的Anaconda Prompt窗口。后续涉及命令行窗口的操作建议都使用此窗口，而不使用Windows的cmd命令窗口。

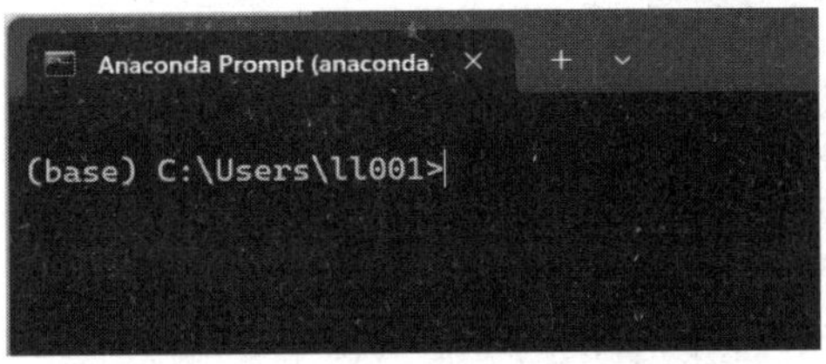

图12.6　Anaconda Prompt窗口

（2）管理软件包。在Anaconda Prompt窗口中分别输入如下命令实现对软件包的管理操作。

① 输入“`pip list`”，查看Python已安装的所有软件包。

② 输入“pip list --outdated”，查看已安装的哪些软件包可以升级到最新版。

③ 输入“pip install --upgrade 软件包名”，将某个软件包升级到最新版。

④ 输入“pip install 软件包名”，安装Python软件包。示例如下：

```
pip  install  wordcloud          # 安装词云库
pip  install  jieba              # 安装jieba中文分词库
pip  install  python-docx        # 安装python-docx包以读取Word文档
pip  install  pyecharts==1.7.1   # 指定安装某个版本的包，注意是两个"="
```

⑤ 输入“pip uninstall 软件包名”命令，卸载已安装的软件包。

安装后，如执行“import 软件包名”的导入命令未报错，则表示安装成功。

```
import jieba
jieba.lcut('我要学习Python编程语言！')     # 返回拆分后的词汇列表
```

软件包安装时默认从国外站点下载，有时网速较慢会导致安装出错。建议在安装命令后用i参数来指定使用国内的清华软件站点。

4. IPython开发工具的使用

启动IPython交互式命令窗口可以采用如下方法。

方法1：启动Anaconda Prompt窗口，在窗口中输入“ipython”命令进入IPython交互式命令窗口，如图12.7所示。要退出IPython，可执行quit()命令。

方法2：选择“Anaconda程序组”中的Spyder程序项，打开如图12.8所示的Spyder集成开发环境窗口。Spyder开发环境提供了IPython交互命令窗格。

在IPython交互式命令窗口的“In [序号]:”提示符后面输入如下语句，查看程序执行结果。

```
In: print('Hello,Python')
In: x = 10
In: print(x)
```

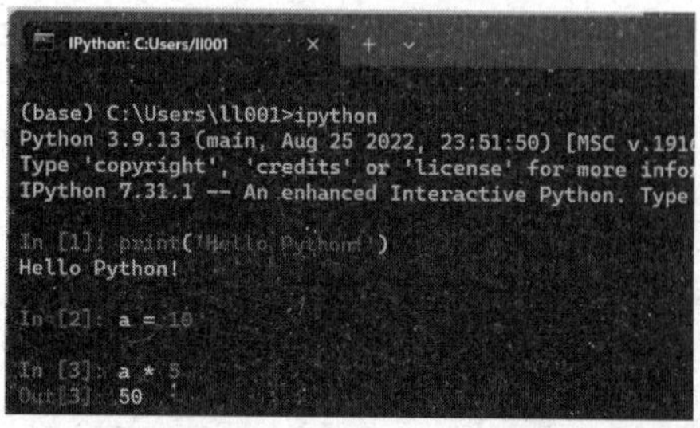

图12.7 IPython交互式命令窗口

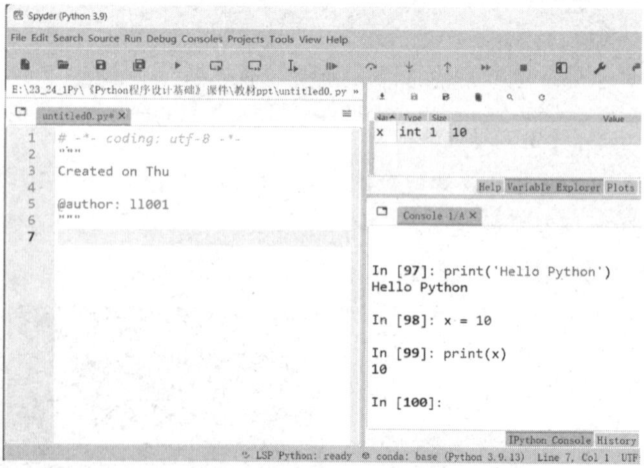

图12.8 Spyder集成开发环境窗口

方法3：在Jupyter Notebook开发环境中使用IPython。

选中“Anaconda程序组”中的Jupyter Notebook程序项，出现Jupyter Notebook页面。注意，不要关闭随之自动开启的Jupyter后台服务器命令窗口。

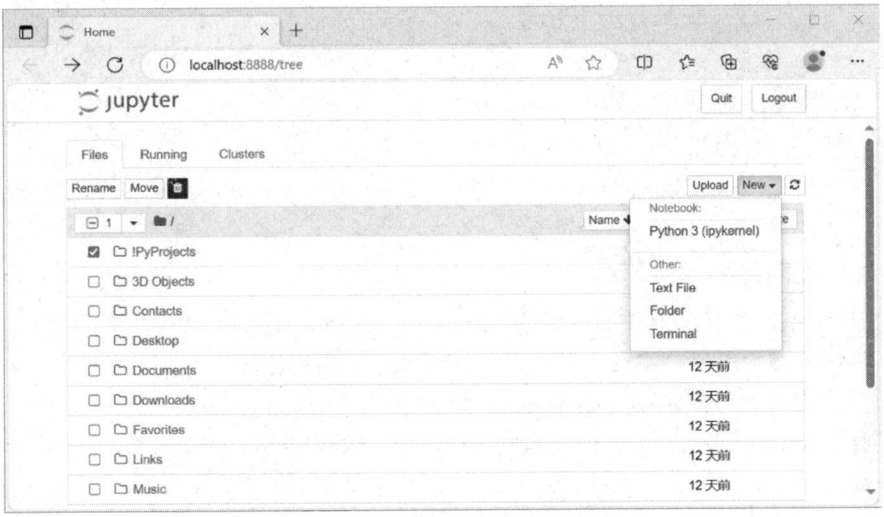

图12.9　Jupyter Notebook的Web主页

在Web主页中，单击New（新建）按钮弹出下拉列表，选择其中的Python3(ipykernel)选项新建一个空白的.ipynb文件。

在Notebook中输入如下图所示的语句，调试执行。

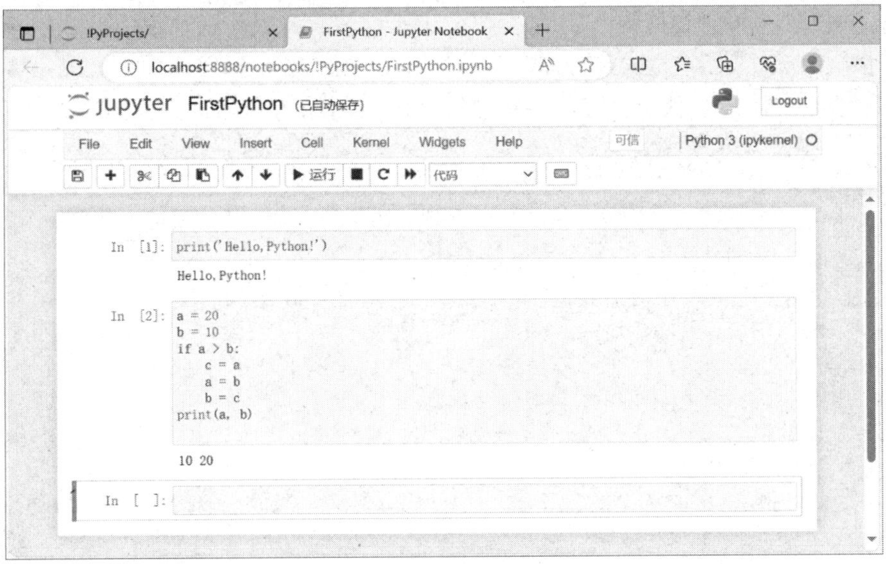

图12.10　Notebook页面

5. 运算符和表达式

（1）写出下列公式的Python表达式。

① $5+(2\times 3)^2$

```
In: 5+(2*3)**2
```

② $2a(b+5)$　　# 设定$a=2;\ b=3$

```
In: a=2; b=3
In: 2*a*(b+5)
```

③ $\cos^2(a+b)$

```
In: import math
In: math.cos(a+b)**2
```

（2）先手工计算下列表达式的值，后在IPython窗口中验证。

① `1 + 2**3 + 4 % 5 + (6 > 7) + 8 * 9`

② `not a <= c or 4 * c == b**2 and b != a + c`　　# 设定 a=2; b=3; c=4

③ `3 > a * b or a == c and b != c or c > d`　　# 设定 a=2; b=3; c=4; d=5

6. 内置函数的使用

（1）在IPython命令窗口中实现：输入一个字符串，统计字符串中的字符个数、最大字符、最小字符，将字符串中的所有字母大写、所有字母小写、所有字母大小写互换、每个单词的首字母大写，查找字符串中特定字符（如Python）的位置。

分析：使用input()函数可以读取键盘输入的内容，函数len()、max()、min()分别统计字符串中字符的个数、最大字符、最小字符，函数upper()将字符串中的所有字母转为大写，函数lower()将字符串中的所有字母转为小写，函数swapcase()将字符串中的所有字母大小写互换，函数title()将每个单词的首字母大写，字符串查找函数为find()或index()。程序如下所示：

```
In: s = input('输入一串字符: ')
输入一串字符: Hi,This is the first Python program
In: len(s)                                   # 统计字符个数
Out: 35
In: max(s)                                   # 最大的字符，按ASCII码比较大小
Out: 'y'
In: min(s)                                   # 最小的字符
Out: ' '
In: ord('y'), ord(' ')                       # 显示'y'和空格符的ASCII码
Out: (121, 32)
In: s.upper()                                # 所有字母大写
Out: 'HI,THIS IS THE FIRST PYTHON PROGRAM'
In: s.lower()                                # 所有字母小写
Out: 'hi,this is the first python program'
In: s.swapcase()                             # 字母大小写互换
Out: 'hI,tHIS IS THE FIRST pYTHON PROGRAM'
In: s.title()                                # 每个单词首字母大写，其他小写
Out: 'Hi,This Is The First Python Program'
In: s.find('Python')                         # .find()查找单词Python的位置
Out: 21
In: s.find('abc')                            # 查找'abc'位置，未找到返回-1
Out: -1
In: s.index('Python')                        # .index()也可查找
Out: 21
In: s.index('abc')                           # .index()查找不到时将报错
ValueError: substring not found
```

（2）在IPython命令窗口中实现：根据圆的半径计算圆的周长和面积。

分析：在计算圆的周长和面积时，需要使用math模块中的pi常量，因此程序需要导入math模块。输出结果时，练习使用format和f格式进行格式化输出。代码及运行结果如下：

```
In: import math                                        # 导入math模块
In: r = 2.5
```

```
In: perimeter = 2 * math.pi * r                                  # 周长
In: print('圆的半径为：{:.2f}，周长为：{:.2f}'.format(r, perimeter))# format格式化
Out:圆的半径为：2.50,周长为：15.71
In: area = math.pi * r * r                                       # 面积
In: print(f'圆的半径为：{r:.2f}，面积为：{area:.2f}')            # f格式化
Out:圆的半径为：2.50，面积为：19.63
```

（3）在IPython命令窗口中实现：输入三角形的三条边，计算三角形的面积。

分析：程序需要使用math模块中的sqrt()函数开平方，因此程序需要导入math模块。使用input()函数获得的数据为字符串型，需要使用eval()函数将输入的数据转换为数值型。输出计算结果时，使用format进行格式化输出。程序代码及运行结果如下：

```
In: import math                               # 导入math模块
In: a = input('输入第一条边的长度：')
输入第一条边的长度：3
In: b = input('输入第二条边的长度：')
输入第二条边的长度：4
In: c = input('输入第三条边的长度：')
输入第三条边的长度：5
In: a = eval(a)                               # eval()函数将字符串转换为数值
In: b = eval(b)
In: c = eval(c)
In: p = (a + b + c) / 2                       # 根据海伦公式计算面积
In: area = math.sqrt(p*(p-a)*(p-b)*(p-c)) # math.sqrt()平方根函数
In : print('三角形的面积为：{:.2f}'.format(area))
Out:三角形的面积为：6.00
```

单条语句调试成功后，将上述语句从Spyder的History窗口粘贴到Spyder左侧的源程序窗口中，保存为area.py文件。单击工具栏上的绿色三角形"运行"按钮执行程序，如图12.11所示。执行后查看Spyder右上角的Variable explorer窗格，观察窗格中的变量情况。

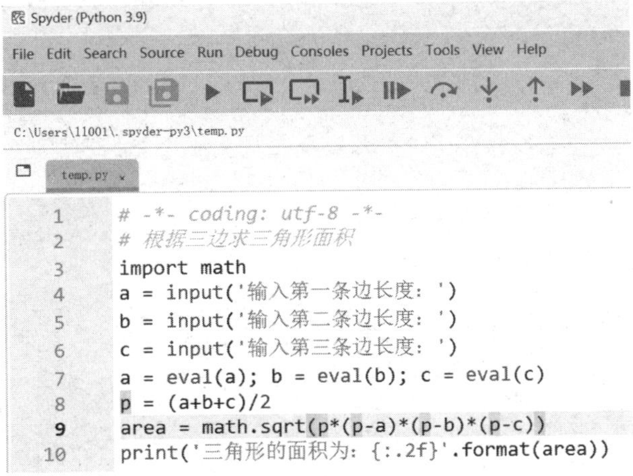

图12.11　根据三边求面积

7．IDLE编程

在IDLE的File菜单下选择New File新建一个程序，录入上面求面积的程序。

8．Notebook页面编程

在Jupyter Notebook中新建一个笔记本文件，录入上面求面积的程序。

实验2　Python语言基础练习

一、实验目的

（1）了解基本数据类型和运算符。
（2）掌握字符串格式化方法。
（3）练习input和print语句。
（4）了解math库。

二、实验内容

1. 创建整数、浮点数、复数、字符串和布尔类型的变量，并用type函数测试数据类型。
2. 有如下成绩列表，统计不及格的人数。

```
In: score = [90, 60, 50, 45, 89,78]
In: nopass = [x<60 for x in score]     # 得到布尔列表，不及格的为True
In: print('不及格人数:', sum(nopass))  # 对True值求和
```

3. 将pi值分别按0、2、4位小数输出，要求用format和f两种格式化方法。

```
In: pi = 3.1415926
```

4. 使用f格式化方法，将100分别按二、八、十六进制格式输出。

```
In: x = 100
In: f'{x:0b} {x:0o} {x:0x}'
```

5. 查看Python的版本号、Numpy软件包的版本号、Python关键字等信息。

```
In: import sys
In: sys.version          # Python版本号
In: import numpy
# 软件包版本号，包都支持"包名.__version__"的格式，前后均是两条下画线
In: numpy.__version__
In: help('keywords')   # 显示所有的关键字
```

6. Python的赋值语句比较灵活，练习下面的赋值语句。

```
x = 100
x = x + 2              # 先计算右边的式子，再将结果102赋给左边的变量x
x +=2                  # 增量赋值，等同于x=x+2
x = y = z = 200        # x, y, z都是200
x, y, z = 1,2,3        # x, y, z分别为1, 2, 3
x, y=y, x              # x, y交换值
lst = [7,8,9,10]
a,*p,z = lst           # a, z分别得到列表的首尾数据，其余数据均赋值给列表p
a,b,*p = lst           # a, b得到列表的前两个数据，其余数据均赋值给列表p
```

7. 运算符练习。

（1）练习：/除法，//整除，%余数，**幂

```
In: 23/5, 23//5, 23%5, 2**10
```

（2）假定x=3。用and、or、not 等关系运算符写出相应的逻辑运算式：判断x在区间[1,10]上；判断x小于4或x大于10；判断x不大于10。

（3）成员运算符in。

```
lst = [1, 3, 4, 6]
for  x  in  range(5):
    if  x  in  lst:
        print(f'{x} in lst')
    else:
        print(f'{x} not in lst')
```

（4）身份运算符is。

```
In: a = [1,3,4,6]
In: b = a
In: b is a
Out: True            # True表示b和a的身份一样，可视为指向同一个内存区域
In: id(b), id(a)     # id()返回变量的内存地址，可见两者是一样的
In: b[0] = 100
In: b[0], a[0]        # 两者都是100，说明修改b也会影响a
In: c = a.copy()      # 复制得到c
In: c is a
Out: False            # 表示c和a身份不同
In: id(c), id(a)      # 显示的内存地址不同
```

8．数据类型转换。

```
In: s = '12'
In: x = int(s)          # 转为整型
In: int('3.5')          # 将报错
In: float('3.5')        # 小数字符串要用float或eval转换函数
In: s = '1,2,3'
In: a,b,c = eval(s)     # eval去掉两侧单引号，内部的1,2,3将转为元组完成赋值
In: lst = [0,'12',[],'',4.5,True]
In: [bool(x) for x in lst]                    # 将各类数据转为布尔值
Out: [False, True, False, False, True, True]  # 0，空列表，空字符串等均视为False
In: tuple(lst)          # 转为元组
```

9．输入输出练习。

（1）输入两个整数，求和并输出结果。

（2）输出1～20的数据，每5个数一行，数据之间用制表键\t分隔，共分4行。

10．字符串练习。

（1）输出9行“*”号，每行的个数均为“2*行号－1”，居中对齐（可用字符串的center方法）。

（2）判断列表中的文件名是否是常见的图片类文件；若是，则输出文件名。

```
fnames = ['a.jpg', 'b.bmp', 'c.JPEG', 'a1.txt', 'a2.docx', 'd.PNG']
imgext = ('.jpg', '.jpeg', '.png', '.bmp')
for  s  in  fnames:
    low = s.lower()
    if low.endswith(imgext):
```

```
        print(s)
```

（3）输出字符'0'～'9'、'a'～'z'、'A'～'Z'的十六进制ASCII码。

```
import string
for  c in string.digits:              # 含'0'～'9'
    print(c, hex(ord(c)))             # ord()返回ASCII码，hex()转为十六进制
for  c in string.ascii_letters:       # 含所有大小写字母
    print(c, hex(ord(c)))
```

（4）将下面的字符串s变为'AA+BB+CC+DD'。

```
In: s='AA\t  BB    CC \t DD\n'
```

11. 字符串拆分并转换数据。

```
In:line = '90, 98, 100, 60,  75\n'  # \n 换行符
# split(',')指定以逗号为分隔符拆分字符串，得到由小字符串构成的列表
In:lst = line.split(',')
In:print('1:',lst)
In:lst2 = [s.strip() for s in lst]    # s.strip() 去掉s两侧的空白符
In:print('2:',lst2)
In:lst3 = [int(s) for s in lst2]      # int()转为整数
In:print('3:',lst3)
In:print('和为:',sum(lst3))
```

上述步骤可合并如下：

```
sum(int(s.strip()) for s in line.split(','))
```

12. math库练习。导入math库，练习其中的函数。

```
In:import math
In:dir(math)                          # 列出math内的所有函数
In:math.pi, math.e
Out:(3.141592653589793, 2.718281828459045)
In:math.sqrt(10)
In:math.floor(6.8), math.ceil(6.1)  # 向下舍入、向上舍入的两个取整函数
Out: (6, 7)
In:math.log(math.e), math.log2(10), math.log10(10)
In:rad = math.radians(30)             # 角度转为弧度
In:round(math.degrees(rad), 2)        # 弧度转为角度
Out:30.0
In:x = round(math.sin(rad), 2)        # 正弦
Out:0.5
In:math.asin(x)                       # 反正弦
In:for  theta  in  [30, 60, 90]:      # 计算若干特殊角的正弦值
       rad = theta/180*math.pi        # 转为弧度
       print('sin({:.2f})={:.2f}'.format(theta,math.sin(rad))) # 保留2位小数
In:from math import factorial as jc # 引入阶乘函数并命名为jc
In:jc(4), jc(8)
```

实验3 容器数据类型及若干库练习

一、实验目的

（1）了解列表、元组、字典和集合的概念。
（2）学习列表、元组、字典和集合对象的创建。
（3）学习列表、元组、字典和集合函数的使用。
（4）学习time、datetime、random库的使用。

二、实验内容

1．对照教材3.1节，练习列表的各种基本操作。
2 列表的使用。
假设有一个列表['C',80,'Java',80,'Python',85]，分别进行如下操作：
（1）取出第二个元素。
（2）计算列表的长度。
（3）统计值为80的元素个数。
（4）修改第三个元素的值为85。
（5）在第一个位置插入'C++'。
（6）删除（5）中插入的元素。
（7）在列表后面添加'C++'和90两个元素；
（8）颠倒列表元素的顺序。

```
In: lst= ['C', 80, 'Java', 80, 'Python', 85]
    lst[2]                                     # 取第二个元素
Out: 'Java'
In: len(lst)                                   # 计算列表的长度
Out: 6
In: lst.count(80)                              # 统计值为80的元素个数
Out: 2
In: lst[3] = 85                                # 修改第三个元素的值为85
   lst
Out: ['C', 80, 'Java', 85, 'Python', 85]
In: lst.insert(1,'C++')                        # 在第一个位置插入'C++'
   lst
Out: ['C', 'C++', 80, 'Java', 85, 'Python', 85]
In: del lst[1]                                 # 删除第一个位置的元素
   lst
Out: ['C', 80, 'Java', 85, 'Python', 85]
In: lst.extend(['C++',90])                     # 在列表后面添加'C++'和90两个元素
   lst
Out: ['C', 80, 'Java', 85, 'Python', 85, 'C++', 90]
```

```
In: lst.reverse()                          # 颠倒列表元素的顺序
    lst
Out: [90, 'C++', 85, 'Python', 85, 'Java', 80, 'C']
```

3．列表切片练习。

假设有一个列表lst = [1,2,3,4,5,6,7,8,9]，分别进行如下切片操作：

（1）取前3个元素。

（2）从索引2开始，连续取3个元素。

（3）取索引为奇数的元素。

（4）取最右侧的4个元素。

分析：序列类型的元素索引分为正索引和负索引两种情况。正索引的索引值从0开始，从列表最左向右依次增1。负索引的索引值从-1开始，从列表最右向左依次减1。在列表的切片操作中有三个参数：start为开始索引位置，end为终止索引位置，step为步长。代码如下：

```
In: lst = [1, 2, 3, 4, 5, 6, 7, 8, 9]      # 两种方式均可得到所需列表
In: lst = list(range(1,10))
In: lst[:3]                                # 取前3个元素，也可写为lst[0:3]
Out: [1, 2, 3]
In: lst[2:5]                               # 从索引2开始，连续取3个元素
Out: [3, 4, 5]
In: lst[1:9:2]                             # 取索引为奇数的元素
Out: [2, 4, 6, 8]
In: lst[-4:]                               # 取最右侧的4个元素
Out: [6, 7, 8, 9]
```

4．统计列表lst = [12,2,16,30,28,10,16,20,6,18]中元素的个数，找出最大值和最小值，计算平均值，并将lst列表按从大到小排序输出。

分析：列表对象使用[]符号创建，使用len()函数统计列表中元素的个数，max()函数获得列表中的最大值，min()函数获得最小值。使用sort()函数可以对列表中的元素排序，默认的排序方式是从小到大。要实现从大到小的逆序排序，需要在sort()函数排序时设置参数reverse=True。程序代码如下：

```
In: lst = [12, 2, 16, 30, 28, 10, 16, 20, 6, 18]
In: len(lst)                               # 元素个数
Out: 10
In: max(lst)                               # 最大值
Out: 30
In: min(lst)                               # 最小值
Out: 2
In: lst.sort(reverse=True)                 # reverse=True表示逆序从大到小
In: lst
Out: [30, 28, 20, 18, 16, 16, 12, 10, 6, 2]
In: sum(lst)                               # 求和
Out: 158
In: sum(lst) / len(lst)                    # 求平均值
Out: 15.8
```

5．字典练习。

（1）用字典保存用户姓名和对应密码，输出所有用户姓名，并找出某个用户的密码。

分析：字典对象使用{}符号创建。用户姓名和对应密码保存为字典数据类型，姓名为字典中的“键”，密码则为“值”。使用字典中的keys()函数可以获得所有“键”，使用get()函数可以获得字典中某个“键”对应的“值”。程序代码如下：

```
In: password = {'张三': '123456', '李四': 'abcdef', '王五': '123abc', '刘六': 'aaa111'}
In: password.keys()
Out: dict_keys(['张三', '李四', '王五', '刘六'])
In: password.get('李四')
Out: 'abcdef'
In: for  k, v  in  password.items():            # 遍历输出所有的键值对
        print(k, v)
```

（2）用字典存储游戏角色的属性，用随机值修改属性。

```
import random
role = {'A': 10, 'B': 20, 'force': 1000}
for  _  in range(3):
    for  k  in  role:
        role[k] +=random.randint(-2, 2)
print(f'模拟三次运行后，role={role}')
```

6. 使用元组分别保存学生姓名和对应成绩，找出成绩最高分学生的姓名。

分析：假设学生姓名和成绩的元组分别为student和score，首先在score中使用max()函数找出最高成绩，然后用index()函数获得最高成绩所在的索引位置，那么student元组对应的索引位置就是该学生的姓名。程序代码如下：

```
In: student = ('张三', '李四', '王五', '刘六')
In: score = (75, 62, 93, 81)
In: m = max(score)                  # 在score中找出最高分
In: idx = score.index(m)            # 获得最高分在元组中的索引值
In: idx
Out: 2
In: '{}同学的成绩{}是最高成绩'.format(student[idx], m)
Out: '王五同学的成绩93是最高成绩'
```

7. 输入一串字符，统计单词个数（假设所有单词以空格分隔）。

分析：由于所有单词以空格分隔，因此可以首先使用字符串的split()函数将字符串按空格分隔得到列表，然后使用len()函数返回列表长度。程序代码如下：

```
In: s = input('输入一串字符：')
输入一串字符：this is a Python  program
In: words = s.split()                                    # 默认以空格分隔字符串
In: words                                                # 获得单词列表
Out: ['this', 'is', 'a', 'Python', 'program']
In: '字符串中单词个数为：{}'.format(len(words))
Out: 字符串中单词个数为：5
```

8. 合并列表lst1=[3,7,44,78,6]和lst2=[35,8,59,3,47,6]中的元素，并去除重复元素。

分析：首先由列表lst1的元素创建一个集合，然后使用集合中的update()函数添加lst2的元素。由于集合中不存在重复元素，将添加元素后的集合再转换为列表就完成了去重操作。程序代码如下：

```
In: lst1 = [3, 7, 44, 78, 6]
In: lst2 = [35, 8, 59, 3, 47, 6]
```

```
In: s = set(lst1)                    # 由lst1创建集合
In: s.update(lst2)                   # 将lst2添加到集合中
In: s
Out: {3, 6, 7, 8, 35, 44, 47, 59, 78}
In: list(s)                          # 由集合得到合并后的列表
Out: [3, 35, 6, 7, 8, 44, 78, 47, 59]
In: list(set(lst1 + lst2))           # 上述步骤也可以合并为一条语句完成
Out: [3, 35, 6, 7, 8, 44, 78, 47, 59]
```

9．time库练习。

（1）测试将含有100万个数的列表中的数均变为原来2倍所需的耗时，要求测试5次，取平均耗时。

```
import time
lst = list(range(1000000))
t = []
for _ in range(5):
    start = time.perf_counter()  # time.perf_counter()比time.time()测时准确
    lst2 = [x*2 for x in lst]
    end = time.perf_counter()
    t.append(end - start)
print('平均耗时：', sum(t)/len(t))
```

（2）今天是本年的第几天？

```
t = time.localtime()     # 当前时间
t.tm_yday                # 此属性对应本年第几天
```

（3）利用time.sleep模拟程序运行一段时间。

```
import time
for t in [0.5, 2, 5]:
    print(f'程序运行耗时{t}秒')
    time.sleep(t)
print('结束')
```

10．datetime库练习。

（1）你的出生日期是星期几？

```
from datetime import datetime
s = input('输入你的出生日期：年-月-日')
birth = datetime.strptime(s, '%Y-%m-%d')  # 将字符串转为日期类型
print('星期几:', birth.weekday()+1)    # weekday()用0～6对应星期一至星期日，加1调整
```

（2）你从出生到现在共过了多少天？

```
today = datetime.today()
daygap = today-birth                          # 日期相减，返回timedelta时间间隔类型
print('从出生到现在的总天数：', daygap.days+1)  # 取days间隔天数属性
```

（3）将你的生日变量birth分别按“年-月-日”和“月/日/年”的格式输出。

11．random随机库练习。

（1）设定随机种子为7。

```
import random
random.seed(7)     # 设定固定的种子，以便后续产生同样的随机数序列
```

（2）产生区间[1, 30]上80个随机整数的列表lst。

```
lst = [random.randint(1,30) for _ in range(80)]
```

（3）区间[1, 30]上的哪些数未出现在lst中？

```
print('未出现的数：', set(range(1,31)) - set(lst))    # 用集合的差运算快速方便
```

（4）产生含有1至54的整数有序列表card，然后分别用random.choice和random.sample从中随机抽取5个数。

（5）对上面的有序列表card进行随机乱序（random.shuffle）。

实验4　程序的流程控制

一、实验目的

（1）掌握用if语句编写选择结构程序。

（2）掌握用while语句编写循环结构程序。

（3）掌握用for语句编写循环结构程序。

（4）掌握用continue和break语句实现流程跳转。

二、实验内容

1. 输入一个日期，包括年、月和日，计算该日期是这一年的第几天。

2. 输入三个整数，把这三个整数按从大到小的顺序输出。

3. 分别用while语句和for语句编写程序，计算整数100到1000的和。

4. 随机生成两个1000到10000之间的整数，若这两个整数之间有素数，则输出最小的一个素数，否则什么都不输出。

5. 国际象棋棋盘共有64个方格，现在第一个方格上放1颗麦粒，以后的每个方格上都比前一个方格上的麦粒数翻倍。计算放满整个棋盘需要的麦粒总数。

6. 编程输出九九乘法表。

7. 按下面的固定随机代码生成代表5个随机点坐标的元组对，在这些点之间，两点之间的最大距离是多少？最大距离是哪两个点之间的距离？

```
import random
random.seed(7)
lst = [(random.randint(-3, 5), random.randint(-5, 6)) for _ in range(5)]
print('5个点为:', lst)
```

8. 有下面的扑克牌cards（不含大、小王，共52张）

```
suit = list('方梅红黑')
rank = [str(x) for x in range(2, 11)] + list('JQKA')
cards = [s + r for s in suit for r in rank]  # 用双重循环的列表生成式构造52张牌
print(cards)
```

（1）用列表切片分别取出所有的方块、所有的红桃、四种花色的2、四种花色的A。

（2）复制cards得到cards2。设置随机种子7，将cards2随机洗牌（random.shuffle）。

（3）将洗后的cards2牌每次一张依次分发给a, b, c, d四个玩家。

（4）现在计算每个玩家手中牌的点数之和并输出。假定：牌2至牌10按牌面点数算，牌J按11

点算，牌Q按12点算，牌K按13点算，牌A按14点算。例如，'方K'，'方A'，'梅2'，'梅3'四张牌的点数之和应为13 + 14 + 2 + 3 = 32。

实验5　函数练习

一、实验目的

（1）了解Python函数的概念。

（2）掌握Python函数设计。

（3）熟练使用函数调用的各种方式。

（4）学会编写lambda表达式。

（5）学会编写和使用生成器对象。

（6）掌握turtle库的使用方法。

二、实验内容

1．定义一个无参函数，输出“欢迎您的到来！”，然后在主程序中调用该函数。

2．定义一个函数，其参数为一个实数，代表一个摄氏温度值C，将它转换为一个华氏温度值F，并返回该值（$F = 1.8C + 32$）。在主程序中调用该函数。

3．定义一个函数，函数参数为一个小于10000的正整数，分解它的各位数字，并以一个元组的形式返回。在主程序中调用该函数。

4．编写一个lambda表达式，对给定的列表[1, 2, 3, 4, 5]，将每个元素值分别加10，生成一个新列表。

5．定义一个yield生成器函数，生成200以下5的所有倍数。

6．① 编写函数gen(n)，返回n个随机整数构成的列表，模拟一个班的考试成绩（要求为40～100分）；② 编写函数calcscore(score)，传入成绩列表，返回由平均分、最高分和最低分构成的一个元组。

在主程序中调用函数 score=gen(50)，再调用calcscore(score)。

7．使用turtle库绘制一个五角星图案。示例代码如下：

```
import turtle
turtle.color('yellow', 'red')    # 设置线条黄色，填充色红色
turtle.begin_fill()              # 开始填充
for _ in range(5):               # 五角星有5条线
    turtle.forward(200)          # 前进200像素，即边长200
    turtle.right(144)            # 右转144度
turtle.end_fill()                # 结束填充
turtle.done()                    # 结束绘图，见图12.12
```

8．将第7题的代码改写为一个绘制五角星的函数，可以绘制指定边长和填充色的五角星。在画板上随机绘制若干五角星。示例代码如下：

```
import turtle as t
import random
```

```
def drawstar(line,color):              # 绘制五角星函数
    t.fillcolor(color)
    t.begin_fill()
    for _  in  range(5):               # 5条线
       t.forward(line)                 # 前进line
       t.right(144)                    # 右转144度
    t.end_fill()
def gotopos(x,y):                      # 函数，用于将绘图乌龟移到坐标(x,y)
    t.penup()                          # 为避免移动时画出线条，先抬起画笔
    t.setpos(x,y)                      # 移到指定坐标(x,y)
    t.pendown()                        # 放下画笔

t.speed(9)                             # 主程序开始，设置绘图速度
colors = ['red', 'green', 'blue', 'orange', 'yellow', 'pink']
for  _   in  range(20):                # 绘制20个五角星
    x = random.randint(-200, 200)      # 随机坐标点(x,y)
    y = random.randint(-200, 200)
    line = random.randint(10, 100)     # 随机线长
    color = random.choice(colors)      # 随机选一种颜色
    gotopos(x, y)                      # 移动到(x,y)上
    drawstar(line, color)              # 绘制五角星
t.done()                               # 见图12和图13
```

图12.12　turtle库绘制五角星

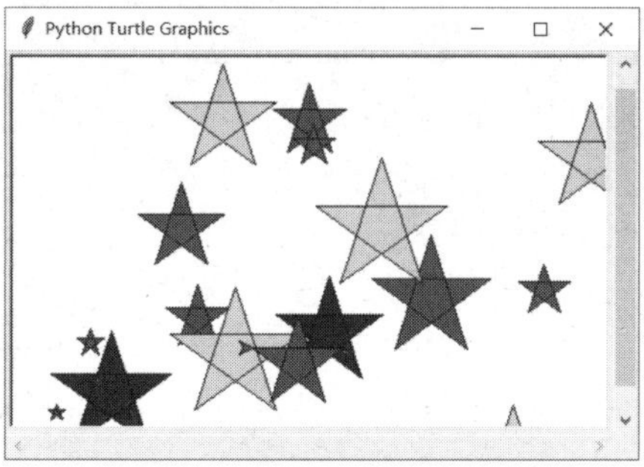

图12.13　随机位置绘制五角星

9. 编写函数isGoodpwd(s)，检查传入的字符串s是否是一个好密码，返回True或False。好密码的标准：密码长度大于或等于8，只能由字母和数字构成，且必须同时含有大、小写字母和数字，不能含有别的字符（如空格和标点符号等）。

10. 编写函数getdigit(s)，提取字符串s中的所有数字，并以列表形式返回。例如，若有字符串“我的电话1801345, 学号 2, 班级号 2454201”，则应返回['1801345', '2', '2454201']。

11. 编写递归函数，实现汉诺塔移动，所有移动步骤可保存在列表中，最后输出列表中记录的移动步骤。假定三根柱子的编号为A, B, C，本次共4个盘片，从上到下依次编号为1, 2, 3, 4。初始时4个盘片都在A柱上，要求借助B柱中转，每次只能移动1个盘片，将所有盘片从A柱移动到C柱上。移动时必须始终保持小编号盘片在上、大编号盘片在下。

移动步骤表示格式类似，如(1,'A','B')表示将1号盘从A柱移到B柱上，(2,'A','C')表示将2号盘从A柱移到C柱上。

实验6　文件读写

一、实验目的

（1）了解文件和文件对象的概念。

（2）掌握文本文件的读写方法。

（3）掌握二进制文件的读写方法。

（4）掌握docx文件和xlsx文件的读写方法。

（5）掌握jieba、wordcloud第三方库的使用。

二、实验内容

注意，实验所需的数据文件均在配套资料的data目录中，图片在pic目录中。生成的新文件可存在tmp子目录中。

1．将整数12345分别写入文本文件test.txt和二进制文件test.dat（可利用pickle模块）。

2．将1至25的整数存入文件file.txt，数据用空格分隔，每5个一行，共分5行。保存后再读此文件，数据存入data二维列表中。

3．有配套文本文件shangpin.txt，文件的每一行代表某商品一月到六月的销售额，各月销售额之间用逗号分隔，查找并输出总销售额最小的行号（行号从0开始）及其总销售额。

4. 有游戏角色的字典对象role如下，用pickle库模拟保存和读出游戏role对象。

```
import pickle
import random
role = {'A': 10, 'B': 20, 'force': 1000}
with open('tmp/role.pkl','wb') as fw:   # b二进制文件
    pickle.dump(role,fw)                # 存入
    print('初始状态:', role)
for  k  in  role:
    role[k] +=random.randint(-5, 5)
print('游戏运行一次后的状态:', role)
with open('tmp/role.pkl','rb') as fr:
    role = pickle.load(fr)             # 读出
print('恢复为初始状态:', role)
```

5．有一个Word文档info.docx，读取该文件内容并输出。

6．有一个工作簿文件“学生成绩.xlsx”，第一列为学生姓名，第二列到第四列分别是学生的三门课的成绩。编写程序计算每名学生的总分，并输出成绩前三名的学生信息。

7．读取配套文件story.txt，统计小说中每个单词的出现频次，输出频次最高的前3个单词。统计前剔除长度为1的单个字母或符号。

8．读取配套文件stk000001.txt，计算收盘价的5日均价。5日均价是股票术语：5日均价 =（当

天收盘价 + 前4天收盘价之和）/5。前4天的5日均价因为其前面的数据量不足4个而无法计算，按惯例可用None值表示。

9．读取配套文件smoker.txt，这是一篇有关“电子烟”的中文新闻报道。利用jieba库对其做分词处理，先剔除长度为1的词，再做词云图。注意，首先要执行如下两个命令安装需要的库。

```
pip  install  jieba          # 安装jieba分词库
pip  install  wordcloud      # 安装词云库
```

参考代码如下：

```
from  wordcloud  import  WordCloud       # 词云库
import  jieba                            # 分词库
def  wc(note, fname, bgcolor="white"):   # 产生词云图的函数
    wc = WordCloud(background_color=bgcolor, font_path='simfang.ttf') # 背景色，仿宋体
    wc.generate(note)         # 生成词云图片
    wc.to_file(fname)         # 保存为文件

with open('data/smoker.txt') as f:       # 打开文件smoker.txt
    s = f.read()
# 这篇文章是关于“电子烟”的新闻报道，向jieba库中临时添加新词“电子烟”
# 如不添加新词，“电子烟”将被拆分为“电子”和“烟”两个词
jieba.add_word('电子烟')
wd = jieba.lcut(s)                               # 分词，得到词列表
words = [x  for  x  in  wd  if  len(x)>1]      # 剔除空格、单字
s = ' '.join(words)     # 将词列表连接为空格分隔的字符串（' '中间必须有一个空格）
wc(s, 'wc.png')         # 调用函数，在当前目录中生成词云图片wc.png，见图12.14
```

图12.14　“电子烟”新闻报道词云图

生成词云后，在IPython交互窗口继续探索研究得到的分词列表。

```
In: len(wd), len(words)                  # 初始分词的词汇数、剔除了空格和单字后的词汇数
Out: (228, 132)
In: from collections import Counter      # 引入统计函数Counter
In: dct=Counter(words)                   # 对words做词频统计，返回类似字典的统计结果
In: dct.most_common(5)                   # 输出词频最高的5个词
Out: [('电子烟', 7), ('美国', 5), ('病例', 3), ('这些', 2), ('四分之三', 2)]
```

10．找出配套pic/tu目录下的所有图片文件名，将相对文件路径保存在列表中输出。

实验7　NumPy实验1

一、实验目的

（1）了解numpy.ndarray数组的各种基本属性。

（2）掌握数组的各种访问方式及数组的组合、拆分方法。

（3）掌握常用的统计函数及读取数据文件的方法。

二、实验内容

启动Spyder或Jupyter Notebook，在IPython交互环境下完成下列练习。

1. 了解NumPy数组的基本属性

```
In: import  numpy  as  np
In: np.__version__                        # 显示NumPy版本，注意前后都是两条下画线
In: a = np.arange(15).reshape(3, 5)       # 创建二维数组a
In: a
In: type(a)                               # 显示a的数据类型，numpy.ndarray
In: a.shape                               # a的形状(3,5)
In: a.ndim                                # 维度为2
In: a.itemsize                            # 每个数据所需的存储空间4字节
In: a.size                                # 数据个数15
In: a.dtype                               # 数据元素的类型'int32'
```

2. 创建NumPy数组的各种方法

```
In: b1 = np.array([1, 3, 5, 7, 9])
In: b1.dtype                              # 默认类型 'int32'
In: b2 = np.array([1, 3, 5, 7, 9], dtype='float')  # 指定数据类型float
In: b2.dtype

In: np.arange(1, 11, 2)
In: np.random.randn(3, 4)                 # 符合N(0,1)分布的3x4数组
In: np.random.randint(1, 100, 5)          # 在区间[1,100]内生成5个随机整数
In: np.random.randint(1, 100, (5, 3))     # 生成5x3数组，值在区间[1,100]内
In: np.random.uniform(1, 3, size=(3, 4))  # 生成3x4随机小数数组，值在区间[1,3)内
In: np.array([(1, 2, 3), (4, 5, 6)])
In: b3 = np.arange(1, 7).reshape(2, 3)
In: np.zeros((3, 4))                      # 全0数组，注意(3,4)有小括号
In: np.ones((3, 4))                       # 全1数组
In: np.eye(5)                             # 单位矩阵
In: np.full((3, 4), 1.5)                  # 全为1.5
In: np.tile(b3, 2)                        # 重复填充

In: np.linspace(1, 2, 10)                 # 在区间[1,2]上等间距生成10个点，含终值2
```

```
In: np.linspace(1, 2, 10, endpoint=False)   # 在区间[1,2]上等间距生成10个点，不含终值2
In: np.linspace(-2*np.pi, 2*np.pi, 100)
```

3. 索引访问NumPy数组的各种方法

```
In: a = np.arange(10, 20)              # 一维数组访问练习
In: a[0],  a[-1],  a[2:5], a[[1, 4, 5]]
In: a[-3:], a[::2], a[::-1]
In: a>15
In: a[a>15]                            # 布尔数组筛选

In: b = np.arange(24).reshape(4, 6)  # 二维数组访问练习
In: b[1]
In: b[1, 2]
In: b[:,2]
In: b[1:, 1:3]
In: b[:,::2]

In: c = b[1]                           # c是b[1]的视图
In: c[0] = 100
In: b[1, 0]                            # 可见b[1,0]的值为100，表明其也被修改
In: d = b[2].copy()                    # d是b[2]的复制
In: d[0] = 200
In: b[2, 0]                            # b[2,0]的值不会被修改
```

4. 数组基本运算

```
In: a = np.arange(1, 6)
In: a + 5,  a * 2,  a / 2,  10 - a
In: b = np.arange(10, 15)
In: a + b, a * b,  a / b

In: c = np.arange(15).reshape(3, 5)
In: a + c,  c - a                     # 广播运算
```

5. 统计函数

```
In: np.random.seed(7)
In: a = np.random.rand(3, 4)
In: np.mean(a),  a.mean()              # 均值
In: np.mean(a, axis=0),  a.mean(axis=0)
In: np.mean(a, axis=1)
In: np.var(a),  np.std(a)              # 方差、标准差
In: np.sin(a),  np.round(a, 2)
In: a[1,::2] = np.nan                  # 设置nan值
In: np.isnan(a), np.isnan(a).sum()     # 判断nan值
In: np.sum(a),  np.nansum(a)
```

6. 排序练习

```
In: np.random.seed(7)                  # 设置随机数种子7
In: b = np.random.randint(1, 20, size=10)
```

```
In: c = b.copy()                          # 将数组b复制一份，用于后续的测试
In: b.sort()                              # 排序后直接改变了b的数据顺序
In: np.sort(c)                            # 返回新的有序数组，不改变c
In: np.argmax(c), np.argmin(c)            # 返回c中最大值、最小值的索引
In: np.argsort(c)                         # 返回按顺序排列时各位上取值对应的索引
In: c[np.argsort(-c)]                     # 逆序排列
```

7．组合和拆分数组

```
In: a = np.arange(24).reshape(4, 6)
In: h1, h2 = np.hsplit(a, 2)              # 水平拆分
In: v1, v2 = np.vsplit(a, 2)              # 竖直方向拆分
In: np.vstack((v1, v2))                   # 组合
In: np.hstack((h1, h2))
```

8．读写文件

```
In: b = np.arange(12)
In: b.shape = (3, 4)
In: np.savetxt('data.txt', b, delimiter=',', fmt="%i")  # 存为文本文件
In: c = np.loadtxt('data.txt', delimiter=',')           # 读取文本文件
In: b == c                                              # 测试数组b和c是否相等
```

9．练习

（1）先创建一个9×9的全1二维数组，再将二维数组四条边上的数据都修改为0。

（2）在区间[1, 6]内生成1000个随机整数，统计每个整数出现的次数。

（3）练习数组的插入（insert）和删除（delete）。

（4）生成2×3和3×2两个数组，利用np.dot()计算数组的矩阵乘法。

（5）模拟生成 50名同学的单科成绩，符合正态分布$N(70, 100)$。完成排序，求最大值、最小值和均值。

10．图片数组练习

（1）读入配套图片pic/cat.jpg，得到代表jpg图片的三维数组a。

```
import numpy as np
from PIL import Image
import matplotlib.pyplot as plt
size = (300, 200)
# 读取图片文件，resize改变大小（宽，高），img是图片对象
img = Image.open('pic/cat.jpg').resize(size)
a = np.array(img)                # 将图片对象转为np数组
# shape为(高,宽,颜色数)，数据类型（图片数组的类型应是uint8）
print(a.shape, a.dtype)
plt.imshow(a)                    # 将显示小猫图片，图略
```

（2）分别显示图片的上半部分和右半部分。

```
height = a.shape[0]
width = a.shape[1]
plt.imshow(a[:height//2])        # 上半部分
plt.imshow(a[:,width//2:])       # 右半部分
```

（3）用255减去每个颜色数，得到互补色数组并显示该数组。

（4）为图片每两行加上一个横向黑条。

```
b = a.copy()
b[::2]= 0                # 0对应(0,0,0)即黑色
plt.imshow(b)
```

（5）为图片每两列加上一条纵向白条。

```
c = a.copy()
c[:, ::2] = 255          # ::2 列坐标， 255对应(255,255,255)即白色
plt.imshow(c)
im= Image.fromarray(c)
im.save('tmpcat.jpg')   # 保存变换后的图片
```

（6）将图片左右交换显示。

（7）利用np.repeat将图片横向拉伸至2倍宽。

（8）利用np.tile将图片平铺为2行2列共4张图片。

实验8　NumPy实验2

一、实验目的

（1）完成数组的各种基本操作。

（2）练习数组编程。

二、实验内容

启动Spyder或Jupyter Notebook，在IPython环境下完成下列练习。

1. 创建一个长度为10且全为0的一维Numpy数组对象ar，然后将第5个元素改为1。
2. 创建一个元素为从10到49的ndarray对象ar。
3. 将上题的数组ar中的所有元素位置反转（前后颠倒）。
4. 创建2×2阶矩阵对象ar，并指定数据类型为float，数据值为1, 2, 3, 4。
5. 将0～31这32个数字分为8行4列的二维数组ar。
6. 有数组ar=np.arange(24).reshape(4,6)，练习选择数据。

（1）输出第1行。

（2）输出第2～3行。

（3）输出所有行的第2列和第3列。

7. 练习np.where语句。将数组a中元素大于0的数据改成1，小于或等于0的改成-1。

```
a = np.random.randn(9)
```

8. 根据第3列对下面的数组a排序。

```
np.random.seed(7)
ar = np.random.randint(0,100,(5,5))
```

9. 生成形状为(3,4)和(4,3)的两个整数随机数组a和b（取值区间为[10,30]），计算矩阵乘法a@b，结果存于数组c。

10. 有如下方程组：

$$\begin{cases} x+y+z=10 \\ 2x+2y-z=-4 \\ x+3y-2z=-14 \end{cases}$$

（1）将方程组系数表示为矩阵$\boldsymbol{A}$，求$\boldsymbol{A}$的行列式，结果存于det变量。

（2）将三个未知数视为向量$\boldsymbol{v}$，将右侧的3个常数视为向量$\boldsymbol{b}$，则方程组可视为$\boldsymbol{Av}=\boldsymbol{b}$，按公式$\boldsymbol{v}=\boldsymbol{A}^{-1}\boldsymbol{b}$求方程组的解$\boldsymbol{v}$，其中$\boldsymbol{A}^{-1}$是$\boldsymbol{A}$的逆矩阵。

11. 产生256×256阶矩阵img，矩阵的第0列全为0，第1列全为1，以此类推，第255列全为255。然后，用plt.imshow()显示该矩阵。

```
import matplotlib.pyplot as plt
# 按要求生成img，...
plt.imshow(img)
```

12. 先用Numpy生成10个随机点的坐标，计算点$p(2, 3)$和其中第几个点的距离最远，将该点的序号保存在变量idx中。用散点图将所有点绘制出来（参考第9章中的plt.scatter命令），其中p点用红色表示，距p点最远的点用绿色表示。

```
np.random.seed(7)
ar = np.random.randint(-10, 10, (10, 2))  # 10个点的坐标
```

实验9　Pandas实验1

一、实验目的

（1）掌握Pandas中的Series和DataFrame数据结构。

（2）理解Pandas的索引，了解Pandas和NumPy的区别。

（3）掌握数据框的各种常用操作，掌握分组函数和时间序列函数。

二、实验内容

启动Spyder或Jupyter Notebook，在IPython交互环境下完成下列练习。

1．Series基本练习

```
In: import  pandas  as  pd
In: from    pandas  import  DataFrame, Series
In: pd.__version__                          # 显示Pandas版本
In: s = Series(np.arange(6), index=list('abcdef'))
In: s.index                                 # 显示索引
In: s.values                                # 显示数据
In: s['a'],  s[0],  s['a':'c'],  s[0:2]     # 索引访问
In: s['c':'e']=3                            # 赋值修改
In: s.sum(), s.mean(), s.median()           # 统计函数
In: s.value_counts()                        # 统计数据的频次
```

```
In: s.unique()                                    # 返回不重复的数据列
In: s.head(3)                                     # 显示头3个数据
In: s.tail(2)                                     # 显示末尾2个数据

In: s2 = Series(np.arange(12, 30, 3), index=list('abcabc'))
In: s + s2                                        # 按索引对齐运算
In: s * s2
```

2．创建和访问数据框DataFrame

```
In: data = {'apple':[1100, 1050, 1200], 'huawei':[1250, 1300, 1328], 'oppo':[800, 850, 750]}
In: df = DataFrame(data, index=['一月', '二月', '三月'])          # index标签
In: df.apple,  df.loc['一月']
In: df.iloc[0],  df.iloc[:, 1]
In: df.at['二月', 'oppo'],  df.iat[1, 2]
In: df.query('huawei>1300')
In: df.index,  df.columns
In: df.to_csv('m5.csv', encoding='GBK')                           # 保存文件
In: df2 = pd.read_csv('m5.csv', index_col=0, encoding='GBK')      # 读取文件
```

3．nan缺失值处理

构造一个含有nan值的Series，练习isnull()、notnull()、dropna()、fillna()等函数。

4．统计函数

构造数据框，练习sum()、count()、mean()、median()、max()、min()、var()等函数。

5．读写文件

（1）构造一个文本数据文件，练习read_csv()、to_csv()函数。

（2）构造一个Excel文件，练习read_excel()、to_excel()函数。

6．数据整理

（1）练习数据框的drop()、pop()、reindex()、reset_index()、set_index()方法。

（2）构造含有重复值的数据框，练习针对重复值的duplicated()、drop_duplicates()方法。

（3）构造数据框，练习sort_values()和sort_index()排序方法。

（4）构造两个数据框，含有共同的列，练习merge的各种连接方法。

（5）构造区间[0, 100]内的80个年龄随机整数，按区间[0, 10, 18, 35, 50, 70, 100]做pd.cut()分段统计。

7．分组统计

构造一个至少含有3个班级名册的Excel成绩表（姓名，学号，班级，性别，课程1，课程2）。用Pandas读入该表，完成如下计算：

（1）计算每个同学的平均分［平均分 =（课程1 + 课程2）/2］。

（2）使用rank()方法按平均分给出一个全年级的名次排名。

（3）按班级统计每门功课的平均分。

（4）统计男生、女生人数，并给出男生、女生的平均成绩。

8．时间序列

股票每日的涨跌幅在区间[-10%, 10%]内，且只在周一到周五交易。先设置随机数种子为7，

试生成模拟一只股票2024年全年交易日的涨跌幅数据。然后计算：

（1）该股票2024年的年涨跌幅。

（2）统计12个月中涨幅最大的月份和跌幅最大的月份。

实验10　Pandas实验2

一、实验目的

（1）掌握Pandas读取数据文件的方法。

（2）掌握常用的数据操作方法。

二、实验内容

启动Spyder或Jupyter Notebook，在IPython交互环境下完成下列练习。

1. 读取配套数据文件vehicle_sales.csv文件，得到数据框对象df。注意，该文件的编码为GBK。显示前两行信息如下：

```
       df = pd.read_csv('data/vehicle_sales.csv', encoding='GBK')
       df.head(2)
       date salesman_name vehicle_type  counts   price    discount  amounts
   0   2018-9-1  赵静       车型1         1        13       0.0       13.0
   1   2018-9-1  韦小宝     车型3         1        18       0.0       18.0
```

2. 查看df数据框形状 df.shape和基本信息df.info()。

3. 对数值列做描述性统计，再对非数值列进行统计。

```
df.describe()
df.describe(include='object')  # 对非数值列统计
```

4. 有哪几种车型 unique()？每种车型出现的次数是多少？

5. 练习用多种访问方式同时显示vehicle_type、counts和price这三列数据。

6. 获取“车型3”且discount > 0的记录。

7. 检查有多少行数据是重复的（duplicated）。

8. 直接在df上删除所有的重复行（drop_duplicates）。

9. 分组统计每位销售员的销售金额amounts之和。

10. 统计每位销售员的销售笔数，按笔数从高到低排序。

11. 统计各种车型的销售金额之和并作出柱状图进行对比。

12. 将“车型1/2/3”视为A组，其余车型视为B组，给数据表增加vtype列，存储'A'或'B'。

13. 将销售日期date设为索引，产生新数据框df2：

```
df2 = df.set_index('date')
```

14. 将df2的索引类型转为日期类型（pd.to_datetime）。

15. 查看df2中9月3日到9月5日的数据。

16. 统计df2每天有多少条销售记录。

实验11 Matplotlib绘图库

一、实验目的

（1）学习绘图库Matplotlib的使用。

（2）掌握绘图库常见的图形类型，常用的线型、颜色、标记符号。

（3）初步了解LaTeX标记。

（4）掌握多子图绘制的方法。

二、实验内容

启动Spyder，在Spyder环境下编写完整程序完成下列练习，部分练习给出了示范代码。

1．利用[2, 3, 5, 10, 8]列表数据绘制折线图、柱形图、饼图。

```
import matplotlib.pyplot as plt                    # 导入plt
plt.rcParams['font.sans-serif'] = ['SimHei']       # 指定中文黑体字体
plt.rcParams['axes.unicode_minus'] = False         # 确保负号显示正常
x = [2, 3, 5, 10, 8]
labels = list('abcde')
plt.plot(x, 'b-')                                  # 折线图
plt.figure()                                       # 新建图形
plt.bar(labels, x)                                 # 柱形图
plt.figure()                                       # 新建图形
explode = [0, 0, 0.1, 0.2, 0]
plt.pie(x, explode=explode, labels=labels, autopct='%1.1f') # 饼图
plt.show()                                         # 显示图形
```

2．绘出图12.15所示的线型和标记颜色符号。

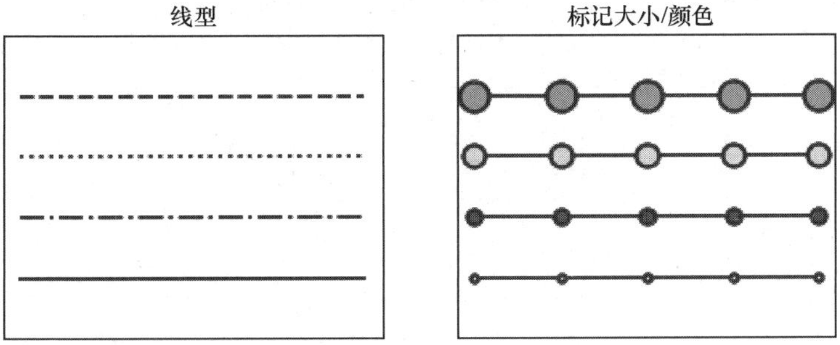

图12.15 线型和标记

3．绘制一个半径为2.5的圆，上半圆用浅绿色填充，下半圆用浅红色填充，如图12.16所示。

```
r = 2.5                          # 半径
x = np.linspace(-r, r, 100)      # -r到r之间均匀生成100个x值
y = np.sqrt(r**2 - x**2)         # 计算圆上点的y坐标
plt.plot(x, y, x, -y)            # 画圆。2组数据，先画上半圆，再画下半圆
```

```
plt.fill_between(x, 0, y,  color='g', alpha=0.3)        # 填充上半圆
plt.fill_between(x, 0, -y, color='r', alpha=0.3)        # 填充下半圆
plt.axis('equal')                          # 设置横、纵轴单位长度相等
plt.title('圆和填充色')
```

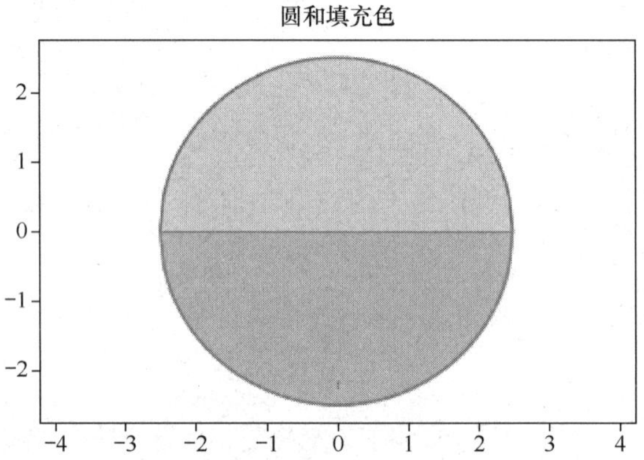

图12.16　圆和填充色

4．绘制图12.17所示的LaTeX标记。

```
fig = plt.figure(figsize=(8, 5))       # 图像大小
ax = fig.add_subplot(111)
ax.set_xlim([1, 6])
ax.set_ylim([1, 10])
ax.text(2, 8, r"希腊字母$\alpha\pi\lambda\omega\beta$", fontsize=16)
ax.text(2, 6, r"$ \lim_{x \rightarrow 0} \frac{1}{x} $", fontsize=20)
ax.text(2, 4, r"$x^2+y^2=9$", fontsize=20)
ax.text(2, 2, r"$ \sum_{i=1}^{\infty}\ x_i^2$", fontsize=20)
ax.text(4, 8, r"$ \sin(\frac{\pi}{6})=\frac{1}{2}$", fontsize=20)
ax.text(4, 6, r"$ \sqrt[3]{27} = 3$", fontsize=20)
ax.text(4, 4, r'下标$\alpha_i > \beta_i$',fontsize=14)
ax.text(4, 2, r"$ \int_a^b f(x)dx$", fontsize=20)
ax.text(3, 9, 'LaTeX示例', fontsize=20)
plt.show()
```

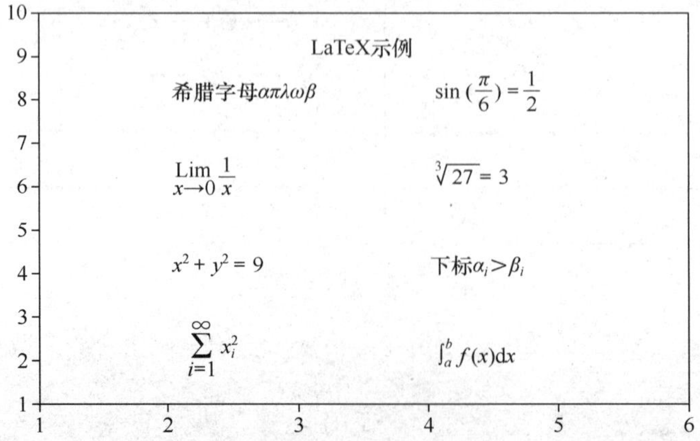

图12.17　LaTeX标记示例

5．创建如下数据框，绘制手机销售的对比图形。要求分别用Pandas的绘图函数作出饼图和柱形图进行对比。

```
data = {'apple':[1100,1050,1200], 'huawei':[1250,1300,1328], 'oppo':[800,850,750]}
df = DataFrame(data, index=['一月', '二月', '三月'])
```

6．生成1000个$N(1, 10)$正态分布的随机小数，绘制箱线图。

7．绘制如图12.18所示的多子图。四个子图反映的函数关系分别为$y = x, y = -x, y = x^2, y = \ln x$。

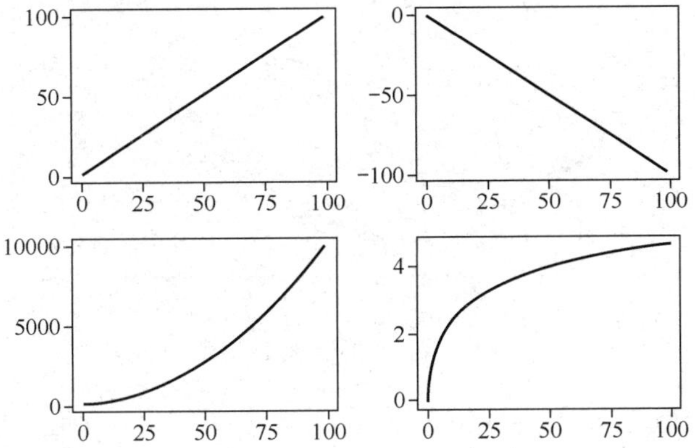

图12.18　多子图绘制

8．利用下面的随机数组y绘制两幅折线图，加上图例和圆点标记。

```
np.random.seed(2000)
y = np.random.randn(20,2).cumsum(axis=0)
```

（1）将两条折线绘制在同一幅子图上。

（2）按上下两个子图布局，分别绘制折线图。

9．利用下面的数据绘制如图12.19所示的密度曲线图。

```
from scipy.stats import norm          # 从scipy.stats中引入norm正态分布模块
x = np.arange(-5,5,0.2)
# 得到一组标准正态分布N(0,1)的概率密度值，pdf（probability density function）
y = norm.pdf(x,0,1)
```

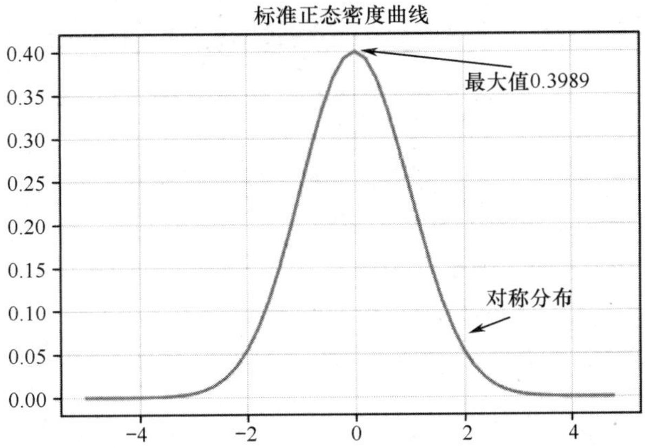

图12.19　概率密度曲线

10．利用下面的x和y数据拟合二次曲线，绘制如图12.20所示的图形。

```
np.random.seed(1000)
x = np.linspace(-4, 4, 50)
y = x**2 + 2 * x + 3 + np.random.randn(50)
```

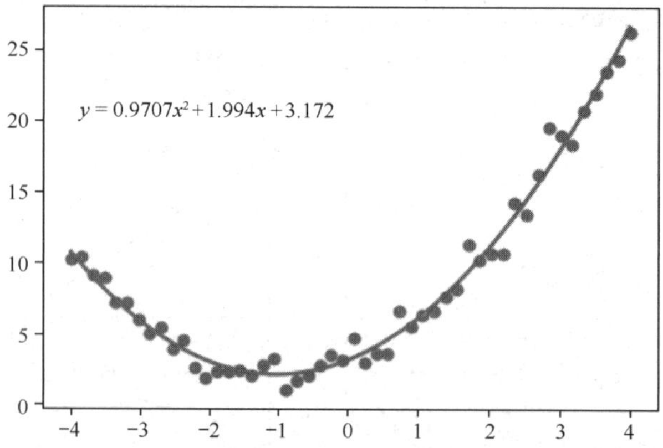

图12.20　二次曲线拟合图

11．使用书中的泰坦尼克号数据集titanic.xlsx绘制如图12.21和图12.22所示的样图。

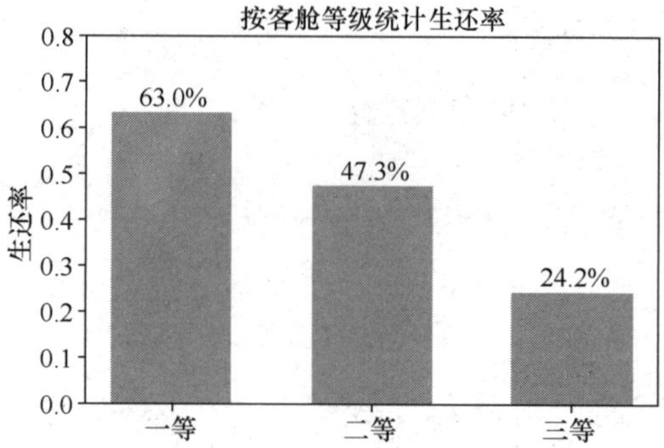

图12.21　客舱生还率统计图

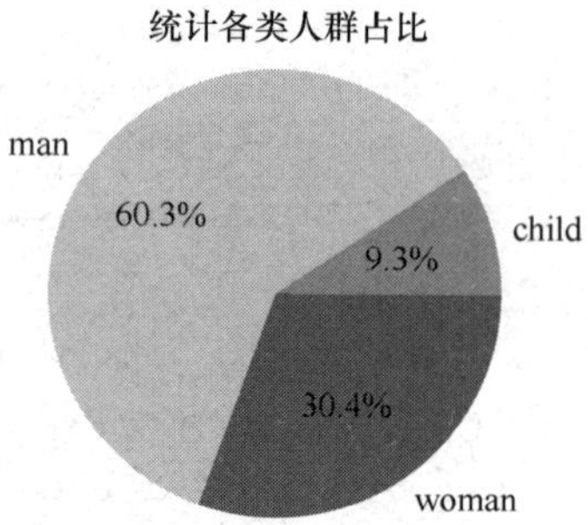

图12.22　人群占比图

实验12　Python金融数据分析应用

一、实验目的

（1）学习Python的日期数据提取与格式变换方法。
（2）学习金融时间序列数据的合并方法。
（3）学习金融时间序列数据可视化图表设置方法。
（4）掌握从世界银行公开数据平台下载我国宏观经济数据的方法。

二、实验内容

1．金融数据序列的日期转换

金融数据的最大特点是时序性，它表明某金融实体在一个特定时期内的数值变动情况。在金融数据序列中比较常见的日期数据格式有字符串对象和datetime对象两种。这里以标准模块datetime为例说明Python日期数据的格式及其操作方法。首先要导入datetime：

```
In: import datetime
```

（1）获取当天的日期

```
In: datetime.datetime.today()
Out: datetime.datetime(2023, 10, 20, 9, 28, 49, 84702)
```

括号中的前3项分别表示年、月、日，其余的数据表示当前的时间。

（2）提取日期中的年、月、日

```
In: datetime.datetime.today().year
Out: 2023
In: datetime.datetime.today().month
Out: 10
In: datetime.datetime.today().day
Out: 20
```

还可以获得今天是本年度中的第多少周次的星期几。

```
In: datetime.datetime.today().isocalendar()
Out: (2023, 42, 5)
```

输出结果括号中的数据表示今天是2023年度第42周的周五。这三项数据构成一个元组，所以可用索引变量分别提取每个数据元素。

（3）将datetime.datetime对象日期转换为字符串对象日期

```
In: datetime.datetime.today().strftime('%Y-%m-%d')
Out: '2023-10-20'
In: datetime.datetime.today().strftime('%Y%m%d')
Out: '20231020'
```

（4）将字符串对象日期转换为datetime.datetime对象日期

```
In: datetime.datetime.strptime('20231020','%Y%m%d')
Out: datetime.datetime(2023, 10, 20, 0, 0)
In: datetime.datetime.strptime('2023-10-20','%Y-%m-%d')
Out: datetime.datetime(2023, 10, 20, 0, 0)
```

2．多个金融数据序列以日期为基准进行整合

合并多个数据序列是金融数据分析工作中经常遇到的事情。当不同数据序列存在不同的数据行或列时，合并过程需要选择合适的轴与合并方向等参数。合并后的数据序列中可能存在缺失值，因此有必要根据分析的需要对缺失值进行处理。下面以合并我国上证指数收盘价格序列与任意单只股票收盘价格序列为例说明两个序列的合并方法。

首先，获取上证指数和单只股票的历史日线行情数据。若本地保存有相应的数据，则读取它们的数据文件，如下面的程序所示：

```
import baostock as bs
import pandas as pd
stcode = "sh.600519"
indcode = "sh.000001"
stadt = '1990-12-19'
enddt = '2023-10-30'
fids = "date,code,open,high,low,close,preclose,volume,"
```

```
    fids = fids+"amount,adjustflag,turn,tradestatus,pctChg,isST"
    lg = bs.login()
    rs = bs.query_history_k_data_plus(
        stcode, fids, start_date=stadt, end_date=enddt, frequency="d", adjustflag="2")
    data_list = []
    while (rs.error_code == '0') & rs.next():  # 获取一条记录，将记录合并在一起
        data_list.append(rs.get_row_data())
    df1 = pd.DataFrame(data_list, columns=rs.fields)
    # 结果数据保存到CSV文件
    df1.to_csv('fin_data/hisday_'+stcode[3:]+'_data.csv', index=False)
    rs = bs.query_history_k_data_plus(
        indcode, fids, start_date=stadt, end_date=enddt, frequency="d", adjustflag="2")
    data_list = []
    while (rs.error_code == '0') & rs.next():  # 获取一条记录，将记录合并在一起
        data_list.append(rs.get_row_data())
    df2 = pd.DataFrame(data_list, columns=rs.fields)
    # 结果数据保存到csv文件
    df2.to_csv('fin_data/hisday_ind'+indcode[3:]+'_data.csv', index=False)
    bs.logout()

    # 若本地保存有数据文件，则可省略上述在线取数过程，只需执行如下的读文件操作
    #df1 = pd.read_csv('fin_data/hisday_'+stcode[3:]+'_data.csv', encoding="gbk")
    #df2 = pd.read_csv('fin_data/hisday_ind'+indcode[3:]+'_data.csv', encoding="gbk")
```

股票的上市时间未必与上证指数的起始发布时间相同，且股票自上市以来可能存在停牌（不发生交易）的情况，所以单只股票数据中的日期信息与指数数据中的日期信息会有不同。

选择要合并的数据序列，且合并两组数据前要重新命名列标签，以免发生列名冲突。例如，如下操作选择行情数据的收盘价格序列进行合并：

```
In:stdt = df1.loc[:,['date','close']]
In:inddt = df2.loc[:,['date','close']]
In:stdt.rename(columns = {'close':'stclose'},inplace = True)
```

合并单只股票的收盘价格数据与上证指数的收盘价格数据：

```
In: dfmg = pd.merge(inddt, stdt[['date', 'stclose']], on = 'date', how = 'left')
```

对合并数据表中存在的缺失值NaN，需要根据后续操作的要求回填缺失值或删除缺失值。在本例合并的数据中，因股票上市时间远远滞后于上证指数的上市时间而存在较多的缺失值，但股票因停牌而缺失的价格数据在执行合并操作后，会自动用停牌前的最后日收盘价格向后填充。

3．金融时间序列可视化图表刻度的设置

分析金融数据时，常常需要在同一个图表中描述两个或两个以上的金融数据序列，尽管这些数据序列的纵坐标值差异可能非常大，甚至是不同计量单位的数据，但利用双纵坐标图形可以直观地反映这些数据序列在同时期内的相关性特征。

为了实现两个数据序列共享横坐标输出，关键是两个序列要有完全相同的横坐标数据。本实验以贵州茅台（股票编码：sh.600519）与上证指数的日收盘价格序列为例，若需要显示上证指数全部日线行情收盘价格，则合并上证指数和贵州茅台股票的日收盘价格序列时，会出现缺失值（因为它们首次上市的时间不同）。要绘制双坐标图形展示两者收盘价格的走势，就要在合并数据对象中填充股票价格序列中的缺失值，或者删除存在缺失值的行，以便在输出图形时保证各时间点

上的数据不缺失。如下程序采用向前填充股票的缺失值，即用贵州茅台股票首日上市的收盘价格向前填充缺失值。

由于两组序列的数据量非常大（包含6800多个交易日的数据），若不对横坐标（交易日）进行格式设置，则输出图形的横坐标标签将是一片黑影。程序利用ticker.MultipleLocator()设定横坐标刻度数量，确保图形横坐标标签清晰有序。

```
import pandas as pd
import matplotlib.pyplot as plt
from matplotlib import ticker
plt.rcParams['font.sans-serif'] = ['SimHei']
plt.rcParams['axes.unicode_minus'] = False

stcode = "sh.600519"
indcode = "sh.000001"
df1 = pd.read_csv('fin_data/hisday_'+stcode[3:]+'_data.csv', encoding="gbk")
df2 = pd.read_csv('fin_data/hisday_ind'+indcode[3:]+'_data.csv', encoding="gbk")
stdt = df1.loc[:, ['date', 'close']]
inddt = df2.loc[:, ['date', 'close']]
stdt.rename(columns={'close': 'stclose'}, inplace=True)
dfmg = pd.merge(inddt, stdt[['date', 'stclose']], on='date', how='left')
dfmg.fillna(method='backfill', inplace=True)
fig, ax = plt.subplots(figsize=(22, 13))
plt.title('上证指数与贵州茅台价格走势',  fontsize=24)
plt.xticks(rotation=30)                          # 设置日期刻度旋转的角度
xmajorLocator = ticker.MultipleLocator(480)  # 将x轴主刻度设置为480的倍数
ax.xaxis.set_major_locator(xmajorLocator)
ax.tick_params(labelsize=22)                     # 设置刻度标记文字大小
ax.grid(axis='x')
Lin1 = ax.plot(dfmg.date, dfmg['close'], '-m', lw=2.5, label='上证指数收盘')
ax.set_ylabel('上证指数收盘价格', fontdict={'size': 20})
ax2 = ax.twinx()                   # 这是双坐标关键一步
ax2.tick_params(labelsize=22)  # 设置刻度标记文字大小
Lin2 = ax2.plot(dfmg.date, dfmg['stclose'],'--b', lw=2.5, label='贵州茅台')
ax2.set_ylabel('贵州茅台收盘价格', fontdict={'size': 20})
Lins = Lin1 + Lin2
Labs = [L.get_label() for L in Lins]
ax2.legend(Lins, Labs, loc=0, fontsize=18)
plt.show()
```

程序运行的输出图形如图12.23所示。

4．世界银行公开数据下载步骤

（1）在浏览器地址栏输入相关网址，打开如图12.24所示的世界银行公开数据平台首页。可以单击网页左上方的“从这里开始”超链接，打开关于获取公开数据的简要操作指引页面，了解如何在平台上查找数据的方法，单击页面左上角的“数据”重回网站首页。

（2）单击如图12.24所示首页搜索文本输入框下的“国家”超链接，打开如图12.25所示浏览国家的页面，显示可查询的全部国家名称的第一个字名。例如，若单击列表里的“中”字，则显示所有以“中”字开头的国家和地区名称。

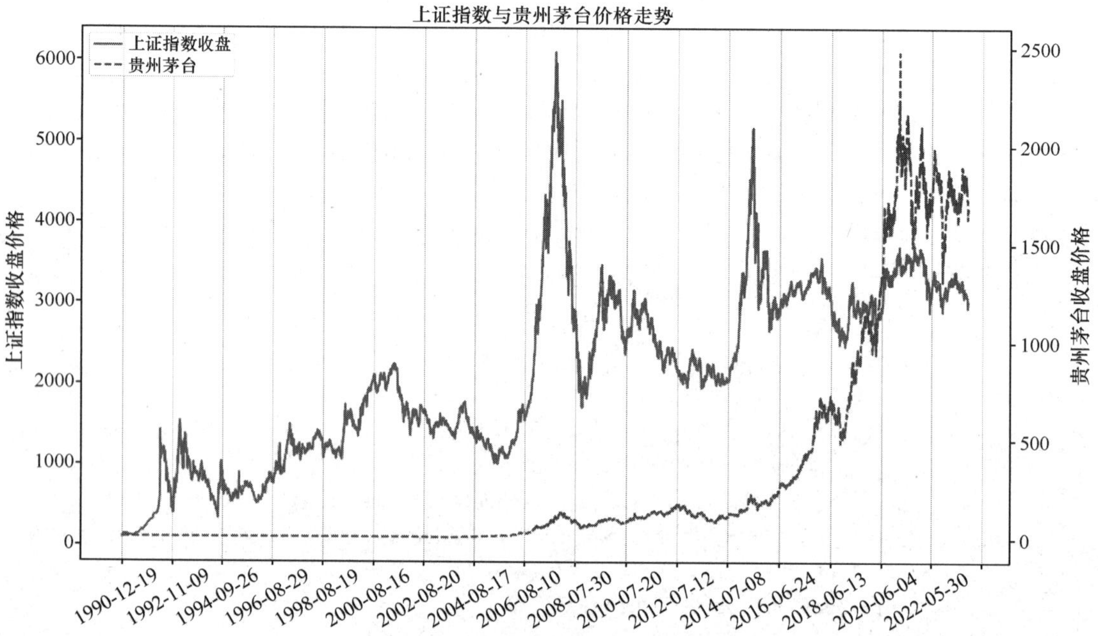

图12.23　多个数据序列的双轴图

图12.24　世界银行公开数据平台首页

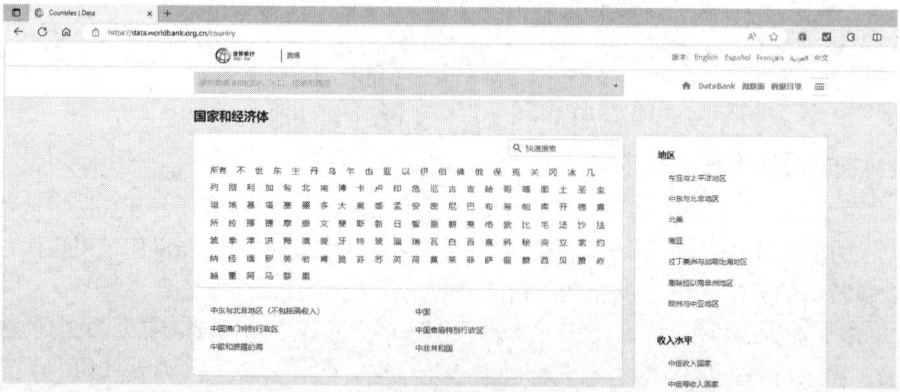

图12.25　国家首字名称列表

（3）单击“中国”，显示如图12.26所示的社会指标列表页面。在“话题”下拉菜单中可以选择“社会的”“经济的”“环境”“机构”选项。例如，若选择“经济的”，则跳转到图12.27所示的重要经济指标界面。采用类似的方法，可以跳转到其他话题的指标界面。

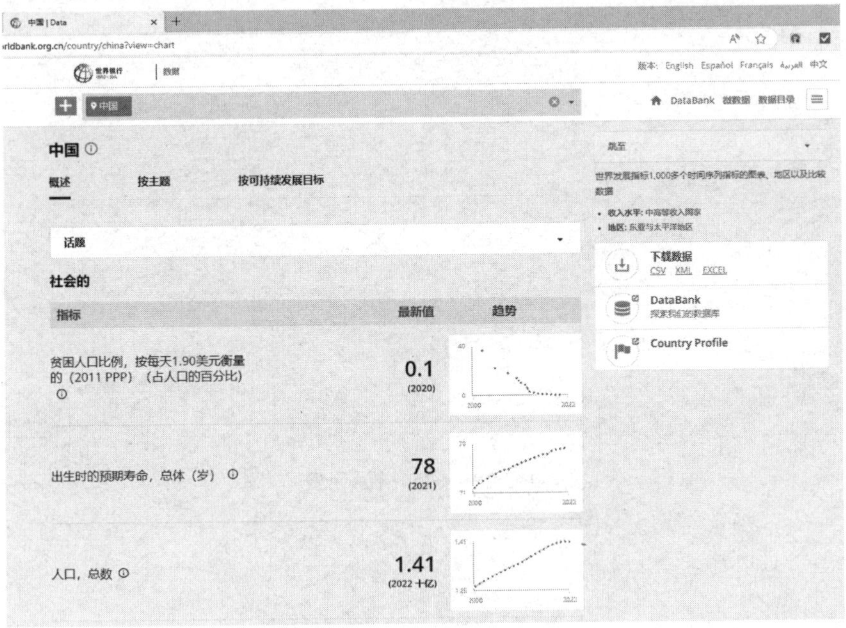

图12.26　社会指标列表

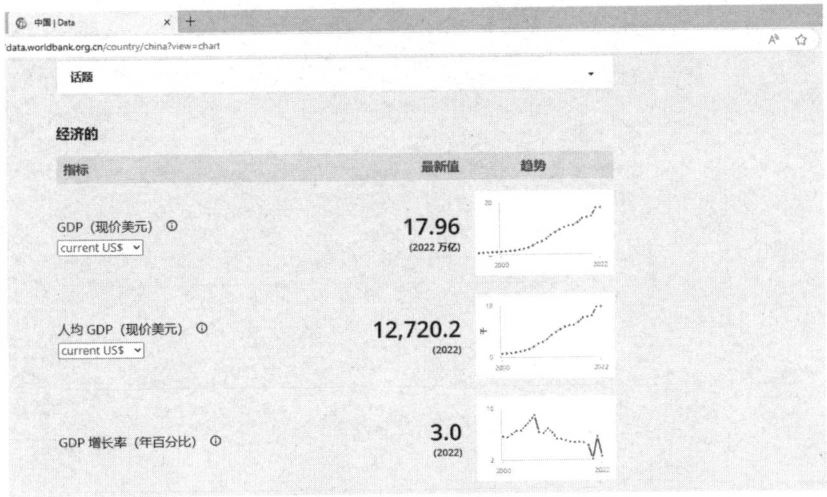

图12.27　经济指标列表

（4）确定“话题”类别后，便可选择下载的指标进行相关数据的下载。例如，在“经济的”话题指标界面中单击“GDP（现价美元）”，便打开如图12.28所示的GDP数据界面。在页面右侧显示了“下载数据”的三种文件类型选项：CSV、XML和Excel，表示平台提供这三种类型的数据文件下载。若点击CSV，则会下载全世界200多个国家和地区的GDP数据文件，它是一个包含多个文件的压缩包。此外，在同一页面上还可选择“GDP增长率”“GDP（2015年不变美元计价）”等多个经济指标选项，单击对应的经济指标，便可打开该指标的数据文件下载界面。

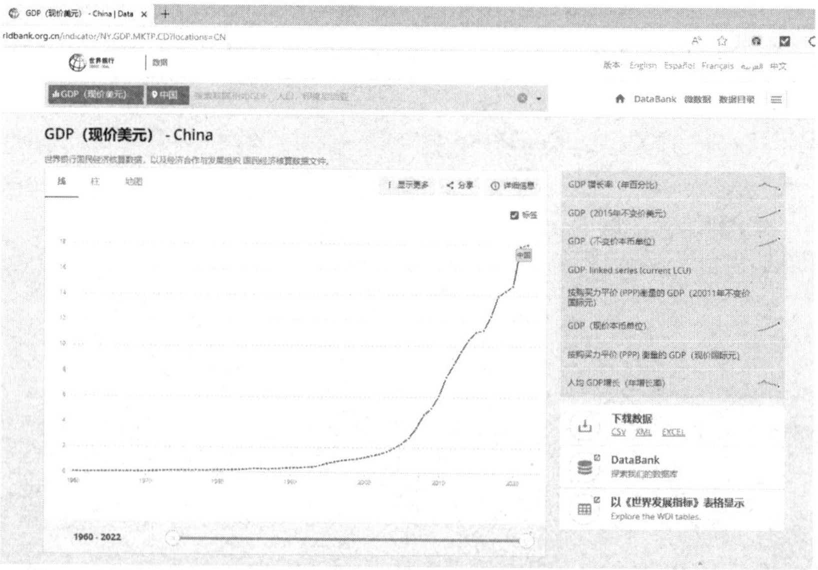

图12.28 GDP指标列表

参 考 文 献

[1] 张若愚．Python科学计算（第2版）．北京：清华大学出版社，2016.

[2] 董付国．Python程序设计基础（第2版）．北京：清华大学出版社，2018.

[3] 江红，余青松．Python程序设计与算法基础教程（第2版）．北京：清华大学出版社，2019.

[4] 李刚．疯狂Python讲义．北京：电子工业出版社，2019.

[5] 阿布．量化交易之路——用Python做股票量化分析．北京：机械工业出版社，2018.

[6] Joel Grus．数据科学入门．高蓉，韩波，译．北京：人民邮电出版社，2016.

[7] Wes McKinney. *Python for Data Analysis*, 2nd Edition. Sebastopol: O'REILLY, 2018.

[8] Ivan Idris．NumPy学习指南（第2版）．张驭宇，译．北京：人民邮电出版社，2014.

[9] David Beazley．Python Cookbook（第3版）中文版．陈舸，译．北京：人民邮电出版社，2015.

[10] Wesley-Chun．Python核心编程（第3版）中文版．孙波翔，等译．北京：人民邮电出版社，2016.

[11] James Payne．Python编程入门经典．张春晖，译．北京：清华大学出版社，2010.

[12] Yves Hilpisch．Python金融大数据分析．姚军，译．北京：人民邮电出版社，2015.

[13] John Zelle．Python程序设计（第3版）．王海鹏，译．北京：人民邮电出版社，2018.